云南省高原湖泊流域环境规制研究

——基于洱海流域的调查分析

陈悦 著

YUNNANSHENG GAOYUAN HUPO LIUYU
HUANJING GUIZHI YANJIU
——JIYU ERHAI LIUYU DE DIAOCHA FENXI

法律出版社
LAW PRESS · CHINA
北京

图书在版编目(CIP)数据

云南省高原湖泊流域环境规制研究 ：基于洱海流域的调查分析 / 陈悦著. -- 北京 ：法律出版社, 2024
ISBN 978 - 7 - 5197 - 8585 - 7

Ⅰ. ①云… Ⅱ. ①陈… Ⅲ. ①洱海－流域环境－调查研究 Ⅳ. ①X321.274

中国国家版本馆 CIP 数据核字（2023）第 228492 号

云南省高原湖泊流域环境规制研究
——基于洱海流域的调查分析
YUNNANSHENG GAOYUAN HUPO LIUYU HUANJING GUIZHI YANJIU
—JIYU ERHAI LIUYU DE DIAOCHA FENXI

陈 悦 著

策划编辑 许 睿
责任编辑 许 睿
装帧设计 鲍龙卉

出版发行 法律出版社
编辑统筹 司法实务出版分社
责任校对 晁明慧
责任印制 胡晓雅
经　　销 新华书店

开本 710 毫米×1000 毫米 1/16
印张 17 **字数** 281 千
版本 2024 年 4 月第 1 版
印次 2024 年 4 月第 1 次印刷
印刷 唐山玺诚印务有限公司

地址:北京市丰台区莲花池西里 7 号(100073)
网址:www.lawpress.com.cn
投稿邮箱:info@lawpress.com.cn
举报盗版邮箱:jbwq@lawpress.com.cn
销售电话:010 - 83938349
客服电话:010 - 83938350
咨询电话:010 - 63939796

书号:ISBN 978 - 7 - 5197 - 8585 - 7
定价:88.00 元

前　言

湖泊污染治理在古今中外都是一个巨大挑战，尤其是被城市包围、人口比较密集的大型湖泊，一旦被污染，若没有政府长期主导治理、当地人民的积极参与，很难实现水质逆转。即使是湖泊治理典范——日本琵琶湖，也是经历了长达四十年之久的艰苦努力，才扭转水质下滑趋势、实现生态系统持续向好。云南省九大高原湖泊流域是云南省人口最多、经济最为发达的地区，20 世纪 80 年代以来普遍面临着水体富营养化、生态系统承载力不足的问题。在滇池被列入国家重点治理“三湖”（太湖、巢湖、滇池）以来，2017 年洱海也被列入原国家环保部重点督察的“新三湖”（丹江口、白洋淀、洱海），其重要性不言而喻。尤其是在 2016 年以后，洱海更成为来自各方治理新措施、新理念和新技术方案的试验场，这也意味着洱海治理个案不仅是云南省地方治理实践个案，在某种程度上也代表着我国为建设生态文明、实现绿色发展新理念的重要思路和实践经验，从公共治理的视角对其开展研究无疑是有理论价值和现实意义的。这也是笔者选定这一研究对象的初衷。随着研究持续深入，笔者也发现，虽然关于洱海流域治理研究成果颇丰，但大多为环境工程、生态学等领域的研究，其关注的重点在于洱海流域水质指标、生态数据的变化，这正是中央考核地方对洱海流域治理成效的关键所在，直接影响着地方政府的决策和措施。因此，当地政府在对洱海流域公共治理的政策理解和未来走向把握上，必须放在中国特有的行政发包体制背景下展开，否则研究就可能停留在对政策的阐释或表面现象的评价上。

洱海流域面积广阔，湖泊治理是当地政府最为重要的工作之一。若将湖泊流域视为一个复杂而相互嵌套的社会—生态系统，政府就是社会系统中最为重要的子系统，既要按照流域生态系统的特性进行流域管理，同时还要满足当地社会经济发展的需要。地方政府作为行政发包制下的代理人，其流域治理成效需要接受中央政府的监督和考核。云南省地方政府流域治理体制机制随着流域社会生态系统的状况、国家的考核要求不断进行调整，形成不同阶段的治理模式。2016 年以来中央对地方政府环境治理提出了更高要求，流域治理不仅要控制污染，更要实现水质、水量、水生态协调的水生态安全目标、绿色发展的经济目标、社会可持续的社会目标，本书将其界定为流域生态安全目标。在新的流域治理目标下，地方政府需要进一步统一理念、完善制度、整合各方资源、协同相关部门进行整体性治理，因此对洱海流域治理演变、走向及其实现路径是本书的研究重点。

洱海流域公共治理是一个不断发展演变的过程，2016 年以来洱海流域治理政策密集出台、政府采取了一系列综合治理措施，这既是我国环境治理政策的一贯延续，同时也体现了新的治理模式正在发生。在分析洱海流域的治理模式时，本书尝试着对奥斯特罗姆的“社会生态系统可持续发展分析框架”做适应性改造，构建了洱海治理的管理系统与资源系统动态图、社会生态系统可持续发展的动态总体分析框架，分析推演了云南省高原湖泊流域治理模式的特点和不足，归纳总结出以污染治理为目标的流域治理模式和以生态安全为目标的湖泊流域治理模式的两个模式，给出新模式的概念、特征、发展路线及成立条件。在对洱海流域治理模式的未来发展推演上，本书在采用 fsQCA 对国内 27 个典型湖泊案例做组态分析归纳了四个发展路径的基础上，针对现有流域治理模式的不足如流域治理主角功能缺位、无全流域治理反馈机制等问题，从制度保障、组织保障、加强适应性、协同治理四个方面，勾画了未来实现以生态安全为目标的湖泊流域治理模式的具体路径，包括为完善生态红线法律政策提供制度保障、建立弹性化的流域治理决策机构、增强流域决策机制的灵活性以适应不断变化的流域社会生态系统、通过协同治理实现流域治理的多元协作。

在跟踪研究洱海流域治理多年的基础上，笔者逐渐认识到，针对湖泊流域治理这样一个牵涉面很广的实践活动，湖长制是一个很好的制度设计。然而，湖泊流域治理专业性强，涉及学科众多，操作复杂度高，湖长在湖泊流域治理上的良好履职，需要专家团队的决策支持与管理团队的贯彻落实。针对这两项在目前机构设置中没有的职能，笔者在系统规划湖泊流域治理机构设置时，预设了战略决策委员会和战略管理两个部门，遵循“湖泊流域是风险系统”——“风险系统是非线性的”（德国社会学家卢曼提出的观点）的逻辑推理，借助信息化技术与智能化技术的建设，在湖泊全流域实时感知与动态治理中，走出一条“以小代价治理好湖泊流域”的新路，期冀在未来湖泊流域治理中大放异彩。

不久前，重临洱海湖滨，亲眼看见阳光下波光粼粼，来自五湖四海的游客欢声笑语，尽情享受着苍山洱海的美丽景致，心中感慨万千。自 2017 年大理州开启洱海流域保护治理“七大行动”，转眼已近七年，这些年来，灯火通明的洱海抢救行动，大刀阔斧的湖滨还滩拆迁，千家万户的翘首企盼祝愿，都化作了眼前的一汪清水、草长莺飞，以及越来越好的愿景。一切的努力和付出，都是值得铭记的。

目　录

绪　论

第一节　研究背景、问题的提出与研究意义

一、研究背景

云南省水资源丰富，境内河流众多，地跨六大水系：即长江、珠江、红河、澜沧江、怒江和伊洛瓦底江。云南作为我国五大湖区之一，境内分布着大大小小湖泊。历史记载，20世纪50年代初，水面面积在5平方千米以上的湖泊有46个，[1] 但到了70年代中期，水面面积在1平方千米的湖泊仅有31个。[2] 目前云南湖泊面积30平方千米以上的仅有9个：滇池、阳宗海、抚仙湖、星云湖、杞麓湖、洱海、泸沽湖、程海、异龙湖，故称九大高原湖泊。九大高原湖泊流域是云南省人口最为集中、经济最为发达的区域。云南省高原湖泊的地质构造非常特殊，受高原气候影响，湖面蒸发量往往大于降雨量。很多湖泊出水口少，加上用水增加来水减少，导致其生态系统极其脆弱，再加上人口增加、用水量增大，导致很多湖泊水位下降、入湖污染物增加，湖泊自我净化能力、蓄水泄洪能力不断降低，湖泊水质呈富营养化趋势严重。[3] 从20世纪80年代起，高原湖泊呈现快速污染的态势，九大高原湖泊中，5个重度污染，1个中度污染。2000年以来，云南省委、省政府正式从省级层面

---

〔1〕 参见杨文龙等：《滇池富营养化控制途径》，载《云南环境科学》1993年第3期。

〔2〕 参见杨桂山等：《中国湖泊现状及面临的重大问题与保护策略》，载《湖泊科学》2010年第6期。

〔3〕 参见杨岚、李恒主编：《云南湿地》，中国林业出版社2010年版，第22页。

启动了高原湖泊的污染治理，前后共投入了近千亿元的资金，采取多种技术措施进行治理，尤其是2015年之后，云南省政府将高原湖泊治理作为云南省生态文明建设的重要抓手，加大各项环湖截污工程、牛栏江引水工程建设资金投入，加快湖泊流域规制立法，完善执法措施，使高原湖泊的水质得到明显改善，目前，九大高原湖泊中，抚仙湖水质符合Ⅰ类标准；洱海符合Ⅱ类标准；泸沽湖符合Ⅰ类标准；阳宗海符合Ⅲ类标准；滇池草海符合Ⅳ类标准、外海符合Ⅴ类标准；程海符合Ⅳ类标准（不含氟化物、pH值）；杞麓湖符合Ⅴ类标准；异龙湖符合Ⅴ类标准；星云湖为劣Ⅴ类。九大高原湖泊水质总体保持稳定。[1] 然而，短期水质改善不意味着长期的水生态安全或流域生态系统安全。水质仅仅是流域生态系统健康状况的一个表征，[2] 不代表生态系统的彻底好转，云南省高原湖泊流域的环境问题还没全面得到解决。随着这些高原湖泊流域社会系统的变化，其可能对流域生态系统的发展产生影响，未来这些湖泊的水质或会出现反复和退化。

洱海作为云南省面积第二大的天然湖泊，其污染控制和生态安全关系到整个大理白族自治州（以下简称大理州）的经济发展和社会民生。洱海常年保持为Ⅱ类的较好水质，但在旅游业井喷式发展、外来人口暴增、湖滨带不断被侵蚀等的背景下，2016年水质出现恶化趋势。2017年伊始，在云南省委、省政府的督促下，大理州政府实施了一系列紧急阻止水质进一步恶化的“抢救洱海”环境治理措施，有效地遏制了水质恶化趋势，成功地把一场预后严重的环境污染危机转化成了新时代生态文明建设背景下湖泊流域治理的一个契机，开启并推动了我国湖泊流域环境规制的变革进程。2017年原环境保护部将洱海列入新时期污染治理的“新三湖”（洱海、丹江口、白洋淀）样板之一，国家支持洱海流域开展生态文明下的新型环境治理的探索和建设，在某种程度上洱海已发展成为我国生态文明建设中湖泊流域治理的试验田。

---

[1] 参见《云南河（湖）长制初见成效　九大高原湖泊水质稳定》，载中国新闻网2019年11月12日，https://baijiahao.baidu.com/s?id=1649977275757945234&wfr=spider&for=pc。

[2] 金相灿、王圣瑞、席海燕：《湖泊生态安全及其评估方法框架》，载《环境科学研究》2012年第4期。

然而，洱海流域发展面临的人口不断增加、流域城镇化规模扩大、产业持续增长的多重环境压力未予全面缓解，既要继续保持洱海流域水质好转的势头、防止退化，同时又要解决好流域社会生态系统的协调发展等问题，现有的环境治理体制面临巨大的挑战。2016—2017 年间通过应急式流域治理的联合执法行动，一改原有的“流域管理与区域管理相结合、地方政府负责、环保部门监管、多部门合作管理”的管理体制，[1] 在多部门分工管理的流域科层管理体制上，建立了统一行动的临时指挥部，采取联席决策会议、联合执法行动的形式，使得多部门在履行职责中形成了面向洱海流域治理的协调一致的行动和效果。这其中的一些成功做法可转化为长效的机制或规则，但“运动式执法”可能会削弱法律权威，造成执法偏颇的现象，[2] 在依法治国、建设法治政府的背景下，应予避免。洱海流域环境治理既在历史上体现了云南省高原湖泊流域环境治理的共性，也因缘际会走到了中国湖泊流域环境规制变革的前沿，有必要针对云南省高原湖泊流域尤其是洱海流域的环境规制实践进行归纳总结，这对于我国当前践行生态文明的建设进程，以及云南省在其中要发挥好的先导作用，无疑具有重要的研究价值和借鉴意义。

二、问题的提出

流域治理是一个世界难题，主要原因之一在于流域是一个复杂的社会生态系统，它的生态系统与社会系统之间存在着复杂的耦合关系，政府作为社会系统中一个重要的子系统，其治理理念和治理行为必须遵循流域生态系统的客观规律，协调实现社会系统与生态系统的良好互动，才能实现流域的可持续发展。我国特有的中央—地方权力分配体制下的行政分包制设计中，地方政府作为中央政府的代理人，要履行地方环境治理义务、向社会提供生态环境公共产品，同时地方政府的流域治理体制机制和政策制度受到国

---

[1] 参见孔燕、余艳红、苏斌：《云南九大高原湖泊流域现行管理体制及其完善建议》，载《水生态学杂志》2018 年第 3 期。

[2] 参见冯志峰：《中国运动式治理的定义及其特征》，载《中共银川市委党校学报》2007 年第 2 期。

家顶层制度的深刻影响。因此，洱海流域治理既要符合地方流域生态状况、经济社会现实需要，也要在国家的法律政策规划框架内，符合中央的考核要求。

洱海作为云南省面积第二大的天然湖泊，其污染控制和生态安全关系到整个大理州的经济发展和社会民生。自20世纪70年代末洱海出现水域缩小、水质下降等问题以来，云南省委、省政府，大理州委、州政府都在积极建立洱海流域的治理体制和治理机制，从1988年采取“一湖一策”治理理念，颁布《云南省大理白族自治州洱海管理条例》（以下简称《洱海管理条例》，已被修改），成立专门的洱海管理机构，作为大理州政府直接派出机构，对洱海流域内的污染行为和生态破坏行为进行专门管理，从此开启了有法可依的洱海流域治理模式。此后，大理州委、州政府根据洱海治理中存在的实际问题，不断调整治理体制、治理措施，再加上2016年以来的洱海流域抢救行动，成功遏制了洱海水质下滑趋势。如今当地政府在众多专家团队的支持下，着眼于全流域的水资源调配、资源/环境承载力、生态修复、生态安全保障、经济转型等安排，努力建立与洱海水质目标相适应的流域经济发展模式，流域治理的思路和举措已不再局限于洱海水体及其周边水污染防治，洱海流域治理正逐步实现“一湖之治”向“流域之治”乃至“全流域治理”的转变。为了建立湖泊保护的长效机制，当前洱海流域实行的水质目标管理的流域环境治理，有必要扩大和深化以适应保障全流域长期生态安全的需要。如何变革现有的湖泊流域环境治理体制机制以适应流域未来发展，是个亟待研究的问题。

洱海流域治理是中国地方政府流域治理的一个典型个案，对它的研究既要立足云南省情、地方发展，同时也应置于国家环境治理变革的大背景下展开，紧密结合中央政府在生态文明建设和流域治理的法律政策、党中央对地方政府履行环境保护职能的责任要求，从中央—地方关系理解和把握洱海流域治理发展脉络和发展路径。党的十七大报告中，正式将生态文明作为新的经济发展方式纳入国家建设目标。党的十八大、十九大、二十大报告对生态文明建设提出了具体的部署安排，将其放到实现民族复兴的高度，生态文明建设要贯穿于政治、经济、文化、社会建设全过程。2013 年以来中央开启了最严格的生态环境保护，建立环境问责制度。随着洱海流域治理的经济、政治重要性不断凸显，为落实中央政府对地方政府环境治理责任考核，地方政府需要采取更加有效的机制来动员行政资源和社会资源。中央政府提出的"山水林田湖草沙是生命共同体"系统观为实现流域综合系统管理提供了理论基础，河（湖）长制、党政同责的规定对于实现流域治理部门横向协同、层级整合发挥了重要作用；流域生态红线制度有力地推动了流域水质、水量、水生态的协同治理，保障流域水生态系统健康。因此，本文从整体性治理视角下思考，地方政府如何在国家提出更高的环境治理目标下开展洱海流域环境治理，有哪些因素影响着地方政府协调各部门资源、整合社会资源，洱海流域在整体性治理方面将呈现出哪些新的特征和趋势。

三、研究意义

（一）理论意义

进入 21 世纪，随着我国现代化进程的提速，科技迅猛发展，人口增长和快速城镇化，环境问题已经成为制约我国社会经济发展的主要瓶颈之一，为此，我国提出建设生态文明以实现社会生态系统的可持续发展。云南省作为具有独特的社会、经济及生态环境等特点的省份，在我国生态文明建设中发挥着排头兵的先导作用，洱海流域更是被看作"新三湖"的代表之一。本文通过梳理云南省高原湖泊流域治理的发展轨迹，分析总结其发展的内在规律，并以调查分析洱海流域环境治理的行动实践及成果为基础，从流域治理、整体性治理等理论的研究视角，提出未来应当结合国家对地方政府的任务要求、湖泊自身的社会生态系统属性，构建以生态安全为目标的洱海流域治理模式，分析洱海流域当前治理模式中存在的问题，以探索流域当地政府如何通过变革环境治理体制，来保障湖泊流域社会生态系统可持续发展的问题。本研究以整体性治理为视角，在总结历史经验并基于实践成效的基础上，对我国湖泊流域环境治理的理论进行拓展创新，以期丰富我国的湖泊流域治理研究，为地方政府的湖泊治理提供理论视角。

（二）现实意义

云南省九大高原湖泊流域面积 8110 平方千米，占全省国土面积的 2.05%，流域每年创造的经济总量却占到全省经济总量的 1/3 以上。[1] 九大高原湖泊为其流域提供重要的饮用水源、水利灌溉，具有调节气候、净化空气、生态景观等重要的生态服务功能。[2] 九大高原湖泊治理关系到云南省能否实现建设为“中国最美丽省份”的重要目标。[3] 洱海流域是云南省第二大高原湖泊，也是国家确定的“新三湖”之一。[4] 在中央政府的支持下，云南省政府和大理州政府投入了巨额资金和人力进行治理，大理州政府专门成立了洱海保护治理及流域转型发展指挥部，全国著名的湖泊治理专家云集洱海，洱海流域环境治理代表了当前我国城市湖泊流域治理的前沿。本文紧密联系实际，通过实地调研了解到洱海流域治理的措施与成效、最新的政策和规划，从云南省高原湖泊流域治理的现实问题出发，运用理论与实践相互印证的方法，从云南省高原湖泊流域环境治理的一般规律，到洱海流域环境治理的特殊规律，再分析探讨未来我国湖泊流域治理发展的一般规律。结合理论分析，从现实中来，到现实中去，客观地审视和分析云南省高原湖泊流域治理中的问题，相应地提出新的解决思路，使得本文研究及结论具有较强的现实针对性，可以作为云南省及其他省市或地区湖泊流域治理相关部门的研究借鉴和决策参考。

---

〔1〕 段昌群：《九大高原湖泊治理是云南省生态文明建设的关键》，载云南网 2017 年 3 月 3 日，http：//llw. yunnan. cn/node_ 74381. htm。

〔2〕 参见赵光洲、贺彬等：《云南高原湖泊流域可持续发展条件与对策研究》，科学出版社 2011 年版，第 8 页。

〔3〕 参见《云南省委办公厅、省政府办公厅印发〈云南省九大高原湖泊保护治理攻坚战实施方案〉》，载云南日报网，http：//yndaily. yunnan. cn/html/2019 - 03/09/content_ 1269575. htm? div = -1。

〔4〕《环保部将白洋淀纳入“新三湖”予以生态保护》，载搜狐网 2017 年 7 月 12 日，https：//www. sohu. com/a/156676562_ 643829。

第二节　相关理论研究综述

湖泊治理和流域治理作为一个跨学科的研究课题，社会科学和自然科学的专家学者都将其纳入研究对象，已形成了丰富的研究知识体系，取得了丰硕的研究成果。本文立足于公共管理，结合流域的社会生态系统特征，从整体性治理视角研究我国湖泊流域治理体制，吸收并借鉴相关学科的研究成果和研究方法，通过与本文主题相关研究的综述，整合不同学科的知识，阐述本研究主题的理论和实践发展脉络。

一、整体性治理理论研究综述

（一）国外研究

一般认为，整体性治理的提出是对20世纪80年代西方国家新公共管理的批评与改革需求，其提出的背景是基于信息技术时代的来临，对碎片化管理体制带来的管理效率低、决策复杂化等问题提出解决方案。以英国学者佩里·希克斯为代表提出的整体性治理，为解决碎片化治理带来的部门之间成本转嫁、重复建设等问题，主张应当通过整合部门治理的方式，以“整体性治理”的组织形式，即通过正式的组织管理、网络化结构、政府与社会的伙伴关系等，对公共资源的充分利用、实现对公共问题的回应。[1] 在实践方面，西方国家在20世纪80年代提出建立整体政府，从单纯的分部门管理走向综合治理，英国、美国、日本都进行了相应改革。[2] 如今整体性治理理论逐渐发展完善，被认为是21世纪新的治理范式。

整体性治理理念最早由佩里·希克斯作为整体性治理理论的代表学者，他在不同时期发表的3本著作代表了国外整体性治理理论和实践发展的三个

---

〔1〕 参见竺乾威：《从新公共管理到整体性治理》，载《中国行政管理》2008年第10期。

〔2〕 参见李金龙、胡均民：《西方国家生态环境管理大部制改革及对我国的启示》，载《中国行政管理》2013年第5期。

阶段：

第一阶段：提出整体性政府理念阶段，以希克斯1997年出版的著作《整体性政府》（*Holistic Government*）为代表。源于19世纪所建立的功能分工模型建立起的政府部门，在面对如贫穷、教育发展水平低、犯罪、健康等复杂的社会问题时缺乏沟通、预防，希克斯提出应当构建打破部门隔离的整体政府，实现政府部门间的沟通、协调，建立预防而非治疗的预防性政府。[1]

第二阶段：提出整体性政府的实践策略。1997年英国政府提出了“协同政府”改革，引起了学界的关注，这被认为是整体政府改革的开始，之后包括美国、新西兰、澳大利亚等国也开启了整体政府改革，这一时期各国对新公共管理改革的回应也推动了对整体性政府实践的研究。[2] 2000年希克斯发表的《圆桌中的治理：整体性政府的策略》提出了建立整体性政府的具体途径和方法。[3]

第三阶段：整体性治理理论的形成与深化。2002年希克斯等出版了《迈向整体性治理：新的改革议程》，该书正式提出了整体性治理。希克斯将整体性治理定义为：政府机构组织间通过充分合作与沟通，以达成有效协调与整合，使彼此的政策目标一致，政策执行手段相互强化，最终形成紧密合作、统一目标的治理行动。希克斯提出了应通过建立信任关系实现政府部门间的合作，运用信息系统建立数字政府，形成整体性预算体系，发展权责统一的追责体系等实现整体性治理。[4] 该书中提出了四种政府运行形态：渐进式政府、贵族式政府、碎片化政府和整体性政府，碎片化政府有望通过协同型的

---

〔1〕 参见董礼胜：《西方公共行政学理论评析：工具理性与价值理性的分野与整合》，社会科学文献出版社2015年版，第160页；张玉磊：《整体性治理及其在公共危机治理领域运用的研究述评》，载《管理学刊》2016年第1期。

〔2〕 See Bellamy C, Raab C. , *Joined – Up Government and Privacy in the United Kingdom: Managing Tensions between Data Protection and Social Policy. PartII* , Public Administration, Vol. 83, p. 2 (2005) .

〔3〕 See Perri 6 et al. , *Governing in the Round: Strategies for Holistic Government.* International Public Managementa Journal, Vol. 3: 1 p. 18 (2000) .

〔4〕 See Perri 6 et al. , *Towards Holistic Goverance: the New Reform Agenda*, Palgrave Press, 2002, p. 68.

协调和整合，最终实现整体性政府和整体型协调。[1]

在此基础上许多学者继续开展整体性治理的研究。包括英国学者帕特里克·登力维通过对英国、澳大利亚、新西兰等国家的实证研究得出结论，整体性治理的目的在于以公众的需求为基础，简化和变革政府与公众的客户关系。[2] 克里斯多夫·波利特进一步阐释了“整体性”方法的概念，他强调要实现纵向与横向协调整合的思想和行动，消除不同政策之间的矛盾，高效利用稀缺资源，特定政策领域的相关利益者相互整合，提供无缝隙的公共治理和公共服务。[3] 此外，国外学者对整体性治理在举证机构改革、公共卫生、公共安全、社会报账、信息系统等多方面进行了实践应用。也有学者对该理论提出了质疑，如英国学者贝拉米提出，整体性治理在应用于数据共享与隐私保护的安全间隙时，整体性治理存在整合系统之间的矛盾等。[4]

（二）国内研究

与国外的研究相比，我国关于整体性治理、整体政府的研究起步较晚，从21世纪初开始引入国外的相关研究。国内最早的与整体性治理有关的文献是2008年竺乾威的《从新公共管理到整体性治理》一文，对国外整体性治理理论的产生背景、代表人物、主要思想做了介绍。[5] 之后以曾凡军、韩兆柱、翁士洪等为代表的学者持续开展了整体性治理理论的研究，更深入地介绍了西方国家在整体性治理理论上的发展，并提出该理论对中国行政体制改革的启示和适用。整体性治理被认为是西方治理理论的第三种范式，2008年以后

---

〔1〕 See Perri 6 et al., *Towards Holistic Goverance: the New Reform Agenda*, Palgrave Press, 2002, p. 48, 129 -139.

〔2〕 See Patrick Dunleavy., *Digital Era Governance: IT Corporations, the State, and E - Government*, Oxford University Press, 2006, p. 14, 17, 22, 57.

〔3〕 See Christopher Pollitt, *Joined - up Government: A Survey*, Political Studies Review, Vol. 1: 1, p. 34 -49 (2003).

〔4〕 See Bellamy C. & Raab C., *Joined - Up Government and Privacy in the United Kingdom: Managing Tensions between Data Protection and Social Policy. PartII*, Public Administration, Vol. 83, p. 2 (2005).

〔5〕 参见竺乾威：《从新公共管理到整体性治理》，载《中国行政管理》2008年第10期。

整体性治理成为国内学术界的研究热点，本文通过中国知网（CNKI）进行关键字检索，检索2008年至2022年该平台CSSCI、中文核心期刊所收录的，以“整体性治理”为标题的论文，共检索到770篇文献（见图绪-1）。

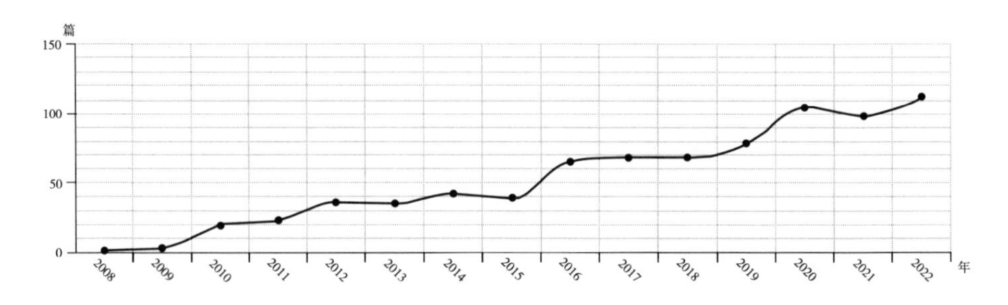

图绪-1　2008—2022年整体性治理文献发表年度趋势

从论文发表的时间为轴发现，2008年以来，以“整体性治理”为主题的研究论文数量呈现逐年快速增长趋势，尤其在2016年、2020年以后研究数量呈现较快增长趋势（见图绪-2）。

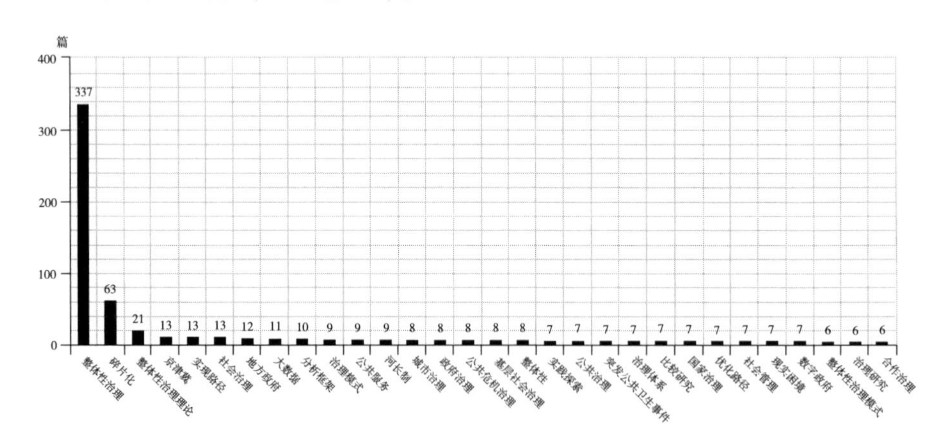

图绪-2　整体性治理文献发表主题分布

从研究主题分布看，论文包括“整体性治理理论”“碎片化”“合作治理”“整体性治理模式”等基础理论研究，也包括整体性治理的应用研究，如在环境保护、公共危机、突发公共卫生事件、基层治理上的应用等，呈现出理论与实际应用相结合的趋势。

从学科分布来看，对整体性治理的研究集中于行政学与行政管理领域，广泛分布于政治学、农业经济、环境科学、教育、行政法、体育、社会学、贸易等领域。这表明公共管理学科对整体性治理的研究较多，同时整体性治理的理念和方法为其他学科所认同和应用。(见图绪 -3)

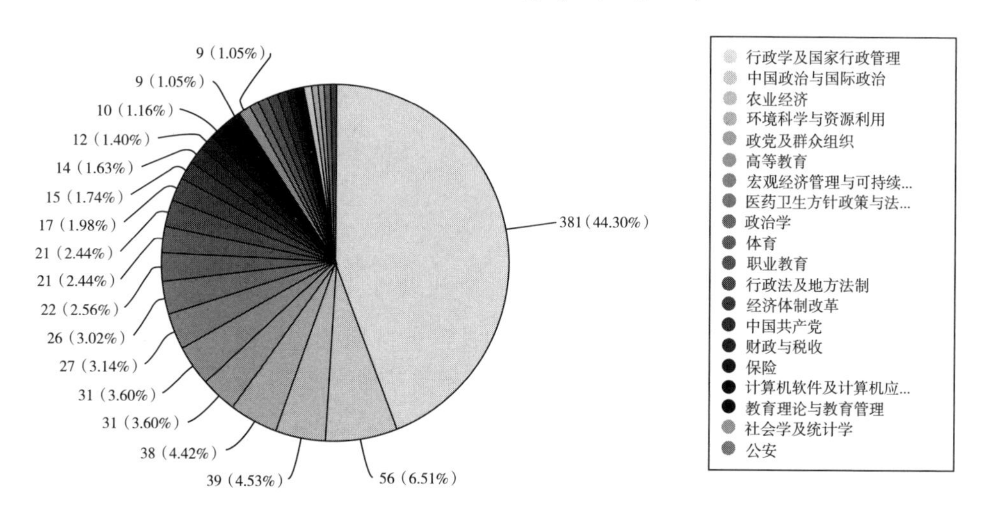

图绪 -3　整体性治理文献发表学科分布

注：本图根据知网检索结果截图，由于图中所列类别较多，没有显示全部相关领域的研究主题所占的比例。

综合中国知网的检索结果，本文将 2008 年以来国内对“整体性治理”的研究分别从以下几个方面进行总结。

1. 整体性治理理论的引入与本土化阐释

2010 年以前国内学者对整体性治理的研究以国外研究为基础，侧重于对整体性治理的逻辑基础和生发机制的阐释。竺乾威最先梳理了希克斯提出的整体性政府和整体性治理的主要观点。他认为整体性治理是西方政府对新公共管理反思的基础上提出的，是公共行政的第三种研究范式。他还认为信息技术的应用是推动整体性治理的一个重要因素，因为数字时代的政府治理要求公共服务的整合与协同。[1] 胡象明、唐波勇提出整体性治理“以问题解决”作为行动逻辑，在充分利用各类资源的过程中自发生成多变的网络治理

〔1〕 参见竺乾威：《从新公共管理到整体性治理》，载《中国行政管理》2008 年第 10 期。

结构，而协调、整合和信任机制是整体性运作的关键性功能要素。[1] 韩兆柱、单婷婷将整体性治理与最新的治理理论，如网格化治理、数字治理进行了比较，指出三者的共同之处在于政府以公民需求和结果导向为本，以公共价值理性为追求，需要建立扁平化的政府组织结构。[2] 2010 年以后国内对整体性治理的研究呈现出理论建构与本土化应用相互交织的趋势。韩兆柱、翟文康提出要立足于大数据应用背景，将大数据应用与整体性治理结合起来，提高我国的政府治理现代化水平。[3]

2. 整体性治理的实践应用

2016 年以后我国的整体性治理研究呈现出与具体问题结合进行研究的特点，整体性治理被应用于多种场景，如社区公共服务、精准扶贫、地方公共危机、流域治理等。孔娜娜基于社区服务需求的发展变化来看社会服务的碎片化问题，从政府部门内部的协调和整合来实现社区服务的整体化。[4] 何植民对我国精准扶贫工作中存在的扶贫主体碎片化、扶贫资源碎片化问题进行描述，提出应当将整体性治理理念融入我国精准扶贫的制度设计、政策制定和政策执行中，通过主体协调、机制创新实现逆碎片化。[5] 刘超针对地方公共危机的碎片化问题，运用了整体性治理理论，提出建立危机应对大部制、市场协作、信息化管理等几个方面的解决机制。[6] 黎元生针对我国流域治理中存在的流域科层管理碎片化问题，以河长制为对象，从整体性治理视角阐释河长制具有的行政层级整合、部门功能整合、公私关系整合机制，并对三

〔1〕参见胡象明、唐波勇：《整体性治理：公共管理的新范式》，载《华中师范大学学报（人文社会科学版）》2010 年第 1 期。

〔2〕参见韩兆柱、单婷婷：《网络化治理、整体性治理和数字治理理论的比较研究》，载《学习论坛》2015 年第 7 期。

〔3〕参见韩兆柱、翟文康：《大数据时代背景下整体性治理理论应用研究》，载《行政论坛》2015 年第 6 期。

〔4〕参见孔娜娜：《社区公共服务碎片化的整体性治理》，载《华中师范大学学报（人文社会科学版）》2014 年第 5 期。

〔5〕参见何植民、陈齐铭：《精准扶贫的“碎片化”及其整合：整体性治理的视角》，载《中国行政管理》2017 年第 10 期。

〔6〕参见刘超：《地方公共危机治理碎片化的整理——“整体性治理”的视角》，载《吉首大学学报（社会科学版）》2009 年第 2 期。

种机制存在的问题和困境提出了解决路径。[1] 从这一方面的研究来看，整体性治理作为解决碎片化治理导致的棘手问题的重要手段。但这一时期的研究方法和研究结论体现出一定的重复性和同质化。

3. 整体性治理理论的适用性思考

随着我国行政体制改革的深入，我国推出了一系列适合我国国情的顶层制度，对治理理论、整体性治理等理论进行本土化创新并形成新的理论阐释。曾凡军是最早将整体性治理理论引入中国的学者之一，他充分肯定整体性治理的理论价值和对中国的借鉴意义，同时他认为，整体性治理理论还处在不断的发展过程中，需要学术界进行长期而广泛深入的理论研究和实践探索。[2] 陈念平提出，治理理论或融入中国语境、契合中国经验、面向中国问题，或重构为以中国经验为根基的本土话语。[3] 申建林梳理了国内学界对公共治理在中国的适用性和可行性问题上的不同观点……基于此，他提出公共治理不能解决公共服务和公共管理的一切问题，它在实践价值和实践范围上存在着局限性[4]；周兴妍将“整体性治理”视为一种分析视角，阐释和讨论整体性治理对于理解“中国之治”的价值意蕴。[5] 肖克、谢琦提出跨部门协同是整体政府的具体运作模式，需要立足中国的现实与国情，主导型协同是对中国公共事务治理过程中跨部门协同更为准确的概括。[6]

---

[1] 参见黎元生、胡熠：《流域生态环境整体性治理的路径探析——基于河长制改革的视角》，载《中国特色社会主义研究》2017 年第 4 期。

[2] 参见曾凡军、韦彬：《后公共治理理论：作为一种新趋向的整体性治理》，载《天津行政学院学报》2010 年第 2 期。

[3] 参见陈念平：《“治理”的话语转向——一个文献综述》，载《天津行政学院学报》2022 年第 3 期。

[4] 参见申建林、姚晓强：《公共治理的中国适用性及其实践限度》，载《湖北行政学院学报》2016 年第 4 期。

[5] 参见周兴妍：《整体性治理：一种“中国之治”的分析视角》，载《云南行政学院学报》2021 年第 6 期。

[6] 参见肖克、谢琦：《跨部门协同的治理叙事、中国适用性及理论完善》，载《行政论坛》2021 年第 6 期。

二、湖泊流域治理相关理论研究综述

从20世纪30年代首次发现水体富营养化现象起，全世界已有30%—40%的湖泊和水库受到不同程度富营养化的影响。从20世纪50年代开始，国际上才真正开始关注水体富营养化，并逐步开展了相关研究。随着生态系统生态学的发展，欧美国家在湖泊流域规制立法、湖泊环境规制体制上逐渐采纳生态系统管理理念，将其贯彻在湖泊流域法律制度和流域管理制度中，经过30年的治理，湖泊水质基本得到恢复，如今流域治理的战略目标已经不仅是水污染控制，还是水质、水量和水生态一体化的生态系统综合治理。[1]我国的湖泊流域治理也在不断借鉴西方治理的成功经验，从污染治理向水生态治理发展，采取“山水林田湖”一体化治理实现系统化的流域治理。

（一）国外研究

1. 生态系统管理理论

由于环境风险的不确定性、生态系统的关联性和整体性、环境问题的复杂性等原因，按照环境要素所建立的环境管理系统已经难以应对层出不穷的环境危机，生态学界提出，对环境和生态系统的修复应当按照生态系统的特性进行治理，相应地，在行政管理体制上要打破目前按照“还原论”理念所建立起来的管理系统：即将环境分割为水、森林、动物（又分为水生生物和陆生生物）、植物、土壤、空气等，再分别由不同的管理部门分别管理，不同部门限于各自的管理权限和部门利益，导致管理措施和保护规划各行其是，无法达成集体行动的一致。为了解决这一矛盾，西方发达国家首先通过制定综合生态系统管理法律以实现生态系统管理和风险预防，最具代表性的当属1969年《美国国家环境政策法》、1993年《日本环境基本法》等。[2]生态系统管理理论的提出源自生态学的发展。生态学是研究“生物及其环境之间相

[1] 参见王圣瑞、李贵宝：《国外湖泊水环境保护和治理对我国的启示》，载《环境保护》2017年第10期。

[2] 参见蔡守秋：《综合生态系统管理法的发展概况》，载《政法论丛》2006年第3期。

互关系的科学”（德国生物学家恩斯特·海克尔），生态学的研究经历了从研究单个物种、到种群、到生态系统的过程，在1960年开始了以生态系统为中心的生态学。随着人类活动范围的扩大，人类与环境的关系问题越来越突出。因此近代生态学研究的范围，已扩大到包括人类社会在内的多种类型生态系统的复合系统，即社会生态系统。人类面临的人口、资源、环境等几大问题都是生态学的研究内容。

通常认为，生态系统管理理念的发端在美国。第一个提出生态系统管理思想的学者是奥尔多·利奥波德，是《沙乡年鉴》的作者。他于1949年提出了管理生态系统的整体性观点，提倡整体主义的环境伦理思想，认为物种和生态系统比生物个体更重要，人类应该把土地当作一个“完整的生物体”，并应该尝试使“所有斑块”保持良好的状态。[1] 1988年，Agee和Johnson出版的《公园和野生地生态系统管理》，是第一部关于生态系统管理学的著作。生态系统的观念在美国学术界获得了广泛关注，美国林务局、土地管理局、内政部、环保署等政府机关使用了这一概念作为指导其开展工作的重要理念和政策。此外，一些国际组织和会议也将生态系统管理作为重要的研究领域和关注议题，1994年，世界自然保护联盟（International Union for Conservation of Nature，IUCN）成立了生态系统管理委员会（Commission on Ecosystem Management，CEM）。[2] 生态系统管理的概念在不同行政管理部门和不同学者之间还存在着一定分歧，它的名称上也有不同的表述，如综合生态管理方式、综合生态管理、生态系统管方式等。虽然如此，生态系统管理理念在国际环境法上得到了确认和发展，包括《联合国生物多样性公约》《联合国防治荒漠化公约》《关于所有类型森林的管理、保存和可持续开发的无法律约束力的全球协商一致意见权威性原则声明》等都体现了生态系统综合管理的理念。[3]

---

〔1〕 参见［美］奥尔多·利奥波德：《沙乡年鉴》，侯文蕙译，吉林人民出版社1997年版，第192～197页。

〔2〕 参见刘永等：《湖泊—流域生态系统管理的内容与方法》，载《生态学报》2007年第12期。

〔3〕 参见蔡守秋：《论综合生态系统管理》，载《甘肃政法学院学报》2006年第3期。

2. 生态系统管理理论下欧美国家湖泊流域环境治理实践[1]

在政府和有关国际组织的推动下，生态系统管理在西方发达国家的环境规制实践中得到应用。湖泊流域的环境规制立法和治理体制均体现了生态系统管理理念。美国采取的 TMDL 计划、欧盟的《欧盟水框架指令》和日本的总量控制计划均以水质目标为导向，以水生态系统完整性保护为目标，实现了从污染物控制向流域水生态管理的战略转型。[2]

纵观欧美国家流域治理取得的成效，都与严格而完善的环境立法分不开。2000 年颁布的《欧盟水框架指令》将生态系统管理的要求写入了流域综合管理中，强调改善水体环境，需要以流域为基础，而非以国家或行政管理便捷为基础；要求各成员国进行跨行政区的相互合作，制定流域综合管理计划，确保在 15 年内使欧盟所有的水体实现“状态”良好。在进行流域管理规划时，必须考虑地表水、地下水和湿地，以及受陆地水循环影响的过渡性沿海水域之间的状态和内在关系。[3] 这一规定顺应了水政策整合和水资源综合管理的要求，认识到了水质和水量、地下水和地表水、水生态系统方法和以流域为基础的管理之间的相互关系。《欧盟水框架指令》还起到了整合不同成员国之间法律制度冲突的作用。以德国为例，虽然德国没有制定专门的湖泊法律，但作为欧盟成员国，《欧盟水框架指令》对成员国有着重要影响，根据《欧盟水框架指令》和《德国水平衡管理法》，保护水体的重点在于其生态状况，而不仅仅是化学特征，德国的湖泊按照流域单元进行管理，按照严格的程序和标准对用水和废水排放进行管理。[4]

美国的湖泊数量众多，其中北美五大湖蓄水量占到全球淡水的 20%。美国湖泊管理的一大特点是制定了完善的水环境保护政策框架体系，包括联邦

---

[1] 近年来，中美、中欧之间通过官方和民间学术交流，加强了环境、流域方面的交流合作。国内翻译出版了多篇美国、欧盟学者撰写的流域管理文章，还有的是在欧美科研机构学习工作的中国学者撰写的文章。本文也检索引用了这部分文献。

[2] 参见程鹏、李叙勇、苏静君：《我国河流水质目标管理技术的关键问题探讨》，载《环境科学与技术》2016 年第 6 期。

[3] 参见 H. B. 麦德森等：《欧盟流域管理规划试点项目》，载《水利水电快报》2012 年第 1 期。

[4] 参见沈百鑫：《德国湖泊治理的经验与启示》（上），载《水利发展研究》2014 年第 5 期。

法律和流域水环境保护规划。[1]《清洁水法》（1977年美国对于1972年《联邦水污染控制法》的修正案）是美国联邦政府制定的美国控制水污染最全面的联邦法律。它明确规定了国家水质保护目标、水质标准体系、污染排放标准体系。国家水质保护目标是“恢复和保持国家水体化学、物理和生物的完整性”（《清洁水法》第101条），即保持水体原来的、免于人类活动干扰的自然状态。这体现了流域生态系统的完整性。

日本有很长的水污染历史，一直到20世纪50年代初日本爆发严重的水俣病后，20世纪70年代初始日本政府才正式制定水环境保护法律，1984年颁布《湖泊水质保全特别置措法》，1986年修订《化学物质审查管理法》，多次修订《水质污染防治法》，《湖泊法》重点关注被指定的、亟待改善水质的湖泊，区域负责人为这些湖泊制定水质保护计划，每5年修订一次，在湖泊水质保护计划制定期间，每一个区域负责人都应与计划执行机构、各相关市长、镇长，乃至村长和河流管理机构交换意见。[2] 其中包括日本最大的淡水湖琵琶湖。琵琶湖在20世纪70年代被严重污染，目前该湖北湖维持在Ⅰ类水质，南湖也恢复到了Ⅰ－Ⅱ类水质。琵琶湖治理采取面向未来、提前规划的理念，1997年制定的“琵琶湖综合保全整备规划”（1999—2020），又被称为“母亲湖规划”，其理念就是要实现“琵琶湖与人的共存、共感、共有”，其目标是“水质保护、水源涵养及自然环境与景观保护”，体现了流域生态系统的统一性。[3]

（二）国内研究

1. 生态系统管理理论应用

我国在20世纪90年代后期，引入了生态系统管理理论。最早在国内介

---

〔1〕 参见李涛、杨喆：《美国流域水环境保护规划制度分析与启示》，载《青海社会科学》2018年第3期。

〔2〕 参见徐开钦等：《日本湖泊水质富营养化控制措施与政策》，载《中国环境科学》2010年S1期。

〔3〕 参见余辉：《日本琵琶湖的治理历程、效果与经验》，载《环境科学研究》2013年第9期。

绍生态系统相关理论的是赵士洞，[1] 之后有学者也介绍生态系统管理的基本理念和要素，[2] 研究不同类型的生态系统管理，[3] 刘永对水环境管理、综合流域管理与流域生态系统管理之间的差异进行了对比分析，最后提出建立湖泊－流域的综合管理机制，以命令控制型手段为基础、市场与经济调控政策为核心的综合管理调控体系。[4] 我国生态系统管理研究呈现出自然科学与社会科学交叉融合的趋势。2004 年我国政府与全球环境基金开展合作项目，引入了生态系统管理方法，在此期间蔡守秋、赵绘宇从综合生态系统管理立法角度出发，[5][6] 考察了西方国家的环境立法和国际公约，并探讨在我国实现综合生态系统管理法制化、制度化的途径。2013 年中央提出要按照“山水林田湖是一个生命共同体”理念进行生态系统管理，2015 年我国启动了生态文明体制改革，以生态要素划分自然资源管理职能，分割生态系统的问题再次成为关注焦点。殷培红提出引入生态系统管理以适应自然系统特征，[7] 李金龙分析了西方国家 20 世纪 80 年代以来，生态环境管理体制的改革过程，提出西方国家根据环境问题的演变，依照生态系统原则逐步实现了环境大部制改革。[8] 生态系统综合管理理论的研究为我国进行大部制改革奠定了理论基础，2018 年我国将有关部门的生态环境保护与自然资源管理的职能分立，按照“大环保”理念重新组建了“生态环境部”和“自然资源部”。

2. 湖泊流域环境规制制度

王圣瑞认为，我国的湖泊流域治理大多注重污染治理，却忽视对水量和

---

[1] 参见赵士洞、汪业勖：《生态系统管理的基本问题》，载《生态学杂志》1997 年第 4 期。

[2] 参见任海等：《生态系统管理的概念及其要素》，载《应用生态学报》2000 年第 3 期。

[3] 参见郑景明、罗菊春、曾德慧：《森林生态系统管理的研究进展》，载《北京林业大学学报》2002 年第 3 期；周道玮、姜世成、王平：《中国北方草地生态系统管理问题与对策》，载《中国草地》2004 年第 1 期。

[4] 参见刘永等：《湖泊—流域生态系统管理的内容与方法》，载《生态学报》2007 年第 12 期。

[5] 参见蔡守秋：《综合生态系统管理法的发展概况》，载《政法论丛》2006 年第 3 期。

[6] 参见赵绘宇：《生态系统管理法律研究》，上海交通大学出版社 2006 年版，第 158～167 页。

[7] 参见殷培红、和夏冰、武翡翡：《大生态，大环境，怎么管？——关于生态系统理论的六个问题》，载《环境经济》2015 年第 15 期。

[8] 参见李金龙、胡均民：《西方国家生态环境管理大部制改革及对我国的启示》，载《中国行政管理》2013 年第 5 期。

水生态系统的综合管理，我国制定了水污染控制红线，但没有划定水量红线、湿地红线等湖泊总体红线，因此应该学习欧盟，树立水质、水量和水生态系统的流域综合治理理念和建立相关制度；[1] 程鹏在梳理我国流域水质目标管理的发展历程后，提出未来应该改革当前以水质化学指标达标为主要目标的做法，借鉴西方国家基于水生态系统健康的水质目标管理技术。[2] 陈真亮认为应该通过立法，构建我国的生态红线制度体系，实现国家保护综合“水生态安全格局”。[3] 张凌云、齐晔等分析了从“十一五”到“十二五”时期我国流域水环境的治理目标的变化，从“污染总量控制考核”到“水质达标考核”转变，加强社会底层在考核中的参与，表明我国环境规制进入了全社会网格化信息化为基础的公共治理新阶段。[4]

3. 云南省九大高原湖泊流域治理研究

从污染控制技术角度对包括滇池、洱海、抚仙湖的研究不胜枚举，这里不再列举。多位学者从环境法、行政管理角度对九大高原湖泊进行研究。云南省环保厅湖泊处对九大高原湖泊治理的“复杂性、艰巨性、长期性”的结论揭示了高原湖泊治理的困难之处；孔燕对云南九大高原湖泊现行的管理机制进行了具体分析，在比较国外的流域管理机制后提出了九大湖泊管理机制的完善建议，[5] 木永跃专门以阳宗海为例，研究云南省行政托管管理体制存在的“托管困境”；[6] 还有的基于地方立法权角度，提出云南九大高原湖泊

---

〔1〕 参见王圣瑞、李贵宝：《国外湖泊水环境保护和治理对我国的启示》，载《环境保护》2017年第10期。

〔2〕 参见程鹏、李叙勇、苏静君：《我国河流水质目标管理技术的关键问题探讨》，载《环境科学与技术》2016年第6期。

〔3〕 参见陈真亮、李明华：《论水资源“生态红线”的国家环境义务及制度因应——以水质目标“反退化”为视角》，载《浙江社会科学》2015年第10期。

〔4〕 参见张凌云等：《从量考到质考：政府环保考核转型分析》，载《中国人口·资源与环境》2018年第10期。

〔5〕 参见孔燕、余艳红、苏斌：《云南九大高原湖泊流域现行管理体制及其完善建议》，载《水生态学杂志》2018年第3期。

〔6〕 参见木永跃：《当前我国地方政府行政托管问题研究——以云南阳宗海为例》，载《云南行政学院学报》2013年第5期。

“一湖一法”应当注意立法体系化问题;[1] 还有的学者引入公共价值方法，以杞麓湖为例研究政府流域治理绩效。[2] 此外，洱海流域的转型治理也成为学者研究的热点。如董利民教授负责的国家科技重大专项“十一五”“洱海全流域清水方案与社会经济发展友好模式研究”的课题成果分别从“构建洱海流域社会经济友好模式”“洱海流域产业结构调整”“洱海流域水环境承载力计算与社会经济结构优化布局”三个方面对洱海流域做全面研究。[3][4][5] 还有学者对洱海水污染防治规划决策模式进行研究，分析了环境规划技术系统与环境规划决策系统之间的关系。[6]

三、整体性治理理论在流域治理中的应用研究综述

（一）国外研究

1. 联邦合作制下的分权制衡、公众参与机制

美国作为联邦体制国家，联邦政府与各州之间在《美国联邦宪法》的授权下，通过分权与合作的方式实现地方环境治理。《清洁水法》明确界定了联邦政府与各州政府的水环境监管权力与责任。《清洁水法》确定了美国最基本的水质基准：即满足渔业和游泳用途、实现污染零排放。每个流域具体的水质标准则由各州结合当地的水资源和水环境状况自行确定并经公众讨论，最

[1] 参见于潇泓：《云南省湖泊保护立法体系研究》，昆明理工大学2017年硕士学位论文，第20页。

[2] 参见樊胜岳、王贺：《以公共价值为基础的水环境治理项目绩效评价——以云南省杞麓湖流域为例》，载《地域研究与开发》2019年第4期。

[3] 参见董利民等：《洱海全流域水资源环境调查与社会经济发展友好模式研究》，科学出版社2015年版，第229~263页。

[4] 参见董利民等：《洱海流域水环境承载力计算与社会经济结构优化布局研究》，科学出版社2015年版，第139~153页。

[5] 参见董利民：《洱海流域产业结构调整控污减排规划与综合保障体系建设研究》，科学出版社2015年版，第103~139页。

[6] 参见柯高峰：《美丽水乡——洱海治理政策分析：多重约束下的绩效与变迁》，中国社会科学出版社2014年版，第116~149页。

后报联邦环保总署审核，并且每3年进行一次修订。[1]《清洁水法》确定由联邦政府保护的水域由联邦政府直接负责管理，其他的则由州政府管理。同时在不违反基本原则的情况下，联邦政府鼓励地方政府主动承担一些由联邦政府管理的项目。美国的流域管理机构除了美国环保局外，还包括美国司法部、环境与自然资源局、美国陆军工兵团、美国海岸警卫队和其他部门，美国环保局和美国陆军工兵团是《清洁水法》最主要的执行机构，美国司法部主要负责代表政府向违法者提起诉讼。对跨行政区域、跨国境的湖泊流域治理，以美国和加拿大共同管理五大湖为例，美国政府与加拿大政府通过签订双边协定，建立了多层级的湖泊管理和协调机构，包括官方的议事决策机构——国际联合委员会，也包括非官方的协调机构，由当地民众和社会团体参与监督。[2]

此外，美国的流域规制机制体现了公众参与原则，即除了联邦和地方政府外，公民和社会组织也享有执法权。[3] 为了弥补行政部门执法力量的不足，《清洁水法》允许公民个人和公民组织向环境违法者、联邦或地方政府提起诉讼，即“公民诉讼”，公民和公民组织也被称为“私人检察长”。环境公民诉讼制度在美国的水环境保护制度中占有非常重要的一席。据统计从1996—2001年，公民提起了约400起诉讼，平均每周就有1起，并产生了约270份依据《清洁水法》和《清洁空气法》强迫合规的合意判决。[4] 美国的流域环境管理体现了其政治体制一贯的分权、制衡理念。

2. 实现多种利益整合的流域平衡机制

湖泊集中了自然和社会的多种利益，德国和欧盟的湖泊保护是通过严格

---

[1] 参见李涛、杨喆：《美国流域水环境保护规划制度分析与启示》，载《青海社会科学》2018年第3期。

[2] 参见陶希东：《美加五大湖地区水质管理体制：经验与启示》，载《社会科学》2009年第6期。

[3] 参见杰弗里·波什特·克拉克、乔纳森D. 布莱特比尔：《美国合作联邦制下的流域治理机制》，载《中国检察官》2019年第8期。

[4] 参见詹姆斯·R. 梅：《超越以往：环境公民诉讼趋势》，王曦、张鹏译，载《中国地质大学学报（社会科学版）》2018年第2期。

的规制实现湖泊的资源价值和环境价值的平衡，实现水体多种利益平衡。德国流域管理通过严格的行政规制避免市场的外部性，在审批用水许可时进行严格审查，对废水的排放也规定了非常详细的排放标准。围绕着湖泊流域建立各个层面的协调与系统管理机制。德国的联邦体制下，联邦政府与各州建立起协调委员会，在各个流域还成立了流域共同体机构，如威斯流域共同体、易北河流域共同体、莱茵流域共同体等。[1] 此外，政府也将一部分规制职能委托给非政府机构，由行业协会以自我规制的方式实现规制目标。在国际层面，针对跨国境的湖泊也建立了多国合作机制。比较典型的是位于德国—瑞士—奥地利三国边界的博登湖，各国之间并没有划定湖泊保护边界，因此建立合作机制非常重要。三国建立了政府层面、各国企业层面、沿湖各城市层面的多种合作机制，实现信息共享、保持沟通，[2] 到了21世纪初，湖泊水质已经恢复到了最初水平。

3. 广泛的公众参与

日本的湖泊治理体现了广泛的公众参与，最为典型的是琵琶湖的治理，作为日本最大的淡水湖，20世纪70年代被严重污染，经过近30年的政府主导下的公众参与治理，如今已经实现了流域社会生态系统的良性循环，其最值得的称道之处，除了严格而科学的治理策略外，还在于科研机构、当地民主广泛参与了治理。[3]

（二）国内研究

据中国知网的检索结果显示，2011年以后从整体性治理视角研究流域治理的文献逐年增加，研究主要集中在两个方面的流域治理问题：跨区域流域与行政区划的矛盾导致流域管理体制的不顺；流域的整体性与管理部门按照自然要素分头管理导致的“九龙治水”困境。前者属于纵向管理体制问题，

---

[1] 参见沈百鑫：《综合水管理理念下的德国湖泊治理及对我国的借鉴》，载吕忠梅主编：《湖北水资源可持续发展报告（2014）》，北京大学出版社2015年版，第162页。

[2] 参见沈百鑫：《德国湖泊治理的经验与启示》（下），载《水利发展研究》2014年第6期。

[3] 参见陈静：《日本琵琶湖环境保护与治理经验》，载《环境科学导刊》2008年第1期。

后者主要涉及横向管理部门的协调问题。[1]

针对第一类问题，陈瑞莲专门以珠江流域为研究对象，考察了珠江流域范围内不同区域政府间协调的案例，针对珠江流域存在的水资源缺乏、水污染治理等问题，分析了流域公共治理的碎片化现象及成因，她提出了流域网络治理机制，即中央和地方政府分层治理与政府、企业、社会伙伴治理相结合，转变以往政府单边治理的机制，它的运作逻辑是以谈判为基础，强调行为者之间的对话与协作，以信任与合作作为网络的核心机制。[2] 余俊波等从区域合作的视角提出，应通过完善法律与政策，建立区域生态补偿机制和跨区域信息通报与应急机制来有效地实施流域治理。[3] 丰云分析了湘江流域治理中存在的碎片化问题，提出应采用整体性治理理念，通过形成扁平化网络治理结构，建立垂直统一的治理体制，构建协调整合的治理机制。[4] 还有多位学者以个案研究方式，从整体性治理视角研究太湖、长江跨域治理协调机制。[5][6] 太湖、长江作为我国典型的跨行政区域的河湖流域，一直面临着不同地区政府在污染治理上难以协调问题，两篇文献都将河（湖）长制作为整体性治理的典型实践。李峰认为，长江流域的多级河长制存在强纵向整合、弱横向协调问题，过于依赖纵向权威而轻视横向协同，未来可能面临“能力困境”。[7]

针对第二类问题，即流域管理部门之间的横向协调。任敏用贵州的两个

---

〔1〕参见《现行流域治理模式的延拓——以〈湖北省湖泊保护条例〉为例》，载吕忠梅主编：《湖北水资源可持续发展报告（2014）》，北京大学出版社2015年版，第34~41页。

〔2〕参见陈瑞莲等编著：《中国流域治理研究报告》，格致出版社、上海人民出版社2011年版，第274~285页。

〔3〕参见余俊波等：《基于区域合作视角下的流域治理生态模型构架及其应用研究》，载《西北农林科技大学学报（社会科学版）》2011年第6期。

〔4〕参见丰云：《从碎片化到整体性：基于整体性治理的湘江流域合作治理研究》，载《行政与法》2015年第8期。

〔5〕参见赵星：《整体性治理：破解跨界水污染治理碎片化的有效路径——以太湖流域为例》，载《江西农业学报》2017年第8期。

〔6〕参见李锋、顾睿哲：《整体性治理视角下长江流域河长制研究》，载《水利经济》2021年第4期。

〔7〕参见李锋、顾睿哲：《整体性治理视角下长江流域河长制研究》，载《水利经济》2021年第4期。

个案分别做研究：第一个是成立专门的流域协调机构——贵阳市生态文明建设委员会，作为正式的组织来实现部门之间的整合；第二个是以河（湖）长制作为一种流域治理整合责任机制的价值和存在问题。她对两种机制的创新价值和存在问题都进行了详细论述。[1] 杨志云更侧重从流域治理的大部制路径探讨流域治理职能碎片化问题的解决，包括将水生态、水环境割裂的体制进行职能整合，坚持党的领导以保障更高程度的组织权威等。[2] 还有的学者引入社会组织、第三方机制。[3][4]

从研究来看，2012 年以后我国对整体性治理的研究逐渐增多，其中河（湖）长制被作为实现纵向整合、落实地方治理主体责任的创新机制得到了更多关注。研究观点呈现两头分布的特点，一方面流域个案研究中往往对河（湖）长制往往给予高度肯定；另一方面，也有学者对河（湖）长制运行中存在的行政分包成本、跨部门协作深度、公私合作效果等予以质疑，还有的学者力图将环境政策的河（湖）长制纳入法制化轨道。[5]

四、研究述评

我国的整体性治理研究从最初的国外理论介绍、理论与中国具体实践的结合，如今正逐渐地形成符合我国国情与现实的整体性治理理论与实践。碎片化治理问题不仅存在于西方国家，我国行政管理也面临着同样的现实。面对日益复杂的公共事务，需要动员更多的行政资源、社会资源，但传统的科层体制按照功能进行分工，往往缺乏有效的协调机制，需要以整体性思维通

---

[1] 参见任敏：《流域公共治理的政府间协调研究》，社会科学文献出版社 2017 年版，第 189～245 页。

[2] 参见杨志云：《流域水环境治理体系整合机制创新及其限度——从“碎片化权威”到“整体性治理”》，载《北京行政学院学报》2022 年第 2 期。

[3] 参见胡熠：《我国流域治理中第三部门参与机制创新》，载《福建行政学院学报》2012 年第 4 期。

[4] 参见尹莜凡：《湘江流域治理中的社会组织参与研究》，中南大学 2013 年硕士学位论文，第 45 页。

[5] 参见戚建刚：《河长制四题——以行政法教义学为视角》，载《中国地质大学学报（社会科学版）》2017 年第 6 期。

过协作机制整合部门资源和社会资源。整体性治理为我国开展流域污染治理、水资源管理中存在的“九龙治水”、无最终责任主体等问题提供了新的视角和研究范式。流域治理，包括湖泊流域，与整体性治理具有很强的契合性。国外和国内的流域治理学者很早就发现了流域生态系统的整体性特征，提出要尊重生态系统的完整性，按照流域范围开展流域内污染控制，对流域内的自然要素进行综合管理。我国学者吸收借鉴国际上生态系统综合管理的理论，开展我国的流域管理体制改革研究，研究成果在实践中得到应用并最终推动了我国环境管理体制改革，2018 年大部制改革成立了生态环境部、自然资源部，撤并了部分流域管理职能部门，进一步理顺了水资源治理体系，也解决了一部分流域管理中存在的多头管理问题，例如排污口管理统一归生态环境部管理，通过“多规合一”统一国土空间规划，生态环境保护与自然资源管理分别由不同部门管理。我国的流域治理的考核责任制推行河（湖）长制，通过首长负责的问责制，实现了流域相关职能部门之间的层级整合、跨部门协同。

由此可知，一方面我国在水环境治理体系、流域管理体制方面的实践创新力度较大，政策更新速度较快，在实现生态文明建设过程中出台了一系列与流域治理相关的政策法规，体现为“理论引进—本土化实践—理论阐释”的发展轨迹。另一方面，我国流域治理理论体系化不够，从整体性治理视角对流域治理实践进行规范、体系化和检视的研究较为缺乏，没有结合我国在流域治理方面的理论与实践，缺乏对整体性治理理论的本土化创新，因此体现出如下几个方面的研究不足。

第一，流域相关的整体性治理研究成果单一，且论证结论重复，主要集中在河（湖）长制领域。虽然河（湖）长制是非常典型的流域整体性治理创新，通过由地方行政长官担任河（湖）长，有利于实现流域治理主体纵向和横向的整合，但河（湖）长制本身存在着诸多的问题，其与现行的科层制之间存在冲突，仅依靠问责制要推动河（湖）长发挥纵向和横向整合，这是远远不够的，还应该充分挖掘我国的党委领导下的行政体制优势，以党委领导构建横向部门协调的权威机制，即以我国的行政发包制作为纵向整合的制度基础，以目标考核制、问责制作为实现机制，以政府党委领导、社会、企业共同参与下的元治理等构成。总之，应当立足我国特有的党委领导下的行政体制，对整体性治理理论进行本土化阐释和理论创新，形成我国的整体性治理理论体系。

第二，整体性治理对流域治理的最新进展关注度不够。流域治理，不仅包括公共行政的公共治理，也包括利用技术手段实现流域的污染控制和资源利用，即流域综合管理。我国的流域污染控制目标正逐步走向精确化和科学化。如今包括洱海流域的流域治理已经从污染治理走向生态治理，即污染控制与生态修复并重。生态环境部编制的《重点流域水生态环境保护“十四五”规划编制技术大纲》提出要统筹“水资源、水生态、水环境”，中央政府对地方政府的流域治理考核的具体指标已经发生了变化，不仅要关注单一的水质化学指标，更要注重流域生态系统的整体健康状况。而流域公共治理研究还未注意到这些最新的变化，还是延续过去的认识，将治理重点设定为流域污染控制，这会导致研究结论的偏差。此外，我国在流域治理中不仅要重视污染物的排放监管，更要在“山水林田湖草沙是生命共同体”的理念指引下，统一国土空间规划、划定生态红线、进行土地用途管制，对流域内空间进行统筹管理，这也体现了国家对流域治理采取整体性思维和系统管理，应该被纳入整体性治理的研究范畴。

第三，我国流域整体性治理的个案研究不多。目前检索到的从整体性治理视角研究流域治理的个案研究只限于长江流域、湘江流域、小东江流域等，其研究对象大多为流域管理协同机制研究。云南九大高原湖泊流域治理研究在环境科学、生态科学、经济学领域的成果非常丰富，而公共管理研究相对较少，且研究没有与前述领域的研究成果很好地结合起来，使研究更具有多学科视角，增加结论的科学性。云南省是全国最早采取“一湖一策”“依法治湖”“科学治湖”的省份，在长期的实践中形成了独特的做法，尤其是“十三五”以来云南省在洱海流域开展了大规模的治理行动、推动了流域治理体制改革，云南也是“十三五”以来最先提出“生态治理”“全流域治理”的省份，但目前相关研究只是限于新闻、时政报道，没有结合我国生态环境治理的理论，缺少从经验总结到理论提炼的提升，未能总结出洱海湖泊流域治理模式的一般特征。

第三节　研究思路与研究方法

一、研究思路

本文以云南省高原湖泊流域治理体制变迁为主线，按照“历史回顾—状态分析—变革动力—新模式构建”的研究脉络，以洱海流域为例，分为历史演变、变革创新、实施问题、实现路径 4 个部分进行详细阐述。首先，从我国的行政发包制下，地方政府作为承担主要的环境治理责任的主体，分析了地方政府围绕着流域水质目标达标，建立以污染治理为目标的流域环境治理体制及其发展演变的过程、面临的挑战和存在的问题，结合我国关于生态安全的研究成果与政策方针，提出了未来湖泊流域环境治理的发展目标——流域生态安全。其次，基于洱海流域的调查分析结果，以社会生态系统可持续性分析框架为工具，构建了洱海流域社会生态系统可持续发展的总体动态分析框架，提出了着眼于未来的、以生态安全为目标的湖泊流域治理的新构想。最后以整体性治理理论为视角，以全国 27 个湖泊为对象，分析了影响湖泊协同治理的七大因素及组合路径，结合流域治理等理论，对如何实现未来新的治理模式从政策法律、组织保障、管理原则与多元协作等方面做了原理性的勾画。与此同时，搭建研究思路的分析框架（见图绪 -4），从研究基础、历史分析、分析框架、归纳现有、对策建议这五个方面进行分析。

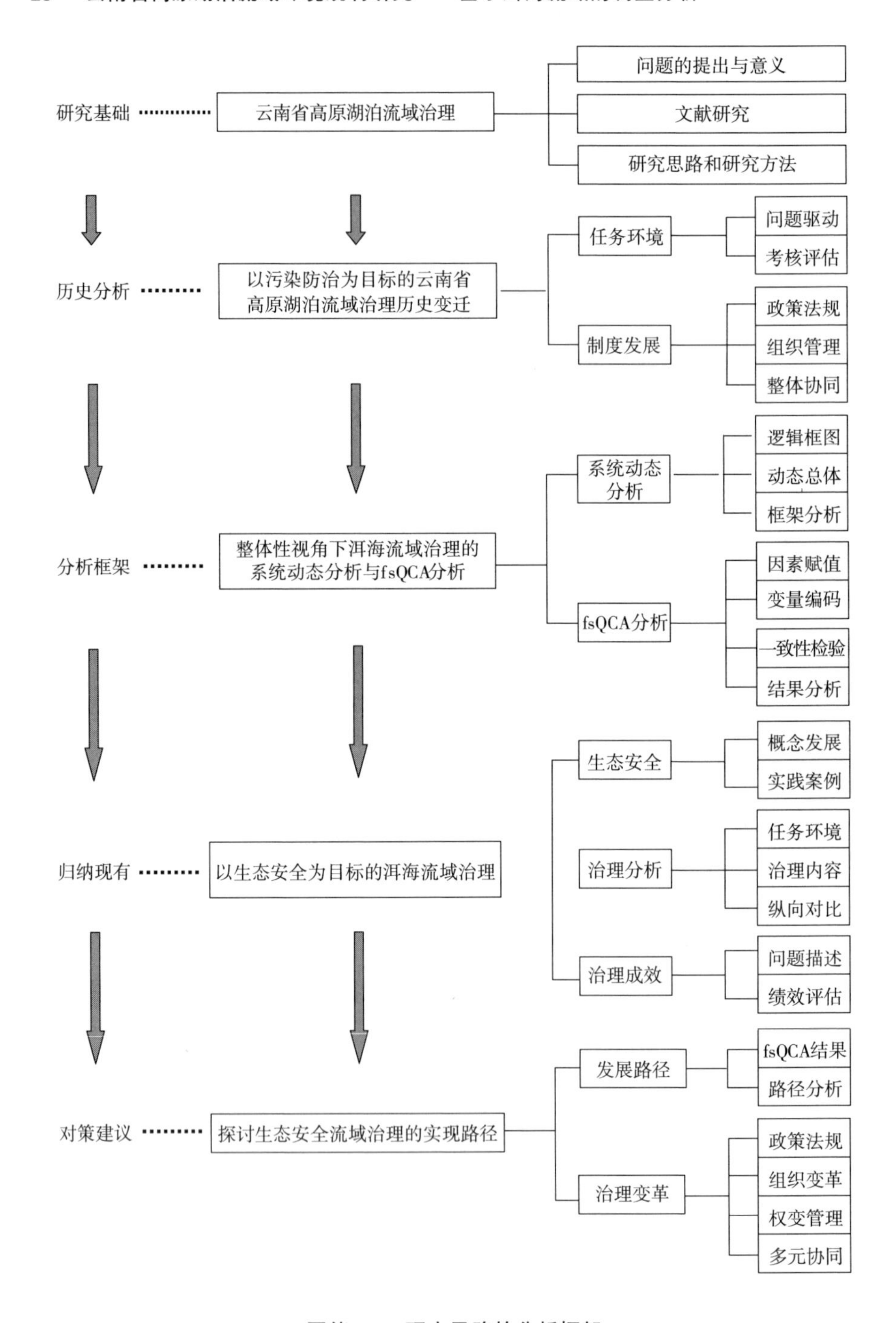

图绪－4　研究思路的分析框架

本文的主要内容如下：

绪论。在国家承担环境规制主要责任的背景下，本章列明了云南省湖泊流域环境治理体制面临的问题，阐述了研究意义，概述了主要理论基础，梳理了国内外研究现状，提出了本文的研究思路、研究方法与创新点。

第一章：云南省高原湖泊流域治理的历史变迁。概述了国外的环境治理实践，并总结了我国的环境规制体制。按照政府在环境治理中的作用和主要治理机制的不同，把云南省湖泊流域治理机制归纳为三种主要类型：命令控制型的管控机制、公私合作型的市场激励机制和公私参与型的合作机制。其中，命令控制型的管控机制是本文关注的重点。根据时间轴上以湖泊流域环境治理主要目标为节点的时间点，把1950—2015年云南省九大高原湖泊治理变迁历程划分为三个历史阶段，描述了不同历史阶段的云南省九大高原湖泊流域环境治理制度、组织形式、治理机制的特征。

第二章：以污染治理为目标的洱海流域治理模式。以现场调研和访谈等研究方法，对洱海流域围绕改善水质的环境规制实践与成效做了整理分析，重点对洱海流域环境治理的常规型组织结构及日常部门职责、动员型组织结构及任务管理中的部门职责做了分析。把历年来的云南省高原湖泊流域环境治理实践归纳为以污染治理为目标的流域治理模式，为其构建了模型并说明了其特征。基于大理州编制的《洱海保护治理规划（2018—2035年）》等材料，梳理了洱海流域环境治理中存在的问题，指出了该模式具备两个发展动力。

第三章：构建以生态安全为目标的洱海流域治理模式。根据流域治理、整体性治理等理论，现阶段我国顶层设计的生态安全理念以及国内外湖泊流域治理的发展趋势，指出保障流域生态安全是未来湖泊流域治理的发展方向。由此，构建了洱海流域治理的管理系统与资源系统动态图、社会生态系统可持续发展的动态总体分析框架，在相关分析基础上，提出了着眼于未来的、以生态安全为目标的湖泊流域治理的新模式及其模型、特征。

第四章：实现以生态安全为目标的洱海流域治理模式的路径。本文系统规划了实现以生态安全为目标的洱海流域治理模式的路径：完善流域生态安全法律法规体系为流域治理提供制度保障、以弹性化政府形式提供流域环境规制的组织保障、引入权变管理增强环境规制的适应性、加强多元主体的协同治理，提高环境风险治理能力。

二、研究方法

本文基于云南省高原湖泊流域治理的现状，运用理论研究成果，结合实地调查分析，来研究云南省高原湖泊流域治理的未来发展等问题。在本文中采用了多种研究方法，以求在真实、深入的研究基础上，围绕本文研究主题得出最贴近实际、可资决策参考的研究结论。主要包括以下几个研究方法和工具。

（一）文献分析法

通过较为全面地检索和搜集近年来与整体性治理、湖泊流域治理、云南省高原湖泊治理、洱海流域治理的期刊论文、学位论文、学术著作、专题报告、会议集等资料，全面掌握本研究领域的相关知识及信息，从公共管理专业学术研究的视角下，规范开展研究，在对大量资料整理分析后，提炼总结现有的湖泊流域治理体制，对现有模式构成的基本制度、组织体制和运行机制进行分析，吸收借鉴中外湖泊治理经验再提出新治理体制的思路。

（二）德尔菲法

德尔菲法，又称为德尔菲专家打分法。本文在洱海流域环境风险识别研究、湖泊流域治理影响因素分析中应用了该方法。在前期的文献搜集、深度访谈基础上，先初步整理出洱海流域可能存在的环境风险以及影响洱海流域治理的主要因素，请相关领域专家匿名对其打分，筛选出主要风险来源以及影响治理的主要因素，然后征求意见再行反馈，直至最终获得稳定一致的专家意见，分析出不同专业背景、工作背景的人员对流域环境风险以及治理的影响因素的认知状况，作为分析洱海流域治理的依据。

（三）个案分析法

本文在对云南省高原湖泊流域治理制度、组织结构及机制等的调研中，重点以洱海流域作为个案调研对象，以此了解云南省九大高原湖泊流域的环境、治理历史、行政体制及治理机制等情况，并针对个案真实场景调查分析具体问题、治理举措及成效，这样既可以总结历史经验，深化对论文主题的理论研究，又能基于调查分析使得研究更丰富更具针对性，从而使理论研究与具体实践紧密结合、相互印证，有助于提高分析研究的可信度和实用性。

（四）深度访谈法

在分析文献的基础上，选定洱海流域的主要利益相关方做面对面的深度访谈。为了从不同角度了解多个群体的观点，本文访谈范围较为广泛，包括洱海流域重点治理社区的居民、当地经营者、外地经营者、镇政府工作人员、洱海流域整治行动指挥部相关负责人、法制办工作人员、大理州及大理市法院环保法庭法官、民间环保人士、技术专家等多方人士。访谈采取半开放形式，主要根据访谈提纲提问和交流，内容涉及整治行动的决策、执行过程及效果影响、日常环境监管流程、主要职能、组织形式等。

（五）比较分析法

由于整体性治理理论、流域治理理论等研究在全球范围内方兴未艾，有世界各地大量实证研究印证，其对湖泊流域治理规律及机制的认识理解深刻而全面，但它们根植于西方政治制度和社会，所以得出的结论和对策不完全适合中国国情。而我国的“五位一体”总体布局，生态安全、生态红线、河（湖）长制以及“山水林田湖草沙是生命共同体”的指导理念作为我国整体性治理的理论内容，显然应予以高度重视并与相关理论有效结合。这就必然涉及中外相关理论与实践的比较分析，以确定理论研究的适用度与其指导实践的可用度。

（六）定性比较分析法

定性比较分析法（Qualitative Comparative Analysis，QCA）是基于布尔代数和集合论的组态分析方法，用于解释现象中条件因素之间相互依赖并对于结果共同施加影响的因果作用。因此该方法将案例作为由前因条件和结果组成的整体，使用它可以分析其中的复杂因果关系。目前发展较为成熟的定性比较分析模型包括：清晰集 QCA、多值集 QCA、模糊集 QCA（fsQCA）。由于 fsQCA 具有定距、定比两种尺度变量的优势，可定义特定集合的隶属度，本文选用 fsQCA 对多样化湖泊流域案例的发展路径进行归纳分析。

三、基本概念界定

本文是在结合多学科研究成果的基础上，对云南省高原湖泊流域治理开展研究。为避免不同学科在同一概念上存在歧义，本文在此对一些重要的基本概念予以界定，以在规范统一的概念定义上，做相关的阐述和论证，以保持思路连贯和条理清晰。

（一）流域治理

流域治理一词，既是社会科学术语，也是环境科学使用的词语，但二者所包含的内涵有很大不同，后者指“采取综合治理措施，治理与开发相结合，对流域水土等自然资源进行保护、改良与合理利用”，侧重于依靠技术手段实现流域整体环境改善。在公共管理视域下，治理与管理、管理体制之间有着紧密联系，传统的流域管理体制是指管理者为实施流域水资源分配、污染防治等行政管理活动，按照职能分工建立的行政组织及其结构。随着生态文明建设深入，流域的治理主体、治理对象已经有了更丰富的内涵。流域治理的对象不仅是河流、湖泊等积水区域，还是全流域范围，治理目标是改善自然生态环境、转变经济发展方式、流域生态与经济协调发展。这一目标的实现仅依赖单一的政府部门难以实现，需要协调横向部门、整合层级行政资源，引导社会资本和公众参与到流域治理中，建立多元主体参与的流域治理体制。

（二）环境规制、环境治理

规制一词，在经济学、公共管理、法学领域有着不同的含义。公共政策研究和实务工作部门往往将规制与“管制”“监管”等同,[1] 行政管理学者齐晔在环境监管论述中认为，规制是我国政府监管中的第二个阶段，即政府环境监管分为环境行政、环境规制和环境治理三个阶段，环境规制是政府通过法律手段进行环境监管的阶段。[2] 受到治理理论的影响，政府规制也逐渐走出政府单方面控制、管控的模式，向多元主体参与下的合作规制、自我规制的规制治理方向发展。[3] 我国目前正逐步从环境规制走向环境治理，但不可否认的是，虽然我国也在引入社会治理和市场机制，但目前我国仍然是处在以行政为主体、行政命令控制手段为主的环境规制阶段，因此本文第一章中对新中国成立后至“十二五”期间的环境监管用环境规制一词，在使用环境治理一词时，其与环境规制在一定范围内可以换用。

（三）制度、体制、机制

笔者通过检索发现，体制、机制的使用较为广泛，但没有形成统一的概念界定。在英文中，体制对应的词通常为“system”，《牛津现代英汉双解大词典》中“system”除了“体制”外，还包括“系统、体系、方法、规律”等含义，由此可知体制表现为体系化、确定性的特征。机制对应的单词为“mechanism”，表示“事务工作或组织的方式”。本文中对体制、机制的概念主要采纳公共管理领域齐晔教授的界定：体制是一个系统的组织体系和制度以及该制度的运行机制；制度是指组织制度和工作制度；机制是指制度的具

---

[1] 参见薛才玲、黄岱：《政府管制理论研究》，西南交通大学出版社2012年版，第58~70页。

[2] 参见齐晔等：《中国环境监管体制研究》，上海三联书店2008年版，第49页。

[3] 参见孙娟娟：《政府规制的兴起、改革与规制性治理》，载《汕头大学学报（人文社会科学版）》2018年第4期。

体实施方式。[1] 因此，环境治理体制是指环境治理作为一个有机整体，包括环境治理组织体系、治理制度以及制度运行机制。环境治理制度是指立法、行政、司法、监督机关依照相应的法律规定，建立组织结构、履行规制职能相关的法律政策制度。环境治理机制是指推动环境规制制度的具体实施、发挥作用的方式。

（四）生态安全、社会生态系统

生态安全（ecological security）是一个涉及社会科学、公共管理、自然科学等学科的概念。生态安全，也称为环境安全（environmental security），有狭义和广义两种理解。狭义的生态安全是指自然和半自然生态系统的安全，即生态系统完整性和健康的整体水平反映。广义的生态安全概念，采用美国国际应用系统分析研究所（International Institute for Applied Systems Analysis，简称IIASA）1989年提出的定义，生态安全是指在人的生活、健康、安乐、基本权利、生活保障来源、必要资源、社会秩序和人类适应环境变化的能力等方面不受威胁的状态，由自然生态安全、经济生态安全和社会生态安全三者所组成的一个复合人工生态安全系统。[2]

本文中生态安全的概念是指湖泊流域社会生态系统的流域生态安全，它建立在广义的生态安全概念的基础上，其中，流域自然生态安全就是指为维护流域生态系统的完整性和健康状态，增加生态系统的弹性和稳定性。流域经济生态安全是指流域经济发展水平应当与流域生态承载力相适应，确保经济发展规模和产业机构在不危及生态系统健康的前提下实现经济的稳定发展。流域社会生态安全是指流域自然资源为流域人群提供充足、稳定的基本生活资料，使人民免受灾害、疾病、基本生产生活资料短缺的危险。为在统一的概念定义的基础上，论述本文的研究内容，本文特指“流域自然”为流域生态系统，“流域经济”为流域经济等背景，“流域社会”为包含资源系统、资

---

〔1〕 参见齐晔：《中国环境监管体制研究》，上海三联书店2008年版，第49页。
〔2〕 参见丁丁、谷雨：《我国生态安全的现状和对策》，载《环境保护》2010年第2期。

源单位、管理系统、资源使用者（用户）四个核心单位的流域社会系统。因此，本文中的社会生态系统，即湖泊流域社会生态系统，是指在流域经济等背景下的自然和社会的统称。流域生态安全建立在流域社会生态系统相互融合、可持续发展的基础上，当地政府作为公共产品的主要提供者，要通过制定良好的制度，采取科学有效的规制工具，确保实现流域社会、经济和自然的生态安全秩序。

（五）流域治理模式

在《现代汉语词典》中，模式指某种事物的标准样式或让人可以仿效学习的标准样式。与之对应的英文词“pattern”，在《牛津现代英汉双解大词典》中是指某事发生或完成的惯常方式，或可效仿的范例或样板，中英文权威词典与之相似，本文采取《牛津现代英汉双解大词典》中对“模式”的定义。由此，本文把“流域治理模式”定义为在某个指定的时期内，当地政府在针对特定湖泊流域开展环境治理时采用的惯常方式。尽管云南省九大高原湖泊采取“一湖一策”的治理策略，但由于这些高原湖泊在云南省省级行政级别上隶属于相同的管理部门，各个高原湖泊流域环境治理是互有借鉴和效仿的。因此，针对一段指定的较长时期例如“十一五”至“十二五”期间，总结云南省九大高原湖泊流域治理模式的定义有其现实的实践基础。

第四节　创新点与研究难点

一、创新点

（一）结合湖泊流域治理交叉学科特点对理论与实证研究做了有效结合

湖泊流域是一个相互耦合的社会生态系统，流域治理涉及面广，影响深远，多方都对此倾注了极大关注并进行了研究。从理论研究上来看，湖泊流域治理是一门交叉学科；而在实践上，流域治理牵涉大量的人财物，是一个有顶层设计理念、有历史渊源、多主体互动的社会生态系统，而且，围绕流域治理的立法、实践和技术方法一直在不断创新发展。为了上升到理论层面上，及时准确地总结经验、展望未来，本文以整体性治理理论、流域治理理论为基础，以中央与地方的关系、流域社会生态系统、流域治理理论结合个案实践、多样化湖泊发展路径等整体性视角，综合运用了文献分析法等多种研究方法，注重规范研究与实证研究的交叉进行，强化对整体性治理的实证研究，提升针对具体事件进行案例研究的水平，对理论与实证研究做了有效结合，深入剖析了整体性治理在流域治理具体实践应用中的内在机理。

（二）基于洱海流域对社会生态系统可持续分析框架做了理论应用创新

针对奥斯特罗姆的“社会生态系统可持续分析框架”通常用来识别自主治理模式的局限，本文在原框架逻辑图的基础上，结合洱海流域行政主导型流域治理的特点，突出了管理系统的作用，相应地构建了洱海流域治理的管理系统动态图、资源系统动态图，以及洱海流域社会生态系统可持续发展的动态总体分析框架，在此基础上做相关分析，分析推演了云南省高原湖泊流域治理模式的特点和不足，归纳总结出以污染治理为目标的流域治理模式和以生态安全为目标的湖泊流域治理模式，给出新模式的概念、特征、发展路线及成立条件。

（三）采用模糊集定性对比分析法对湖泊样本做了组态分析的应用创新

本文基于彼得·赫斯特洛姆等人的 DBO 理论及在其上发展起来的多影响因素划分法，构建了湖泊流域的 7 个前因影响因素和一个结果（湖泊流域治理的多元协同）。在此基础上，邀请领域内专家采用德尔菲专家打分法对变量影响因素表等进行多批次循环打分，确定了原始数据集。本文再采用社会学领域经常用来从适量案例中分析案例中的复杂因果关系的 fsQCA，基于分布全国各地的不同类型的 27 个湖泊自 2016 年至今的湖泊流域治理过程及结果，解析由以污染治理为目标的湖泊流域治理模式迈向以生态安全为目标的湖泊流域治理模式的多种组态，这些组态形成了实现湖泊流域治理多元协同的不同路径。这些应用创新的研究成果，对于后续研究指导洱海流域实现以生态安全为目标的湖泊流域治理模式的系统规划，提供了支持。

（四）对现行流域治理主体的组织结构、管理方式等的创新

在实践归纳的拓展上，遵循现阶段我国生态文明建设过程中顶层设计的“五位一体”总体布局，生态安全与“山水林田湖草沙是生命共同体”的理念指导，运用西方新公共管理改革后期提出的整体性治理等理论，结合云南省高原湖泊流域治理的问题，以及湖泊流域治理发展趋势，阐述了湖泊流域治理走向生态安全的必然性及其内涵。在采用 fsQCA 对国内 27 个典型湖泊案例做组态分析归纳了四个发展路径的基础上，针对现有流域治理模式的不足如流域治理主角功能缺位、无全流域治理反馈机制等问题，从制度保障、组织保障、加强适应性、协同治理四个方面，勾画了未来实现以生态安全为目标的湖泊流域治理模式的系统规划：首先，针对湖泊流域在制订与审查保护类规划的程序中，缺乏对专家的独立监督机制及公众参与监督的机制，法律制度上缺乏相应的约束等问题，在政策法律层面提出了相应的对策。其次，针对全流域治理的社会生态系统治理主角功能缺位、组织缺位等问题，相应地提出了建设弹性化政府的建议：在现有行政规制主体组织结构中的州级层级下，增设“流域战略管理局”及“流域战略委员会”两个行政部门，提出了配套的横向纵向一体化组织架构，从理论上解决了流域治理实践中普遍存在的湖长有权责却不能实行有效流域治理的现实难题。再次，对权力和专家团队权责不清晰、行政规制主体缺乏相应科学技术能力等问题，明晰了专家团队职责划分的改进思路，提出了建设湖泊流域研究院以培育人才的对策。还针对流域复杂多变的治理形势，基于权变管理理论与规制影响评价制度探讨了行政规制自主裁量的原则。最后，针对降低规制成本、转型升级及动员公众等问题，运用协同治理框架对多元化合作方式做了探讨。

二、研究难点

第一，湖泊流域治理是一个跨学科的研究论题，这是本文的创新基础，也是本文的难点。写作中既要搜集云南省九大高原湖泊尤其是洱海流域的相

关数据与资料，也要了解公共管理学、行政法学、制度经济学、环境科学、社会学等领域的相关理论和研究成果，这些领域的知识专业性强、术语繁多，而公共管理学对湖泊治理等问题的研究成果较少。为克服这些阻力与障碍，理解相关学科理论和研究成果，花了非常多的时间和精力。本文在公共管理的学术规范内，紧密围绕论文选题，借鉴和吸收相关学科的理论和研究成果，力求在维护逻辑推理严密性的前提下展开分析，得出合理的结论。

第二，目前国内公共管理研究领域应用 fsQCA 等方法开展实证研究方兴未艾，相关计量分析方法的理论复杂，国内相关研究成果不多，只能阅读原文，自行钻研 fsQCA 软件等方法，一点点去琢磨、实现，其中的艰难可想而知。另外，有不少外文原文著作在国内没有译本，只能通过其他作者的译著或介绍间接了解。因此在了解相关理论最新研究动态与利用原文资料上，可能有所欠缺。

本章小结

本章先阐述了本文的研究背景，问题的提出过程，以及本研究的理论意义和现实意义，作出了作为本文研究基础的整体性治理理论、湖泊流域治理理论等相关研究的综述及其评价。然后，详细阐述了本文的研究思路和所采用的六种主要研究方法。为避免引用多学科研究成果在基本概念上的歧义，再对一些核心的基本概念作出了界定。最后列明了本文的创新点与研究难点。

本章内容是为后续章节内容做好铺垫。下一章将阐述 1950 年新中国成立初期至 2015 年“十二五”末，云南省高原湖泊流域治理的历史变迁的过程。

第一章　云南省高原湖泊流域治理的历史变迁

新中国成立至“十二五”末期间，云南省的流域治理制度经历了从无到有的过程，其主要任务围绕着污染治理展开，逐步建立了流域管理部门、流域管理制度和流域执法机制，实现从法制到法治的治理历程，推动了九大高原湖泊流域治理体制的不断发展变化。本章将这一阶段的流域治理体制建设划分为三个阶段。通过梳理和归纳总结云南省九大高原湖泊流域环境治理体制的变迁历史，有助于理解云南省当前流域治理体制的特征，把握未来发展的脉络。

第一节　高原湖泊流域治理发展概述

20 世纪 30—60 年代，发达国家经历了以“八大公害”为代表的环境危机。西方国家开始转变对市场经济不干预的做法，政府采取行政手段进行干预，环境规制成为政府控制环境风险的主要手段[1]。进入 20 世纪 80 年代以

---

〔1〕《布莱克法律词典》将“规制”界定为“通过规则或限制的控制过程”。关于规制的概念，有的经济学者侧重从行为或过程来界定，如日本经济学者植草益认为“规制是指依据一定的规则，对构成特定社会的个人或构成经济的经济主体的活动进行限制的行为”（［日］植草益，《微观经济学》，朱绍文译，中国发展出版社 2012 年版，第 21～22 页）。有的行政法学学者则偏重从静态的角度研究规制，将规制作为政府制定的、以解决市场失灵或维持市场秩序目的的规则本身。如英国学者科林·斯科特教授认为，规制应扩展到特定范围的一系列任务，包括设定规则、搜集信息、建立反馈或监督机制，并设立纠正违反规范行为的回应机制（［英］科林·斯科特：《规制、治理与法律：前言问题研究》，安永康译，清华大学出版社

后，我国随着改革开放深入和经济发展，也经历了西方国家类似的环境生态危机，在河湖流域发生了严重的污染事件：2005年松花江污染、2007年太湖蓝藻暴发、2008年阳宗海砷污染等。由于现代社会的环境风险和环境危害已经远远超出了个人所能预防或抵御的范围，这必然需要国家采取措施。因此，规制环境风险、提供生态安全保障已经成为现代国家的合法性基础。我国的环境污染、生态破坏的环境风险不断加剧，也促使中央政府不断完善相关的环境保护法律制度，加强行政机关的环境监管职能，加大违法企业的处罚力度。

一、我国的环境规制体制

环境规制体制是指包括环境规制组织体系、环境规制制度及其运行机制在内的有机统一整体。我国的环境规制体制建设起步时间较晚，从20世纪70年代后才起步，在40年间经历了西方国家经历过的大部分的环境风险和生态破坏。正是在不断爆发环境危机的压力下，我国通过不断完善环境规制制度，形成了具有中国特色的规制体制。

我国的环境规制组织体系包括中央和地方的各级党委、政府及其所属的流域保护相关职能部门。政府指最广义的、具有法定公权力的机关，包括行政管理机关、立法机关、司法机关、纪检监察机关。[1]我国的立法、行政、司法分属不同的公权力机关，它们之间是分工合作的关系。按照不同的规制职能，我国的环境规制是集立法、行政、司法为一体的行为，[2]主体包括立法规制主体、行政规制主体、司法规制主体、规制监督主体。行政规制是环

（接上页注）2018年版，第20页）。我国学者宋华琳也认为，规制研究中不应局限于静态的规则，也不应孤立地审视某种行为方式，而是要动态地审视规制过程，关注规制规则的制定、监督和执行（宋华琳：《迈向规制与治理的法律前沿——评科林·斯科特新著〈规制、治理与法律：前沿问题研究〉》，载《法治现代化研究》2017年第6期）。本文认可这一观点。我国的环境规制研究应当将规制视为一个完整的过程，既包括我国政府采取行政手段对市场主体的生产、经营行为予以干预，预防和治理污染和生态破坏的行为，也包括规范规制行为所制定的规则本身。

〔1〕参见齐晔等：《中国环境监管体制研究》，上海三联书店2008年版，第74~76页。

〔2〕参见苏晓红：《我国政府规制体系改革问题研究》，中国社会科学出版社2017年版，第90页。

境规制组织体系的核心，环境规制体现为以行政规制为主导、立法规制、司法规制和规制监督协同的整体性特征。其中，规制监督包括规制监督机构和规制监督制度。（见图1－1）

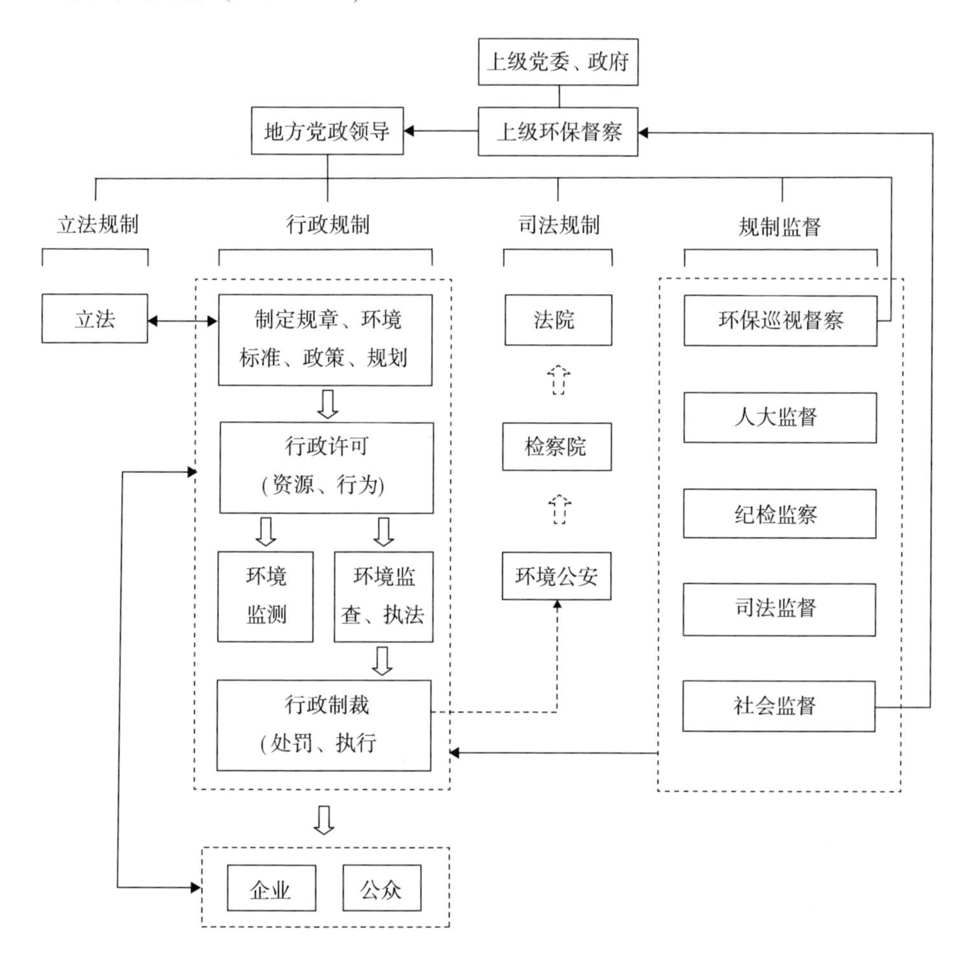

图1－1　环境规制体制

为了督促地方政府履行治理职责，我国建立了多个主体构成的规制监督制度，分别从立法、司法、行政、社会等多个层面，对行政规制进行监督。按照委托代理体制，地方政府是中央政府委托的机构，对地方环境质量承担责任，中央政府有权进行监督问责。

我国的环境规制机制主要包括命令控制机制、市场激励机制和公众参与机制。命令控制机制是最主要的规制机制，它主要体现为公权力机关依法行使权力的过程，包括立法机关合理分配规制机构的权力、行政规制机构依法执行法律、司法机关依法维护法律秩序的过程。市场激励机制是辅助规制机制，它通过经济手段引导企业创新技术、转变生产行为，由被动转变为主动遵守环境法律。公众参与机制鼓励社会公众参与政府的环境规制，弥补政府规制不足、督促政府履行规制职能。我国环境规制体制具有以下特点。

（一）行政规制是环境规制体制的核心

随着社会的发展，行政机关在管理公共事务、提供公共服务和产品中的作用越来越突出。因此政府规制越来越表现为“行政规制”。随着科技对工业化发展的巨大促进作用，科技在各个领域被广泛运用。科技在推动生产力发展，改变现代社会的生产、生活方式的同时，却不断引发越来越多的生态环境风险，很多风险已经被证明造成了实际的生态破坏和人体健康损害。但还有许多环境风险尚处在不确定中，人类社会对是否要采取规制也处在争议之中，因此政府作为公共事务的决策者，在环境风险规制决策、风险规制执行中的作用越发重要。

行政规制以社会作为规制对象，主要以行政命令的方式采取以下规制措施。

1. 颁布规章、政策，制定环境标准

由于社会分工细化，专业性、复杂性增强，行政管理机关作为最直接的监管者，出于技术性、灵活性、专业性和及时性的考虑，立法机关授予行政机关更多的行政决策裁量权、立法权，而保留对其监督和问责的权力。行政规制机构在上位法的授权范围内制定具体的规章、政策、规划。除了国家法律授权，按照《立法法》规定，根据地方的实际需要，地方人大可以制定地方性法规，授权环境规制机构制定具体的规章的权力，以及综合执法的权力。国家环境规制机构被授权制定国家统一的环境标准，地方政府可以制定更严格的地方环境标准。以云南省湖泊流域规制为例，云南九湖流域均颁布了“一湖一策”地方性法规，据此授权成立了九湖单独的湖泊管理机构，湖泊管理机构有权力编制湖泊治理规划和规范性文件，实施综合环境执法、行政许可等。具体规制办法、规划和环境标准是实现环境规制的基础。以洱海为例，为了便于管理，大理地方政府还制定了一批地方政府规章，包括《大理白族自治州洱海渔政管理实施办法》（已废止）、《大理白族自治州洱海滩地管理实施办法》（已废止）、《大理白族自治州洱海流域农村垃圾管理实施办法》（现已废止）和《大理白族自治州洱海流域湿地保护管理实施办法》等。

2. 颁发许可证，维持环境和资源容量

根据《行政许可法》《水法》《水污染防治法》《土地管理法》《森林法》《渔业法》《环境影响评价法》等规定，自然资源和环境行政监管机关按照相关规定，对市场主体用水、土地、林木林地、捕鱼、排污等申请进行审查，按照一定的限额进行审批，对市场主体提出的建设项目的环境影响评价进行审核，对不符合地区产业准入和区域环境规划的予以禁止。除了行政命令的方式外，我国正在进行的排污许可证改革中，也在推动如排污权交易、水权交易、碳排放交易等市场引导型规制工具的应用，通过市场规律鼓励技术创新、产业升级。

3. 长期环境质量监测

环境质量监测数据是进行环境规制决策和评价规制绩效的重要依据，也是实现环境规制监督的客观标准。为了解决环境规制存在的信息不对称问题，我国加强了环境质量监测体系的制度建设。按照我国《环境保护法》及相关法律规定和环境监测标准，我国的环境质量监测机构由环保部门按照法律规定的标准和规范设立，对我国的水、大气、土壤、噪声、污染源、海洋等进行实时质量监控，以便对环境介质变化做出风险预警。我国的环境监测分为国家设立的环境监控站和地方环境监控站。国家级环境监控站在重要的环境区域、流域设置监测点（通常称“国控点”），地方根据需要设置省控点和区县一级监控点。各个监控点独立收集、检测环境信息，最终要实现监测信息共享和信息公开，切实发挥信息的预警作用。

4. 定期环境检查执法

环境行政机关依法开展环境执法检查是确保法律制度得到遵守的重要保

障。我国环境类的检查和执法权力分散在环境、林业、水利、农业、住建等多个行政机关手中，每个部门按照各自的职能和权限履行职责，但由于生态环境是个整体，多部门多头管理往往导致执法推诿、监管不力，因此除了日常的执法检查外，多部门还采取联合执法方式，定期进行执法大检查，对发现的问题集中处置。但这样的“运动式执法”模式也会带来日常执法的惰性和执法尺度前后不一的问题。云南省通过地方立法授权的方式，授予湖泊管理机构在湖泊及湖滨带的部分综合执法权，使其享有用水许可、环境建设项目审批、捕鱼、排污等方面的综合许可权，这在一定程度上解决了多头管理的问题。为了转变长期以来地方环境行政执法受限于地方政府的局面，我国于2016年启动了环境监测执法体制改革，根据中共中央办公厅、国务院办公厅联合下发的《关于省以下环保机构监测监察执法垂直管理制度改革试点工作的指导意见》，市级环境监测机构的人事和经费由省级环保机构垂直管理，市级以下环境监测机构由市级环保机构管理，主要承担执法监测工作，县级环保机构成为市级环保机构的派出机构。学者指出，这样的改革虽然带来地方环保机构地位的重大提升，但也使其处于执行地方政府环保任务和监督地方政府环境履职的尴尬局面。[1]

5. 对违法行为进行行政制裁

对一般环境违法者，环境行政机关有权根据其行为表现、造成的危害后果程度，予以行政处罚并强制执行。环境行政处罚的目的是教育惩戒、制止危害、修复环境。环境行政处罚方式一般包括申诫罚、财产罚和行为罚。面对我国长期以来难以改善的环境痼疾，2015年以来，我国加大了环境执法处罚力度，在《环境保护法》《水污染防治法》《大气污染防治法》等法律中提高了处罚尺度，按日计罚、没收违法所得、责令停产停业等措施对违法者有很大的震慑作用。我国的行政处罚相关的规定授予了行政机关较大的行政处罚自由裁量权，在新形势下处罚尺度不一、执法不公平的问题越发突出，“罚

---

〔1〕 参见熊超：《环保垂改对生态环境部门职责履行的变革与挑战》，载《学术论坛》2019年第1期。

款额度上下限相差10倍，选择使用单一手段还是复合手段，新形势下，自由裁量的权力更大了”[1]。为了解决这一问题，2019年5月生态环境部发布了《关于进一步规范适用环境行政处罚自由裁量权的指导意见》，对规范环境行政处罚裁量权的行使作出了具体规定。

（二）立法规制：规制授权和规制监督

环境规制机构的权力来自宪法、法律、法规的授权。规制机构必须在授权范围内从事行政行为，遵循组织法定和权力法定乃是法治国家的基本要求。[2] 从新中国成立以来，截至2018年有数据表明我国已经制定269部法律，[3] 其中环境保护相关的法律达到30多部，此外地方人大和民族自治地方人大也享有制定地方性法规的立法权。规制机构要接受权力机关的监督，执法检查是人大最主要和最常用的监督形式，通过全国人大和地方人大的法律专项检查，可以评估法律执行情况、检测立法质量。2015年，在全面依法治国的大背景下，全国人大常委会首次把执法检查同专题询问这两种监督方式结合起来。[4] 1995年至2009年十五年间，全国人大常委会共公布了67份检查报告。[5] 2016年以来，为加强生态文明建设和环境保护工作，全国人大常委会检查了《环境保护法》《可再生能源法》《渔业法》《固体废物污染环境防治法》《大气污染防治法》《水污染防治法》等多部法律的实施情况。[6]

此外，行政规制也在推动国家和地方规制立法的发展。法律规定往往滞后于实践，当行政机关在规制过程中遇到立法空白或现行法律滞后无法满足

---

〔1〕《环境行政处罚相关指导意见发布》，载中国政府网，http：//www. gov. cn/zhengce/2019－06/03/content_ 5396963. htm。

〔2〕参见张宝：《环境规制的法律构造》，北京大学出版社2018年版，第124页。

〔3〕参见《推动重大改革举措落地全面推进落实依法治国》，载中国人大网，http：//www. npc. gov. cn/zgrdw/npc/xinwen/2018－12/11/content_ 2066926. html。

〔4〕参见田必耀：《新时代人大执法检查重大创新及实施对策研究》，载《人大研究》2019年第9期。

〔5〕参见赵鹏：《风险规制：发展语境下的中国式困境及其解决》，载《浙江学刊》2011年第3期。

〔6〕参见于浩：《执法检查：标注法治中国前行足迹》，载《中国人大》2018年第24期。

要规制的现实情形时，就产生了立法规制的需要。通过向立法机关提出立法建议，最终实现法律的制定或修订。

（三）司法规制：环境规制的司法保障

环境司法规制是指国家司法机关依法对违反相关法律法规，造成严重环境危害或威胁的行为人追究法律责任的规制过程。司法规制的对象包括企事业单位、个人和国家工作人员。当行为人的行为已经构成严重环境危害，需要追究其刑事责任的，行政规制机关应当将案件移交给公安机关进行侦查，违法犯罪事实清楚的，将由检察院代表国家向法院提起公诉。近年来我国加大了对环境违法犯罪的打击力度，修订《刑法》关于环境犯罪规定的适用范围，此外，我国加强了环境损害民事责任的追究，创新了环境民事公益诉讼制度、环境生态损害赔偿制度，允许检察机关、社会公益组织代表公共利益，向违法者追究环境损害的民事赔偿责任，体现了司法生态修复职能。随着我国日益严重的环境危机，尤其是流域的跨地域水污染问题，行政规制难以满足社会公众对健康环境的需求，为了回应公众参与环境治理、改善环境的需求，同时将激化的社会矛盾向理性、有序的司法途径引导，云南、贵州司法机关尝试发挥司法机关能动性，[1] 提前介入环境纠纷，以司法服务主动回应社会，包括率先设立专门化司法审判庭、与公检行政建立司法联动并信息共享、创新环境公益诉讼制度等。

（四）规制监督：规制系统的变革动力

我国的环境规制系统中，规制监督是推动政府规制，尤其是行政规制变革的主要动力。从世界各国来看，规制监督都是规制体系中的重要部分。[2] 我国的环境规制督察体系较为复杂，以监督主体划分，分为立法、行政、纪检、司法和社会监督；以监督权力来源划分，分为自上而下的党政监督和自

---

〔1〕参见李挚萍：《环保司法能动：一种环境保护新的制度资源》，载《环境》2012年第8期。

〔2〕参见苏晓红：《我国政府规制体系改革问题研究》，中国社会科学出版社2017年版，第107页。

下而上的社会监督。2015 年以来，中央政府全面加强了环境规制监督，重点集中在地方政府环境履职状况的督察，以党政问责方式追究地方党政领导人的责任，以“治吏”推动“治政”。为避免因信息不对称带来的委托—代理风险，中央环保督察制度充分发挥社会监督作用，避免信息不对称导致的监督落空。同时我国立法、司法机关和纪检监察部门也加强了监督作用。为了监督行政机关合法、有效地履行规制职能，我国的检察机关发挥国家监督职能，通过司法方式对行政机关的规制行为进行监督。根据《行政诉讼法》规定，行政机关违法行政、怠于履职的，检察机关可以提起行政公益诉讼。

二、云南省高原湖泊流域环境规制机制

环境治理的主体是政府，命令控制机制是政府环境治理的主要机制，但该机制下的规制成本巨大、效率较低。20 世纪 80 年代起，世界各国开始引入市场机制和公众参与机制，以经济激励方式引导企业和社会参与合作规制。在治理理论的指导下，环境治理也逐步从政府承担全部环境风险规制责任，向社会多元主体协商、共同分担治理责任转变。政府采取信息公开、公众参与决策、环境公益诉讼制度等，拓宽了公众参与治理监督的渠道，减轻了政府治理的压力，多样化的治理机制降低了政府规制的成本。

云南省高原湖泊流域环境治理制度、治理体制建设起步早于国家层面的流域治理的建设。云南省的高原湖泊流域治理制度的变迁过程与国家流域规制理念、基本原则、基本制度保持一致，同时云南省委省政府和地方政府结合云南高原湖泊的特点，采取“一湖一策”的治理理念，探索建立了一套适合云南地方经济、生态特点的规制制度。

云南省河流众多、水资源丰富，在特殊的地质运动中形成了许多大大小小的天然湖泊。此前有数据统计显示，云南省湖面面积超过 1 平方千米湖泊有 31 个，流域总面积达到 1115.2 平方千米，[1] 其中面积最大的九个高原湖

---

[1] 参见杨桂山等:《中国湖泊现状及面临的重大问题与保护策略》，载《湖泊科学》2010 年第 6 期。

泊——滇池、抚仙湖、洱海、泸沽湖、星云湖、阳宗海、杞麓湖、程海、异龙湖，是云南省流域面积最大、经济最为发达、人口也最为密集的湖泊流域。此外还有一些面积较大、生态功能较为重要的湖泊，如纳帕海、碧塔海、拉市海、大山包湿地，国家通过设立自然保护区、列入重要湿地目录等方式予以保护。其他的面积更小的湖泊按照法律规定，由当地政府进行管理。相比较而言，九大高原湖泊因其经济地位突出，云南省政府出台了最多的政策，投入了最多的资金、技术和人力，由政府全面进行管理和保护。而其他的湖泊在规制机制上各有不同，有的地方政府承担主要规制责任的同时，通过合作引入企业和环境公益机构参与管理，还有的引导当地社区参与管理，因此，在搜集云南省高原湖泊不同的案例后，按照环境规制中政府所采用的主要规制机制的不同，可以将规制机制分为：命令控制型管控机制、公私合作型市场激励机制、公众参与型合作机制三种类型，其中命令控制型的管控机制是最为主要的治理机制。

（一）命令控制型的管控机制

由于滇池流域在20世纪80年代末水质全面恶化为劣Ⅴ类水，其他湖泊也面临水质恶化的风险，云南省政府确定了“一湖一策”的治理策略，重点治理云南省九大高原湖泊。云南省湖泊环境规制体现了危机管理的特点，即环境危机作为环境规制系统的外部输入条件，促使规制系统自我调整，调整组织结构、机构职能和运行机制，以适应环境规制目标。由于九大高原湖泊流域面积大、人口众多，聚集了当地最主要的农业、工业和城市生活设施，当地政府为了保障公共利益承担环境规制的主要责任。九湖流域的命令控制机制主要内容为以下几个方面。

1. 中央统一规制下的地方政府负责制

我国中央政治体制下，按照中央与地方的权力分配模式，中央政府是我国各项重大政策的制定者、改革方案的推动者，地方政府是具体的执行者。按照行政发包制理论，在中央与地方之间形成类似委托—代理的法律关系，地方政府是其地域管辖内河流、湖泊流域治理的第一责任人。由于我国幅员辽阔，各地经济发展不平衡，地域差异性大，所以地方政府在贯彻和执行中央的意志时并非机械的传达，而是结合各地的实际情况、因地制宜灵活操作。为了实现治国理念和政治目标，中央政府给予地方政府最大可能的授权和管理的自由，这是中国特有的中央—地方权力分配体制下的行政分包制。[1]

一直以来，湖泊治理成效与地方政府绩效考核和官员晋升没有直接联系。云南省政府对管辖范围内的湖泊治理享有较大的“综合治理权”。1994 年云南省政府颁布实施了《云南省环境保护目标责任制实施办法》（已失效）和《云南省本届政府（1993—1998 年）环境保护目标与任务》。随后云南省各地、州、市与所辖县（市）相继逐级签订责任书，将环境保护目标责任层层落实到各单位、各部门。从《云南省环境保护目标责任制实施办法》看，其激励方式更偏向物质奖励，对官员的问责和晋升并未造成实质的影响。这一时期的激励机制属于“弱激励”模式，2012 年以前滇池、杞麓湖、星云湖、异龙湖等湖泊治理一直没有完成水功能区目标，对官员的晋升和政绩考核并未产生实质影响。中央对云南地方政府湖泊流域治理的监督主要由国家环保部门执行，通过流域专项治理规划考核的方式，督促地方政府履行流域水质达标的任务。

随着我国将科学发展观、生态文明建设作为国家指导思想的发展战略，中央要求地方从“以 GDP 为重”向“以生态保护为重”转型。为了切实督促地方政府履行环境保护责任，2016 年以来中央加大了环境保护督察的力度，专门派出中央环保督察组，检查各地履行各项环境保护规划、环境治理目标达标的情况。云南省的高原湖泊治理成为重点的督察对象，第一次共有 600 多人被问责。[2] 2018 年中央环保督察组到云南“回头看”督察，九大高原湖泊整治仍是督察重点。由此可以看到，在党的十八大以后，中央政府加大了地方环境治理的监督，包括流域治理在内的监督工作由部门业务指导、“条对条”式的督察，转向“块对块”式的督察，即由代表党中央和国务院的中央环保督查组对云南省委、省政府督察。

---

〔1〕 参见周黎安：《行政发包制》，载《社会》2014 年第 6 期。

〔2〕 参见《中央第七环保督察组向云南反馈督察情况》，载《中国环境报》2016 年 11 月 24 日，第 1 版。

2. 从完善法制逐步走向依法规制

环境规制是依法之治，云南省是全国最早实行“一湖一法”规制政策的省份之一，[1]同时是最早提出“流域”、并依照“流域”特性进行湖泊管理的省份。“流域”是一个生态学概念，它体现了生态系统的整体性、系统性特征。但我国现有的环境管理权限以行政领地为边界，管理机构只负责属地内的事项，属地管辖机制导致河流、湖泊被人为分割，无法实现治理和污染控制的整体效应。在没有上位法的情况下，云南已经率先将“流域”的学科定义引入地方性法规，将湖泊源头、湖泊周边、周边森林、湖泊水体统一纳入管理范围，实行整体性保护。1988 年《滇池保护条例》第 4 条明确提出：滇池的保护范围是以滇池水体为主的整个滇池地汇水区域，包括滇池水体，滇池周围的盆地区，盆地区以外、分水岭以内的水源涵养区。1988 年《洱海管理条例》刚出台时规定洱海范围包括最高水位 1974 米（海防高程、下同）界桩范围内的海区，以及西洱河节制闸到一级电站进水口的河道。随后其他七个高原湖泊，都采用了相同的方法，将湖泊水面和入湖河道在内的流域都纳入立法规制范围。云南省也是最早实行湖泊综合执法体制改革的省份，将湖泊水面的多项执法权集中授予了湖泊管理机构。我国《水法》直到 2002 年修订时才将流域管理制度写入其中。[2] 云南已经率先将“流域”的学科定义引入地方性法规，将湖泊源头、湖泊周边、周边森林、湖泊水体统一纳入管理范围，实行整体性保护。

云南省的湖泊立法规制走在了全国前列，从实际规制成效看，云南省的湖泊流域规制政策一直在环境保护与经济发展之间摇摆，一方面完善法制、投入治理资金、加强综合执法组织建构，但另一方面招商引资，加快地产、旅游、娱乐设施开发建设，从 20 世纪 90 年代启动九大湖泊治理到“十三五”

---

〔1〕我国重点治理的三河三湖，除巢湖、海河外，其他的湖泊、河流立法时间均晚于云南：《巢湖水源保护条例》（1987 年，已废止），《天津市境内海河水系水源保护暂行条例》（1981 年，已失效），《江苏省太湖水污染防治条例》（1996 年），《淮河流域水污染防治暂行条例》（1995 年），《辽宁省辽河流域水污染防治条例》（1997 年，已失效）。

〔2〕参见《水法》（2002 修订）第 12 条第 1 款规定：“国家对水资源实行流域管理与行政区域管理相结合的管理体制”。

结束时，历经25年的治理，并未降低九大湖泊的环境风险，《云南省2015年环境状况公报》显示，滇池、异龙湖、星云湖、杞麓湖仍然保持劣V类，洱海水质徘徊在Ⅱ类与Ⅲ类之间，[1] 2003年、2013年洱海流域暴发蓝藻水华，2008年阳宗海砷污染事件。根源在于地方政府发展经济的动机始终强劲，加上缺乏有效的法律监督和责任追究制度，监管者对违法行为执法不力、甚至为环境违法行为开绿灯、与违法者“合谋”、环境数据造假的情形时有发生。党的十八大以来，提出了全面推进依法治国的理论，要求严格执法、公正司法。2015年中共中央办公厅、国务院办公厅印发《党政领导干部生态环境损害责任追究办法（试行）》指出要强化党政领导干部生态环境和资源保护职责。为了监督云南省各级党委、地方政府环境保护责任的落实情况，2016年中央环保督查组对云南省进行环保督察，督察依据主要为国家的法律、法规、各项环境保护规划，重点检查云南省各级地方政府在环境治理中是否存在行政不作为、违法行政等问题，对地方以往长期存在的“先建设后审批”、“保护给违法建设让路”、保护规划不健全等问题进行批评，由此看出，中央加大对地方在法制健全、依法行政中的监督，从结果控制到走向制度规范、程序正义。[2]

3. 命令控制型规制机制的优势

命令控制型治理机制是一种传统的规制手段，也被称为管制手段。它主要是指环境规制机关制定环境标准、颁布法律法规或规章、对资源开发利用进行管控，以行政命令的方式要求社会主体予以遵守，并对未遵守命令、对环境公共利益造成损害的主体予以惩处的规制方式。我国实行改革开放以来，由于环境风险的频繁发生，政府主要采用发布各种禁令、颁发资源许可证、环境影响评价审批、严格的行政处罚等方式来控制风险。这也是西方发达国家在20世纪70年代后主要采用的方式。命令控制型治理机制的优点是非常明显的：

---

[1] 参见《云南省2015年环境状况公报》，载云南省生态环境厅官网，http：//sthjt. yn. gov. cn/hjzl/hjzkgb/201606/t20160603_ 154190. html。

[2] 参见周黎安：《政府治理的变革、转型与未来展望》，载《人民法治》2019年第7期。

第一，自上而下的命令执行机制，具有权威性。环境行政规制机构按照科层制结构进行设置，我国的地方行政结构与中央的行政体系保持一致，这样的结构确保上级的行政命令能够通过组织体系层层传递到中国最基层的单位。除了常规化的层层传递命令，在发生环境突发事件或环境恶化的紧急时期，上级政府可以打破常规的科层结构藩篱，快速动员行政体系所有人力和财政资源，以项目管理式的组织方式在短时间内完成目标任务。例如2017年大理市政府的洱海抢救式“七大行动”和2018年大理州政府“八大攻坚战”，就是这一运行机制的充分体现，在常规化治理不能实现短期洱海水质改善目标时，大理地方政府紧急动员整个行政系统，纵向从州、市、县到乡镇和村级政府，横向到所有与洱海保护相关的部门都参与进来。也有学者将这称之为常规治理与运动式治理的结合，运动式治理是为了弥补常规化治理失败而采取的特殊机制。[1]

第二，命令控制机制具有强制性。命令控制机制在面临严重的环境危机时能发挥立竿见影的效果，就是由于其运用了国家公共权力——行政权和司法权，以国家的强制力作为保障，不遵守法律和行政命令的将承担严厉的惩罚。2015年以来我国加大了对环境违法行为的惩处力度，扩大了环境刑事犯罪的规制范围，对环境一般违法行为，加大了行政处罚力度并增加了处罚方式，同时还制定了生态环境损害赔偿制度，增加了被规制者的违法成本。我国通过改革环境行政执法体制，确保环境执法机构独立执法，不受地方政府的行政干扰。在加强了环境行政执法、司法后，我国的环境违法和犯罪行为明显减少。

自上而下的命令控制机制，要发挥有效的环境管控效果，有赖于环境规制机构的有序运转、信息公开透明、命令传递顺畅。但现实中的情况是，由于环境规制主体的有限理性，可能导致环境规制失灵。[2] 按照布坎南的公共

---

〔1〕 参见周雪光：《运动型治理机制：中国国家治理的制度逻辑再思考》，载《开放时代》2012年第9期。

〔2〕 参见杨洪刚：《我国地方政府环境治理的政策工具研究》，上海社会科学院出版社2016年版，第41页。

选择理论，政府官员也和企业一样，是追求利益最大化的“经济人”，也有利己的动机，只不过其目标表现为政治上的利益最大化。在我国官员“晋升锦标赛”下，官员的行为动机与上级的考核机制、晋升机制具有直接关系。冉冉从制度分析的角度提出，在行政发包体制下中国环境治理的失败，恰恰在于地方政府生态环境治理发包制中，没有建立与之相联系的政府官员生态治理政治晋升机制。[1] 还有的学者提出了“官员排名赛”观点，通过实证研究2006—2015年各省约束性环境指标的排名，发现约束性环境指标并不是地方政府官员晋升的决定因素，但是它的客观性使各省的环境政策执行效果有了直观排名，对官员形成压力，实际推动了地方环境政策的执行。[2] 此外，个别地方政府为了发展经济，利用信息不对称，上下级达成利益共同体，“合谋”瞒报真实环境信息，导致被委托人危机。[3] 为了调整地方政府环境治理动机，掌握地方环境治理信息，2015年以后中央政府加强对地区环境质量目标的考核，细化环境质量指标，健全问责机制，建立终身责任制，无论是环境主管部门还是地方政府党政领导，都必须共同协作完成环境治理目标。中央政府还通过改革环境监测系统和执法体系，降低环境信息的不对称性，提升对地方治理的监督效果。

（二）公私合作型的市场激励机制

公私合作是合作规制的一种表现形式。由于风险具有公共性、扩散性和责任共担性，因此在进行风险规制和风险责任分担时，各国都在尝试如何在政府主导的规制下，实现国家与社会、国家与国家之间、政府与政府之间、政府与公众之间的合作。公私合作治理是指治理的职能由政府与企业、社会

---

〔1〕参见冉冉：《环境治理的监督机制：以地方人大和政协为观察视角》，载《新视野》2015年第3期。

〔2〕参见刘政文、唐啸：《官员排名赛与环境政策执行——基于环境约束性指标绩效的实证研究》，载《技术经济》2017年第8期。

〔3〕参见周雪光：《基层政府间的“共谋现象”——一个政府行为的制度逻辑》，载《社会学研究》2008年第6期。

(非盈利的组织和个人) 共同承担。[1] 公私合作对传统公共行政的基础造成冲击，打破了以往行政规制权只能由行政机关行使的格局，私主体也可以向社会提供公共服务，承担公共职能。[2] 公私合作的出现体现公权力行使方式的转变，公权力不仅仅是以命令控制的方式实现，还是体现了与社会主体协商、沟通、协作的合作方式。此外，在风险社会下由政府完全承担安全、环境、健康等责任，已经难以为继，世界各国政府的任务正在从直接或间接从向国民提供社会福利走向以风险防范和规制为主要任务，[3] 从给付国走向风险规制国。因此通过制度设计发挥社会力量，共同分担风险将成为各国政府的必然选择。

湖泊是湿地的一种类型，[4] 云南省境内湿地分布面积广泛，许多天然湖泊不仅提供当地生产、生活用水，还由于其独特的生态系统构造，是水鸟和其他生物重要栖息地，具有重要的生态价值、文化价值、科学研究价值。云南省作为全球34个物种最丰富的地区之一，生物多样性资源位居全国之首。为了避免开发导致原生态系统被破坏，云南省通过划定自然保护区、重要湿地等方式进行保护。但由于地方财政缺乏资金和人员编制，保护区管理机构难以承担保护职责。加上保护区本是当地人从事传统生计的地方，被划为保护区之后缺乏相应的补偿机制，导致保护与发展的矛盾异常尖锐。[5] 因此吸引社会资金、借鉴国内外先进的管理理念和技术手段，可以有效地弥补当地管理机构的短板。云南腾冲北海湿地和鹤庆草海湿地采用的特许经营协议就是典型的公私合作下的湖泊规制类型。

特许经营指政府与私主体以合同作为基础建立双方的合作，政府部门根

---

〔1〕 参见苏晓红：《我国政府规制体系改革问题研究》，中国社会科学出版社2017年版，第234页。

〔2〕 参见陈军：《变化与回应：公私合作的行政法研究》，苏州大学2010年硕士学位论文，第76页。

〔3〕 参见［德］汉斯·J. 沃尔夫、奥托·巴霍夫、罗尔夫·施托贝尔：《行政法》(第三卷)，高家伟译，商务印书馆2007年版，前言3。

〔4〕 参见杨岚、李恒主编：《云南湿地》，中国林业出版社2010年版，第21~34页。

〔5〕 参见李军伟：《云南省自然保护区存在的问题及对策建议》，载《云南林业》2015年第1期。

据合同控制和监督私主体提供特定的服务项目，私主体直接承担盈亏风险。政府许可私主体可以对使用者收费，收取的费用用于支付私主体的财务开销。[1] 如今这一机制被广泛运用于对政府所管理的公共事业的招商引资。云南省政府早期在湖泊流域规制中也引入该机制，用以解决当地规制机构资金和人手的不足。

北海湿地位于云南省保山市腾冲县东北部12公里处，位于滇西腾冲火山群中，是我国西部高原低纬度高海拔地区具有代表性的高原湖泊湿地，总面积为16.29平方公里。[2] 2005年经云南省政府批准为省级湿地自然保护区，以保护我国具有典型性和代表意义的火山堰塞湖、火山口湖为主要标志的内陆高原湖泊和“浮毯”型沼泽湿地生态系统，以及莼菜等珍稀濒危野生动植物。自然保护区内辖青海湖和北海湖两湖，北海湖湖面长期形成了漂浮在湖面的厚达6米的“浮毯”型沼泽草甸的生态景观成为当地旅游热点，随着游客的大量涌入，当地村民纷纷开展旅游业带游客上“浮毯”体验、无序盖建餐饮食馆，将大量不经处理的生活污水直接排放到北海湿地中，甚至直接在进入北海的泉眼处盖建餐馆，导致水源的直接污染。[3] 此外，村民随意采摘野生莼菜，使用严格禁止的地笼捕鱼、捕虾，在“浮毯”上开凿鱼洞捕鱼的现象普遍存在，对“浮毯”、生态系统和水质都造成了严重损害。[4] 早在1995年北海湿地保护与利用问题就引起了当地政府的重视。2000年成立了“北海湿地保护与开发管理领导小组”，同年成立了“北海湿地自然保护区”，并通过了《腾冲县北海湿地保护区管理办法》。2005年经云南省政府批准成立了北海湿地省级自然保护区，由腾冲县林业局管理。[5] 由于管理机构人员、

---

〔1〕 参见李霞：《论特许经营合同的法律性质——以公私合作为背景》，载《行政法学研究》2015年第1期。

〔2〕 参见《云南腾冲北海湿地省级自然保护区总体规划（2008—2020）》，第3页。

〔3〕 参见赵佳等：《关于对腾冲北海湿地保护的思考》，载《昆明理工大学学报（社会科学版）》2007年第1期。

〔4〕 参见沈立新、梁洛辉：《腾冲北海湿地动植物资源及其环境状况评价》，载《林业资源管理》2005年第2期。

〔5〕 参见《云南腾冲北海湿地省级自然保护区总体规划（2008—2020）》，第29页。

管护资金缺乏，更为主要的是缺乏有效的管理机制，缺乏政府、公司、社区相关利益群体的利益协调机制和协调措施，保护管理机构难以有效履行保护管理职责。

早在成立省级自然保护区之前，当地政府已经在筹划开发旅游资源。2000 年 12 月腾冲县环保局、县旅游局与北海乡政府联合组建的北海湿地生态旅游发展公司成立（以下简称发展公司），对北海湿地进行管理。2009 年又吸引了华美达国际有限公司注资成立北海湿地生态投资有限公司，负责经营管理北海湿地，并负责投资旅游服务与配套设施开发、旅游相关产品销售、湿地旅游景区综合开发、房地产开发等（以下简称投资公司）。在北海湿地保护区形成了北海湿地自然保护区管理局与投资公司共同管理的局面：管理局按照《中华人民共和国自然保护区条例》《云南省湿地保护条例》等规定，履行自然保护区执法监管、科学监测、生态修复治理、宣传教育的职责；投资公司通过招商引资协议获得了保护区旅游开发的特许经营权，同时投资公司承担了一部分监管和生态补偿责任，包括在北海湿地核心区周边修建围栏，禁止村民随意进入核心区，禁止村民在核心区切割草排、放牛、捕鱼、采摘湿地植物等，投资公司以实务补偿的方式支付给村民因占用其集体土地的补偿。

合作规制模式下，北海湿地被肆意破坏的“公地悲剧”风险得到一定的遏制。投资公司聘用工作人员实现了对保护区核心区的严格管控，结束了周边人员对于湿地的肆意利用，并用圈围的方式，改变了湿地的排他性，把一件低排他性的公共物品，转化成为高排他性的旅游产品。投资公司的行为直接形成对湿地的高强度维护，通过投资公司的广告宣传，将湿地的观光功能和景观功能得以实现，让更多的人有机会了解湿地的作用和景致，实现了宣传教育的功能。更重要的是，投资公司支付给周边社区的生态补偿费用，对社区传统权利给予一定补偿，弥补了政府的资金缺口，缓解了社区与管理机构之间的矛盾。

但该案例也存在一定的法律障碍。合作规制的法律基础——合作协议违反了我国的禁止性法律规定。当地湿地管理机构将自然保护区的核心区交给公司进行旅游开发，本身已经违反了《中华人民共和国自然保护区条例》的禁止性规定：禁止在核心区内开展旅游开发活动，禁止任何人进入核心区规定。[1] 投资公司在核心区内修建了旅游观光栈道、游客在购买门票后直接进入核心区观光。这一行为也遭到了很多环保机构的举报。在2016年以后，投资公司拆除了核心区的部分旅游栈道，但是仍然保留了景区大门和其他设施。但保护区管理机构并没有收回公司的特许经营权，管理机构认为，目前依靠管理机构自身的人力和资金还无法独立承担其规制职能，如果管理机构单方面终止特许经营协议，可能面临对投资公司信赖保护利益损失的赔偿责任。虽然本案例发生在特定的历史背景下，有一定的特殊性，但公私合作的治理机制确有其存在的必要，不能一概而论，因噎废食。如果双方就特许经营协议的内容按照法律的规定重新进行调整，在市场利益与公共利益之间寻找平衡点，这样的合作类型未尝不是双赢的结局。

（三）公众参与型合作机制

随着社会公众环境意识的觉醒，公众往往通过直接或间接的方式参与到环境保护中来，其中就包括代表社会公共利益的环境保护组织或基金会参与政府的环境治理活动。我国的环境启蒙运动从20世纪90年代后不断发展，迄今为止已经培育了一批成熟的本土环保公益组织、环境公益基金会。他们具备大量的环境和自然资源管理理念和专业人员，通过专门的资金筹集渠道获得社会和企业的捐助。他们以非营利为目的参与到政府环境规制活动中，在政府的监督下开展部分非强制性的规制行为，协助政府履行部分规制职能，为政府规制解决资金、技术和人员的不足，达到了保护公共利益和公众参与的双赢局面。目前实践中比较常见的是协议保护方式，即以政府或者土地所有权人让渡部分权力或权利为基础，以政府和土地所有权人之外的法律主体积极参与环境保护为目的，以约束各方权利、义务的特许保护协议为表现形

---

[1] 参见《自然保护区条例》第27条中规定："禁止任何人进入自然保护区的核心区"。第28条中规定："禁止在自然保护区的缓冲区开展旅游和生产经营活动"。

式，并以该协议的履行为实施机制的一种方式。[1] 政府将一部分治理权力让渡给公益组织，由社会公益机构以社会动员的方式实现规制目标。它转变以往行政规制机构传统的命令控制机制，引入了公众参与机制，“软化”了传统规制方式的刚性和对抗性。

2014 年 12 月，桃花源生态保护基金会与云南省鹤庆县政府签署了“鹤庆县西草海湿地社会公益型保护示范项目合作协议”。根据合作协议，桃花源生态保护基金会对西草海湿地进行全面管理，引进包括人员，技术和资金的社会资源，将西草海湿地打造成示范湿地保护区，大自然保护协会作为技术支持单位参与项目。它是云南省第一个政府监督、民间机构管理的公益性项目。西草海湿地仅 1 平方千米，它位于横断山，系候鸟迁飞路线，是我国水鸟种群分布密集的湿地之一。虽然它是州级自然保护区，却是完全开放的湿地，20 世纪 80 年代，西草海包产到户养鱼，投喂饲料使得水质迅速恶化，水体腥臭，鸟类消失。[2] 建立西草海自然保护中心后，采取村民环境教育和社会动员的方式，引导村民成立沟渠污废管理村民自治小组，自我约束、自主清理，中心还引入技术专家，开展了生态修复、鸟类观测等活动，政府通过制定相关规制政策，包括退塘还湿、禁渔等，逐步恢复良好生态秩序。[3] 在社会参与下，能更好发挥多种环境规制机制的优势。

桃花源基金会的这一做法也借鉴了自然保护区的社区共管做法。在 20 世纪 90 年代，云南省设立了一批自然保护区，严格的法律规定导致当地人的传统资源使用权受到限制，但缺乏相应的补偿政策和替代生计。仅依靠强制性的规制措施难以改变当地社区长期的传统习惯。在世界自然基金会、大自然保护协会、乐施会等国际环保机构的支持下，云南省地方政府与国际机构合作开展多年的“社区共管”项目，环保机构提供资金和技术支持，帮助当地

---

〔1〕 参见尤明青：《关于协议保护机制的比较法研究》，载《中国地质大学学报（社会科学版）》2009 年第 4 期。

〔2〕 参见闫颜等：《云南鹤庆草海湿地资源保护与可持续利用对策》，载《林业建设》2014 年第 5 期。

〔3〕 参见《社会组织和公众积极参与云南鹤庆草海保护》，载国家林草局网，http：//www.forestry.gov.cn/main/142/20180221/1077642.html。

社区转变传统资源利用方式，逐步向可持续的替代生计转变。通过环保机构推动社区自我规制，能降低规制所隐含的“强制性”，帮助社区建立环境合规习惯和环境意识。

总之，传统的命令控制机制仍然是云南省湖泊流域环境治理所采用的最主要的机制，这是我国行政发包制下的特有现象。但同时也要看到，命令控制机制存在治理成本高、治理效率不高的问题。[1] 学者提出，命令控制型机制属于第一代环境规制体制，它不能有效应对环境风险进行风险管理，命令控制的机制成本高昂、过于严格、无法激励创新，因此应该进行规制体制改革，引入更加灵活的市场机制、合作协议等。[2] 因此三种机制在云南省湖泊流域治理中各有优势，不能被替代。

第二节　云南省高原湖泊流域环境治理的起步阶段

湖泊流域是以水为主要载体的生态系统，湖泊流域不仅包括湖面水域，也包括汇入湖泊的来水区域。湖泊为人类提供基本的生态服务功能，满足人类的生存需要和精神需要；流域的自然资源以水为主要载体，还包括土壤、渔业、森林，乃至湖泊景观，它们共同构成了湖泊流域生态系统。我国的经济发展从传统的农业经济逐步发展到工业经济、知识经济，人类社会对流域自然资源的开发利用程度不断加剧，但对流域生态系统的破坏也在不断加剧，流域环境风险逐渐从自然风险向社会风险、系统风险发展。1950—1978 年，云南省开始了现代化建设，污染和生态破坏的后果也在不断显现出来，而这一时期我国的环境规制制度才刚刚开始起步。

滇池、洱海、抚仙湖是云南省内流域面积最大、人口最为密集、经济最为发达的流域，这三者分别代表了云南省三类不同的湖泊生态类型和经济类型：滇池——富营养化严重的浅水型湖泊，洱海——中度富营养化的次浅水

---

〔1〕 参见张红凤等：《环境规制理论研究》，北京大学出版社 2012 年版，第 119 页。

〔2〕 参见［美］理查德·B. 斯图尔特：《环境规制的新时代》，载王慧编译：《美国环境法的改革——规制效率与有效执行》，法律出版社 2016 年版，第 1 ~49 页。

型湖泊，抚仙湖——贫营养化的深水型湖泊。这三个湖泊是云南省九大高原湖泊治理重点，其获得的法律政策、财政转移支付最多、研究成果最丰富，因此，本章以后的内容将主要以这三个湖泊为例，例证云南省九大湖泊流域环境规制制度的变迁过程。

一、云南高原湖泊流域生态环境破坏状况

新中国成立之后很长一段时间，我国没有建立环境保护和流域管理的法律制度。在 20 世纪 70 年代之前，中央和地方政府对流域治理的重点为水利开发、防洪除害。例如 1952 年修建著名的荆江分洪工程、洞庭湖的蓄洪垦殖区等工程，主要目的在于抗洪抢险，这对于抗击 1954 年的大洪水起到了重要作用。20 世纪 60—70 年代，修建了葛洲坝、丹江口、隔河岩等重大水利工程，标志着我国的流域治理从水害防治向流域技术管理过渡。

1950 年 2 月云南省实现了全境解放。随着社会经济的发展，湖泊流域城镇规模逐渐扩大，对于流域自然资源的开发利用程度加剧。流域内的水、森林、土地、矿藏资源被无节制地开发利用，导致流域生态环境遭到严重破坏，流域生态系统自我恢复能力被严重削弱。[1] 为了获得更多的农田，人们多次进行围湖造田，规模最大的一次是 1970 年全民声势浩大的滇池草海“围海造田运动”，填平了 3 万亩的滇池水域，导致水域面积大幅减少、储水量下降，对整个滇池流域生态系统造成了严重损害，湖体丧失了湖泊免疫能力，自我净化能力严重降低并加速湖底老化；滇池水产业因此受到影响，鱼类的主要产卵场所和幼鱼育肥场所被破坏，许多滇池土著鱼类资源日渐衰减。1965—1975 年，滇池螺蛳逐渐被虾取代，[2] 滇池对流域气候调节能力也受到伤害，影响流域内的气候变化。同时工业污染也导致了流域水体急剧富营养化，到

---

〔1〕 参见白龙飞：《当代滇池流域生态环境变迁与昆明城市发展研究（1949—2009）》，云南大学 2012 年硕士学位论文，第 96 页。

〔2〕 参见郭慧光：《滇池地区生态经济考察综合报告》，载《滇池地区生态环境与经济考察文集》，云南科技出版社 2002 年版，第 1 页。

了1978年，滇池外海水体已经呈现严重富营养化。[1] 在同时期内，不仅滇池流域受到严重破坏，1975—1983年的8年间，洱海湖泊面积也缩小了3.64%，储水量减少了23.8%。随着人类活动的加剧，洱海的水质和水位线受到大理城市建设的发展的人为影响，人们的生存空间从山脚一直延伸到洱海边上，人类的居住环境遍及洱海四周。洱海流域的水利工程改变了长期以来洱海流域的自然系统，1963年以前，洱海水位还处于自然调节阶段，之后，当地政府在洱海出水口西洱海修建了水闸，闸深2.94米，导致了洱海在短时期内水位与水量的急剧变化。[2] 从此以后，洱海从自然水位的湖泊变成了人工控制的天然湖泊。这一时期我国对于生态环境的研究还未起步，仅把各类自然资源当作“生产资料”进行开发利用，掠夺式开发对流域生态环境造成了极大破坏。

二、流域水污染规制制度初现

20世纪70年代初，我国的水污染问题逐步显露出来，如大连湾、胶州湾、上海、广州等海湾农业面源污染、漓江沿岸的工业污染等。国家颁布了生活饮用水、农田灌溉水、渔业的水质标准。为治理日渐严重的环境问题，国务院批准设立了“国务院环境保护领导小组办公室”，即原国家环保总局的前身。在周总理的指示下，我国开始了地方水污染治理，漓江污染治理首战告捷，我国第一个跨省市的流域治理机构“官厅水库水资源保护领导小组”成立，这是新中国成立后最早的流域管理机构[3]，其先后开展70多个项目，共投入3000多万元，基本控制了水源污染，这是新中国成立后第一项水源污

[1] 参见王超男：《滇池及其流域水平衡和水资源问题的初步探讨》，载《滇池地区生态环境与经济考察文集》，云南科技出版社2002年版，第64页。

[2] 参见沈明洁、崔之久、易朝路：《洱海环境演变与大理城市发展的关系研究》，载《云南地理环境研究》2005年第6期。

[3] 参见王资峰：《中国流域水环境管理体制研究》，中国人民大学2010年博士学位论文，第51页。

染治理工程。[1] 1973 年，我国成立了国家层面环保机构——国务院环境保护领导小组办公室（以下简称国环办），办公室是厅（局）级架构，领导小组正副组长分别由时任国务院的领导担任，领导小组由十几个单位的领导参与组成。[2] 随着工作职能增加，到 1978 年国环办进行扩编。

云南省九大高原湖泊流域的环境规制主要集中在滇池流域治理上。从 20 世纪 70 年代开始，滇池流域的大气、水污染问题已经非常突出，昆明市政府也开始了应对性的治理活动。

组建环境规制组织：1972 年昆明市建设市级环境保护机构，对滇池流域生态环境污染问题进行治理。1979 年，昆明市革命委员会环境保护办公室开始规划滇池流域生态治理的整体方案“以环境治理控制滇池污染为中心，狠抓水系工厂污染治理，推动全市的环境保护工作，最终达到滇池水系的污染五年控制，十年基本解决的目标”[3]。

环境规制措施：政府主要采取技术措施、行政命令对一些工业污染点源进行规制，包括投入专项资金对昆明钢铁公司进行除尘装置改造，对昆明冶炼厂废水、废气进行治理，对入滇七条河流进行底泥疏浚、加固河堤等；行政手段包括对严重污染企业下达限期治理、强制搬迁等行政命令。[4]

这一时期，随着环境污染问题的日益严重，国家和地方政府通过设立环境管理机构、采取技术和行政措施对污染企业进行整治，但国家和地方政府还没有充分认识到环境与经济发展之间的关系，对环境问题严重性、长期性和艰巨性了解不够，提出要在 10 年之内完成污染治理，但实际中技术措施和行政措施也都没有落实到位，最后计划未能实现。

---

〔1〕参见曲格平：《梦想与期待：中国环境保护的过去与未来》，中国环境科学出版社 2004 年版，第 6 页、第 70 页。

〔2〕参见王玉庆：《中国环境保护政策的历史变迁——4 月 27 日在生态环境部环境与经济政策研究中心第五期“中国环境战略与政策大讲堂”上的演讲》，载《环境与可持续发展》2018 年第 4 期。

〔3〕昆明市地方志编纂委员会编：《昆明市志》（第二分册），人民出版社 2002 年版，第 508 页。

〔4〕参见白龙飞：《当代滇池流域生态环境变迁与昆明城市发展研究（1949—2009）》，云南大学 2012 年博士学位论文，第 78～90 页。

第三节 云南省以污染总量控制为导向、完善流域环境法制阶段

1979 年是一个标志性年份，我国的改革开放正式开始。1979—2005 年，这一时期我国经济高速增长，同时我国环境法制也取得很大进步，在这期间制定形成了包括《环境保护法》《水法》《水污染防治法》《大气污染防治法》《森林法》《土地管理法》在内的环境法律体系，环境保护作为我国一项基本国策得以确立。正是由于看到西方国家“先污染、后治理”的经验教训，我国政府决定开创一条不同于西方发达国家、具有我国特色的环境保护道路，即通过加强环境管理和环境法治，在发展中解决环境问题。在流域环境规制方面，我国的治理以水污染控制为导向，先控制污染浓度，再控制污染物排放量来实现水体保护。但由于保持经济快速发展是我国最重要的任务，在“政治晋升锦标赛”的激励机制下，环境保护总是让位于经济发展，环境行政规制没有发挥应有的作用。因此我国的环境状况继续恶化。包括滇池、星云湖等云南九大高原湖泊水质严重下降，尤其是滇池水体已经丧失基本功能。在环境污染危机下，云南省开启了地方环境规制道路，通过湖泊环境规制立法，建立流域规制机构和综合行政执法体制，在流域环境规制制度建设方面走在了全国前列。

一、建立以污染总量控制为导向的流域规制制度

在我国，流域面临的主要风险在于严重污染导致的用水危机和人体健康威胁。我国的环境规制制度建设分为两个阶段：1979—1990 年的工作主要为制定基本的水污染防治法律制度，确立环境保护国策和基本的环境保护机制；1991—2005 年加强区域水污染控制和监管。

根据《1994 年中国环境状况公报》，我国七大水系和内陆河流 110 个重点河段，水质达到Ⅰ类、Ⅱ类的仅为 32%，而Ⅳ类、Ⅴ类水达到 39%，全国城市内湖富营养化严重。这一期间重大水污染事故频发，尤其淮河流域的污

染事件，标志着我国因工业化生产带来的环境污染已进入历史高峰期。1989年2月，淮河流域发生第一次重大污染事故，直接导致100万人发生饮用水危机；1994年7月，淮河下游又发生特大污染事故，这次直接导致了江苏、安徽两地150万人出现饮水困难。连续两次发生在淮河流域的污染事故，促使国务院必须采取措施严格控制水体污染物排放。[1]

（一）制定基本的流域资源利用与污染控制法律政策

1979年我国第一部《中华人民共和国环境保护法（试行）》通过，对水污染防治的原则、制度、措施和法律责任做了原则性规定，并将成立专门的环境保护机构写进了环境法，标志着我国的环境治理正式从行政命令向依法治理转变。我国加强了水污染防治工作，并将污染防治纳入法治轨道。20世纪80年代颁布了《水污染防治法》《水污染防治法实施细则》《渔业法》《河道管理条例》《水法》《水土保持法》等涉水资源利用与保护的法律法规。1989年我国正式出台《环境保护法》，作为我国环境保护的基本法。这些法律奠定了我国流域水污染防治的法律基础。

1989年我国确立了环境“三大政策、八项制度”，即“预防为主、防治结合，谁污染谁治理和强化环境管理”的三大政策，“三同时”制度、环境影响评价制度、排污收费制度、城市环境综合整治定量考核制度、环境目标责任制度、排污申报登记和排污许可证制度、限期治理制度和污染集中控制制度的八项管理制度。这些政策和制度最终确立为各项污染防治的法律法规，构成了一个较为完整的环境政策和制度体系，对遏制环境状况更趋恶化的形势发挥了重要作用。[2]

我国的环境治理理念开始从事后污染控制向实现防范环境风险转变。全国人大和地方人大建立了“环境与资源保护委员会”，全国人大常委会修订了

---

〔1〕 参见曲格平：《中国环境保护四十年回顾及思考——在香港中文大学“中国环境保护四十年”学术论坛上的演讲》，载《中国环境管理干部学院学报》2013年第4期。

〔2〕 参见王金南等：《中国环境保护战略政策70年历史变迁与改革方向》，载《环境科学研究》2019年第10期。

《水污染防治法》和《海洋环境保护法》，2003 年施行了《环境影响评价法》，使我国的生态环境监管从事后前移到了事前。(见表 1－1)

表 1－1　1979—1989 年我国流域水污染防治相关法

颁布时间	法律法规名称	立法单位/发布单位
1979.9	《中华人民共和国环境保护法（试行)》	全国人民代表大会常务委员会
1984.5	《中华人民共和国水污染防治法》	全国人民代表大会常务委员会
1986.1	《中华人民共和国渔业法》	全国人民代表大会常务委员会
1988.1	《中华人民共和国水法》	全国人民代表大会常务委员会
1988.5	《防止拆船污染环境管理条例》	国务院
1988.6	《中华人民共和国河道管理条例》	国务院
1989.7	《中华人民共和国水污染防治法实施细则》	原环境保护局
1989.12	《中华人民共和国环境保护法》	全国人民代表大会常务委员会

（二）区域流域污染控制制度

1995 年 8 月，国务院发布了我国第一部区域流域法规——《淮河流域水污染防治暂行条例》，明确了淮河流域水污染防治目标。1996 年，《国家环境保护“九五”计划和 2010 年远景目标》提出对流域性水污染实施“三河”（淮河、辽河、海河）、“三湖”（太湖、滇池、巢湖）重点治理工程，集中力量解决危及人民生活、危害身体健康、严重影响景观、制约经济社会发展的环境问题。[1] 为明确具体的流域污染治理目标，在 1996 年 8 月施行的国务院《关于环境保护若干问题的决定》中提出“要实施污染物排放总量控制，抓紧建立全国主要污染物总量控制指标体系和定期公布制度”，该项政策随后落实为《“九五”期间全国主要污染物排放总量控制计划》，采取“一控双达标”的环保工作思路。同年我国修正《水污染防治法》，规定“对实现水污染物达标排放仍不能达到国家规定的水环境质量标准的水体，可以实施重点污染物

〔1〕 参见王金南等：《中国环境保护战略政策 70 年历史变迁与改革方向》，载《环境科学研究》2019 年第 10 期。

排放的总量控制制度”[1]，通过制定区域和流域污染防治规划，在重点区域实现水污染治理。

同时，为督促地方政府有效落实环境治理责任、改善环境质量，从1994年开始，中央政府通过行政发包制，督促地方政府层层签订环境责任书，落实政府环境责任。但这一制度在具体执行中缺乏有效的监督和激励机制，致使该制度没有发挥应有作用。到2000年“九五”计划结束，中国七大重点流域地表水有机污染普遍，各流域干流有57.7%的断面满足Ⅲ类水质要求，21.6%的断面为Ⅳ类水质，6.9%的断面属Ⅴ类水质，13.8%的断面为劣Ⅴ类水质，主要湖泊富营养化问题突出。[2] 与此同时，我国的经济发展继续保持9.6%的高增长率。

（三）采取浓度控制、污染排放量控制的流域管理技术

流域管理技术是根据流域、区域的自然状况和自净能力，通过科学方法计算，将水体的污染物负荷排放量控制在一定的阈值范围内的管理方法。为了实现污染控制目标，我国从“六五”期间开始实施流域排放口水污染浓度管理的方法。但这一方法存在污染负荷分配计算不准确、无法实现排污口有效监测等问题，因此未能有效实现污染物削减的目的。1994年淮河再次发生严重污染事故，促使国家在“九五”期间开始采取污染物总量控制方法，将核定的污染物排放总量分配到各个流域，由地方政府负责监督执行。[3] 但这一方法并未根据流域的环境承载力来计算污染排放负荷，计算标准缺乏科学性，因此在“十一五”计划以后被取代。

（四）建立正式流域环境规制体制

1974年国务院保护领导小组成立。1982年以后我国环境保护机构被正式

---

〔1〕《水污染防治法》（1996年修正）第16条。

〔2〕参见《1999年中国环境状况公报（摘要）》，载中国政府网2000年6月1日，http://www.gov.cn/gongbao/content/2000/content_60334.htm。

〔3〕参见程鹏、李叙勇、苏静君：《我国河流水质目标管理技术的关键问题探讨》，载《环境科学与技术》2016年第6期。

纳入政府序列。1982年、1988年两次国家机构改革，撤销临时性的环境保护领导小组办公室，最终成立了环境保护局，直接隶属国务院，负责环境保护相关职能。由于我国环境管理体制在设计之初就是按照不同环境要素，分别由不同部门进行开发和保护，因此水利、环境保护是水资源开发、水污染防治的直接监管部门，建设、农业、林业、国土等部门按照职能承担相关的监管工作。同时，我国加大对江河水资源进行跨省、跨流域的调度、水利水电资源的开发利用，对我国流域水资源的统一规划、科学管理、统筹协调的管理体制提出了新的考验和要求，资源开发与生态保护之间的矛盾问题进入了公众的视野。[1] 这也意味着我国政府在做出重大工程审批前开始将生态风险纳入重要考虑因素。

为了对我国重要流域进行水资源的统筹规划，20世纪80年代我国在七大江河流域成立了流域管理机构，隶属国家水利部，1988年全国人大常委会制定的《水法》，确立了“国家对水资源实行统一管理与分级、分部门管理相结合的制度”，水利部门主要负责涉水事务中的水资源开发利用管理、水资源利用规划和水资源保护。

二、加强湖泊流域规制的法制建设和综合规制

（一）云南省湖泊流域环境状况

“七五”“八五”期间，也是云南省经济加快发展阶段。1949—1980年，滇池流域人口从60万增长到147万，增加了2.45倍，[2] 昆明市产业结构发生调整，向工业化发展，同时开始转变传统的农业生产发展方式，在滇池流域周边、呈贡斗南地区建设蔬菜花卉基地进行农业集约化生产。由此产生大量的化肥、农药等新的农业污染源，从1970年开始，20年间滇池水质从Ⅲ类

[1] 参见王以超、李鹏、胡敏琪：《北京科技报：三峡大坝的善恶之辩》，载科学网2011年6月2日，http://news.sciencenet.cn/htmlnews/2011/6/247954-1.shtm。笔者提出，三峡水利工程的利弊之争，从20世纪80年代工程立项之初就交锋不断。

[2] 参见李中杰等：《滇池流域近20年社会经济发展对水环境的影响》，载《湖泊科学》2012年第6期。

下降至劣Ⅴ类，蓝藻全面暴发，引起中央的高度重视。抚仙湖流域内富含丰富优质的磷矿资源，20 世纪 80 年代开始设厂开采，磷矿业成为当地的优势产业，但露天开采导致的磷矿和尾矿污染物也随之进入抚仙湖。1982—1983 年，洱海流域连续两年出现最低水位（1971 米）运行，导致湖岸线大幅后退，湖面缩小，周边库塘、农田干涸；星云湖水质 70 年代为Ⅱ类，到了 90 年代已经下降为Ⅳ类；其他高原湖泊也都存在着农业、工业发展导致的农业面源污染和工业点源的持续增加，云南十个主要湖泊水质继续趋于恶化的占 50%，趋于稳定的也占 50%，其中：洱海、抚仙湖、星云湖、泸沽湖、程海的水质趋于稳定；滇池、杞麓湖、异龙湖、大屯海、长桥海的水质趋于恶化。[1] 云南省水环境质量状况的总形势是：局部有所改善，总体还在恶化，前景令人担忧。2002 年抚仙湖水质从Ⅰ类降为Ⅱ类，南部区域蓝藻暴发；2009 年洱海流域水质也从Ⅱ类水降到了Ⅲ类水。在中央加强了流域污染物控制的要求下，“九五”期间云南省政府正式明确了列为重点治理与保护的九大湖泊，其中滇池是重中之重。

（二）建立九大高原湖泊的“一湖一法”地方性法规体系

随着国家水污染防治、完善流域保护制度的加强，为了控制高原湖泊环境恶化趋势，云南省委、省政府最终确定了要重点保护的九大高原湖泊，根据湖泊各自的污染现状，采取“一湖一策”政策。云南省重点围绕滇中两个湖泊——滇池、洱海，分别制定《滇池保护条例》（1988 年，已失效）、《洱海管理条例》（1988 年，已被修改）。“八五”期间云南省颁布了《云南省环境保护条例》，还颁布了抚仙湖、星云湖、杞麓湖、异龙湖、阳宗海、洱海、泸沽湖的单行管理法规，实现了云南省九大高原湖泊“一湖一法”。[2] 此外，2001 年昆明市政府还出台了《滇池流域各县区污染物问题控制规划》《滇池

---

〔1〕 参见《云南省 1990 年环境状况公报》，载云南省生态环境厅网，http：//sthjt. yn. gov. cn/hjzl/hjzkgb/200605/t20060529_ 10987. html。

〔2〕 参见《云南省 1995 年环境状况公报》，载云南省生态环境厅网，http：//sthjt. yn. gov. cn/hjzl/hjzkgb/200605/t20060529_ 10987. html。

流域水污染排放标准》等规章。（见表1－2）

表1－2 1988—2004年云南省“一湖一策”立法及修订情况

名 称	制定时间	修订时间
滇池保护条例 ［现名称为《云南省滇池保护条例》（2018修正）］	1988年	2002年
云南省大理白族自治州洱海管理条例 ［现名称为《云南省大理白族自治州洱海管理条例》（2004修正）］	1988年	1998、2004年
云南省抚仙湖管理条例 （现名称为《云南省抚仙湖保护条例》）	1993年	—
云南省阳宗海保护条例 ［现名称为《云南省阳宗海保护条例》（2019）］	1997年	—
云南省星云湖保护条例	1996年	2004年
云南省杞麓湖管理条例 （现名称为《云南省杞麓湖保护条例》）	1995年	2004年
云南省程海管理条例 （现名称为《云南省程海保护条例》）	1995年	—
云南省宁蒗彝族自治县泸沽湖风景区管理条例（现名称为《丽江市泸沽湖保护条例》）	1994年	—
云南省红河哈尼族彝族自治州异龙湖管理条例 ［现名称为《云南省红河哈尼族彝族自治州异龙湖保护管理条例》（2019修订）］	1994年	2019年

云南省是全国为数不多的专门制定“一湖一法”的省份，从湖泊保护条例看，云南省较早采用了“流域”理念进行湖泊管理，在管理技术方法上具有创新性和科学性，以《滇池保护条例》（1988）和《洱海管理条例》（1988）为例进行说明：

第一，率先在法律上界定湖泊“流域”概念。《滇池保护条例》（1988）第4条明确滇池的保护范围是为以滇池水体为主的整个滇池地汇水区域，包括滇池水体，滇池周围的盆地区，盆地区以外、分水岭以内的水源涵养区。《洱海管理条例》（1988）规定洱海范围包括最高水位1974米（海防高程、下同）界桩范围内的海区，以及西洱河节制闸到一级电站进水口的河道。在我国的《水污染防治法》《中华人民共和国河道管理条例》等上位法尚未对“流域”做出法律界定时，云南已经率先将“流域”的学科定义引入地方性法规和自治条例，将湖泊水体与湖泊源头、湖滨带、流域内涵养林等统一纳入规制范围，实行整体性保护。

第二，成立专门的湖泊流域管理机构。通过地方立法授权，滇池和洱海成立专门的湖泊管理机构。从法律地位上看，滇池管理机构和洱海管理机构作为常设的政府派出机构，分别由昆明市政府、大理州政府直接领导，其主要职能在于：制定湖泊保护、开发利用规划和综合整治方案；负责条例的实施，协调、检查和督促各有关地区、部门依法保护滇池；办理人民政府交办的有关事项。洱海作为人工调控水位线的湖泊，洱海管理局的职能还包括管理水闸、控制水位、制定用水计划等一部分水资源管理职能。这个阶段的滇池、洱海流域管理机构所具有的职能相对单一，没有行政执法权，更主要的功能在于统筹、协调相关管理机构，统一流域保护和开发规划。从组织机构设置看，滇池管理局管理体系从市级到区县一级均有设立，乡级政府也有相应的管理人员，而洱海管理局仅在州级设立机构，在市、县及乡一直没有相应机构，组织机构不完善，很大可能影响到规制执行效果。

第三，对湖泊流域进行综合规制。从湖泊流域环境规制对象上，滇池、洱海流域将规制范围扩大到整个湖泊盆区和水源涵养区。两个条例分别对流域范围内的工业面源污染、农业面源控制、水资源利用、捕鱼、采矿等对流域的生态和水体造成严重破坏的行为进行规制，将分散于上位法中的相关规定纳入条例，有的甚至上位法尚未做出规定，就采取多方面的管控对流域进行综合治理。

第四，规制手段以行政命令为主，兼采取公众参与机制。条例通过法律法规明确限定对流域内水体、湖滨滩涂、林木、水体鱼类、流域内矿藏、土地等自然资源的违法开发利用，并严格禁止污染水体的违法污染物排放。值得关注的是，洱海流域规制措施中通过“公众参与”实现洱海滩涂“合作治理”：为了鼓励当地村民参与洱海自然景观恢复工作，对洱海流域滩涂采取

“政府+村社区”共同建设、维护的类型，对湖泊最高水位线界桩15米外的岸滩植树采取“谁种谁有，允许继承”的政策，并发给使用证，以保障私有财产权的法律方式推动公众参与洱海滩涂保护。[1] 这一政策对发动群众力量参与洱海保护有重要作用，但是该规定也存在与我国的《宪法》《森林法》对于滩涂使用权、林地使用权的规定相冲突的问题。

两个条例体现的流域治理理念也受制于当时时代局限。例如，《滇池保护条例》（1988）第2条规定，保护滇池的主要目的在于“促进昆明市经济、社会发展”。而《洱海管理条例》（1988）在强调洱海保护的经济意义时，更加关注洱海的生态保护价值和社会价值，强调要处理好“目前利益与长远利益、局部利益与整体利益的关系”“防止对资源因过度利用而造成生态环境的破坏，维护生态系统的良性循环”（《洱海管理条例》第3条）。

（三）建立湖泊流域管理机制、加强了湖泊流域科层管理

云南采取“一湖一策”以来，九个高原湖泊分别成立了市县级湖泊管理局。为了便于流域内的统一管理，《洱海管理条例》（1998修订）、《滇池保护条例》（2002修订）、《抚仙湖保护条例》（2016修正）中，明确了洱海管理局、滇池保护委员会、抚仙湖管理局的综合行政执法职能，授权其在流域范围内集中行使水政、渔政、航政、水环境保护、土地、规划等方面的部分行政处罚权，下设专业行政执法队伍。但湖泊管理局只是流域综合执法机构，涉及流域内其他自然资源的管理，如林业、国土、交通等专项行政审批、重大决策等职能，仍然保留在相关职能部门手中。为了保证九大高原湖泊的水污染防治工作顺利推进，云南省政府采取高位推动的方式，早在2000年，云

[1] 参见《洱海管理条例》（1988）第9条规定，恢复、改善洱海自然景观。距离界桩以内五米、界桩以外十五米的岸滩，为洱海环海林带，由洱海管理局会同林业、风景园林部门统一进行规划，加快营造。各有关县、市、乡、镇政府将绿化任务分地段划到村、社，采取义务植树，村社管护或直接划到农户进行绿化和管护。界桩以内的，可委托村社或个人代管；界桩以外的岸滩，谁造谁有，长期不变，允许继承，在不影响景观的前提下，由林业部门指导对个人所造林木进行修枝打杈、合理间伐、更新。由县、市人民政府发给使用证。在规定期限内不积极绿化造林的，要征收荒芜费。

南省政府成立了由分管副省长任组长（2002 年后改为由省长任组长，常务副省长和分管副省长担任副组长），13 个责任厅局为成员组成的云南省九大高原湖泊水污染综合防治领导小组并组建办公室。九湖所在五州市、县（市、区）分别成立了同样的领导机构及其办公室。

1994 年云南省政府颁布实施了《云南省环境保护目标责任制实施办法》《云南省本届政府环境保护目标与任务（1993—1998 年）》。随后各地、州、市与所辖县（市）相继逐级签订责任书，将环境保护目标责任层层落实到各单位、各部门。

（四）加强环境行政执法

1995 年滇池被纳入国家“三河、三湖”治理重点规划后，国务院对滇池流域进行限期治理，要求滇池流域内工业企业在 1999 年 5 月 1 日前实现达标排放，云南省、市环保局成立了滇池治理“零点行动”指挥中心，组织实施滇池治理“零点行动”。[1] 此外，云南省环保局按照原环境保护局的要求，从 2003 年开始实施“全国整治违法排污企业保障群众健康环保专项行动”。

（五）加大流域治理工程投入

在云南省政府的领导下，云南启动了滇池污染综合治理工程，计划用 18 年时间投入 30 亿元，分三个阶段完成滇池流域综合治理。资金包括云南省自筹资金和向世界人民银行贷款，主要用于建设昆明市污水处理厂。到“十五”末，九大高原湖泊流域累计建成城镇污水处理厂 21 座，“十一五”期间九湖治理投资 96.03 亿元，其中滇池治理投资 91.72 亿元（其中滇池治理“十一五”规划外投资 30.94 亿元），其他八湖治理投资 4.31 亿元，滇池流域的治理投资占到全省九湖投资的 70%—90%。[2]

---

〔1〕 参见《云南省 1994 年环境状况公报》，载云南省生态环境厅网，http：//sthjt.yn.gov.cn/hjzl/hjzkgb/200605/t20060529_10987.html。

〔2〕 参见《云南省 1994 年环境状况公报》，载云南省生态环境厅网，http：//sthjt.yn.gov.cn/hjzl/hjzkgb/200605/t20060529_10987.html。

三、这一阶段云南省湖泊流域环境规制评价

中央和地方都加强了流域环境规制的法制建设，将水污染控制和治理作为“九五”“十五”期间的环境治理重点，并实行流域水污染总量控制制度对省级以上水体治理进行约束。云南省健全“一湖一法”，为云南省委和地方政府实行环境规制提供了法律保障，专门化的湖泊流域管理机构获得部分的行政综合执法权，在一定程度上缓解了“九龙治水”和管理职能碎片化带来的执法推诿、执法不严问题。云南省九大高原湖泊水污染综合防治领导小组起到了综合协调、总体决策的作用。

但九湖流域的水环境恶化趋势并未得到根本遏制，水污染控制目标总体未实现。水质优及良好的湖泊是泸沽湖、抚仙湖、阳宗海、洱海、程海，水质受到中度、重度污染的湖泊是异龙湖、杞麓湖、星云湖、滇池外海、滇池草海，有一半湖泊达不到水环境功能要求。[1] 尤其是滇池治理，1998 年国务院批准了云南省上报的《滇池流域水污染防“九五”计划和 2010 年规划》。这份统领滇池治理全局的权威性文件明确了滇池治理的三个阶段目标，其中包括城市污水处理率达 80%；2010 年底前，外海水质达到Ⅲ类水，草海水质达到Ⅳ类标准，恢复滇池生态良性循环。但结果表明，三个目标都“几乎全盘落空”。[2] 编制规划专家和政府事后对此进行检讨，承认对城市湖泊治理难度的认识不足。从公共管理的角度看，滇池治理目标未能实现，究其原因是有对治理技术的盲目自信，但深层次原因还在于环境规制措施的失效：重制度建设、轻执行监管；对重点流域水污染排放总量削减缺乏相应的约束机制；政府的职能仍然以发展经济为根本目标，未能有效平衡环境保护与经济发展之间的关系，地方政府严格执行环境法律、保护规划的动力不足，环境保护规划与开发规划相互冲突、规制效益被抵消。

---

〔1〕 参见《云南省 2005 年环境状况公报》，载云南省生态环境厅网，http：//sthjt. yn. gov. cn//hjzl/hjzkgb/200605/t20060530_ 11002. html。

〔2〕 参见李自良：《治污，滇池五百里的警示》，载半月谈网谈天下 2016 年 9 月 2 日，http：//www. banyuetan. org. /chcontent/jrt/2016831/207805. shtml。

第四节 云南省以容量总量控制为导向、加强流域行政规制执行阶段

云南省治理的第三阶段为我国第“十一五”“十二五”期间，即2006年至2015年。面对严峻的环境保护形势，为切实改变我国的粗放的经济增长方式，2003年党的十六大以后正式提出“坚持以人为本，树立全面、协调、可持续的发展观，促进经济社会和人的全面发展”的科学发展观，作为指导社会经济发展的根本指导思想，提出我国要通过转变经济增长方式、走可持续发展道路；转变政府的政绩观，将环境保护纳入地方官员政绩考核；通过循环经济和节约能源，解决能源不足问题。因此，以科学发展观为指导，我国从“十一五”规划开始建设“环境友好型社会”，根据受纳水体给定功能所确定的水质标准范围内确定水污染控制总量，把主要污染物排放削减与水质目标紧密联系在一起，[1] 将主要污染物排放总量削减任务与地方政府节能减排绩效考核挂钩。

云南省为了实现治理任务、改善湖泊流域水质，通过调整流域内产业结构，重点发展第三产业，尤其是在滇池、洱海、抚仙湖流域发展旅游业和房地产业，实现节能减排、降低污染物排放量，同时又不影响国民生产总值增长的目标。同时，地方政府采取完善立法、加大投入流域治理工程、加强流域监管执法等严格规制措施。但除此之外，地方政府发展经济的动力依然强劲，基层监管部门存在执法不严、监管不力的问题，导致九湖流域内违法开发、侵占一级保护区土地、污染流域的违法行为屡禁不止。这一流域治理阶段公众参与、司法监督发挥了一定的作用，在多元主体参与下云南省流域环境规制向环境规制治理发展。

---

[1] 参见程鹏、李叙勇、苏静君：《我国河流水质目标管理技术的关键问题探讨》，载《环境科学与技术》2016年第6期。

一、加强湖泊流域功能分区管控、流域污染物总量控制考核

随着“十一五”规划带来的国民经济社会发展，我国的经济总量还将有大幅增长，人口基数不断攀升，经济社会发展与资源环境约束力的矛盾会越来越突出，国际环境压力也不断加强。因此必须采取有效措施，督促地方各级政府切实履行环境保护义务。经过二十多年的改革开放和现代化建设，我国的产业结构已经发生了很大变化，工业、农业、第三产业规模均实现了大规模化发展，尤其是私营、乡镇企业的无序发展加大了环境监管难度，人民的生产和生活方式也与传统社会有很大不同，这也导致环境风险来源更广泛。我国的环境问题分布广泛，淡水、海洋、大气、森林、草原、固体废物、辐射均存在严重风险，污染正在向农村和山区转移。因此，环境风险发生的不确定性加强，政府环境风险规制的难度更大。2005 年国务院发布了《关于落实科学发展观加强环境保护的决定》，提出要实现三个方面的转变：包括环境保护与经济关系、环境保护的投入和环境保护手段。[1]

我国在这一阶段的流域环境规制继续以控制污染为核心，以改善水质、实现水环境功能为主要目标。但流域治理考核将主要污染物削减数量作为约束性指标纳入考核，在这一转变源于“十五”计划结束时，各省均未完成重点污染物总量减排目标。从结果上看包括云南省九大高原湖泊在内的所有湖泊，有一半未实现水环境功能目标，尤其是滇池还作为国家重点治理流域。全国人大颁布的《国民经济与社会发展第十一个五年规划纲要》（以下简称《“十一五”纲要》）正式提出将包括二氧化硫（SO_2）、化学需氧量（COD）在内的主要污染物排放总量削减 10% 作为“十一五”期间经济社会发展的约束性指标，并纳入对地方政府绩效考核体系。到了“十二五”期间，主要污染物排放的约束性指标增加了氨氮和氮氧化物。2007 年国务院发布了《主要污染物总量减排考核办法》，国家环境保护主管部门与全国各省（自治区、直

---

〔1〕 参见《2006 年中国环境状况公报》，载中华人民共和国生态环境部网 2016 年 5 月 26 日，http：//www. mee. gov. cn/hjzl/sthjzk/zghjzkgb/201605/P020160526562650021158. pdf。

辖市）签订了“十一五”主要污染物总量削减目标责任书。“十二五”期间全国各省、市也相应出台了“十二五”期间主要污染物总量减排考核办法，因此，流域水污染总量控制制度从政策性规定成为约束力的规制手段。也有学者对《“十一五”纲要》的法律效力进行探讨，认为虽然其由国家最高权力机关—全国人大审议批准，但其不属于正式法律渊源。原环境保护部、各地颁布的节能减排考核办法也未规定法律责任。但从各地的实际执行情况看，《“十一五”纲要》具有“软法”性质，即“虽不具备法律的形式特征，却在实际中具有约束力的行为规范”[1]。随着公共治理的发展，“软法”得到不断发展，与公共治理具有同志同构性。[2] 这也标志着我国中央政府为实现全国社会经济发展转型成为环境友好型社会，迈出了重要一步。

污染物总量削减通过省级环保部门按照人口、工业和城镇规模等因素，将指标下达各县市，再层层分解。按照“一湖一策”要求，九湖流域均需制定五年流域治理规划。云南省政府将污染控制总量削减指标将通过测算后，分配到各地地区，各个地区再进行指标的层层分解。因此每个湖泊污染物控制目标里不仅包括入湖污染物总量削减，还包括了总氮（TN）、总磷（TP）污染物负荷削减指标。以滇池为例，根据《滇池流域水污染防治规划（2006—2010）》和《滇池流域水污染防治规划（2011—2015）》，在“十一五”“十二五”期间均完成了对COD、TP、TN的污染量削减任务，削减比率超过10%。

为了平衡保护与开发的关系，流域管理部门将湖泊流域空间进行功能分区，采取不同的保护制度和开发制度，如抚仙湖流域分为一级保护区和二级保护区，一级保护区内禁止新建、改建、扩建与保护无关的设施；洱海流域的保护和管理范围扩大到了流域湖面和流域径流区，从252.1平方千米的湖区扩大到2565平方千米；滇池流域分为了一级保护区、二级保护区、三级保

---

〔1〕 唐啸：《正式与非正式激励：中国环境政策执行机制研究》，中国社会科学出版社2016年版，第96页。

〔2〕 参见杨临宏、顾德志：《公共治理中的软法》，载《思想战线》2012年第1期。

护区和城镇饮用水源保护区，各保护区皆有严格的区分界限和禁止行为规定。[1]

二、加强上级政府监督，整合横向流域综合监管职能

国家和云南省湖泊流域环境规制法律体系已基本建成，但湖泊流域水质和生态状况并未实现好转，滇池流域在“十一五”期间投入巨额资金后并未达到规划目标，洱海流域水质持续下滑，2003 年、2013 年两次暴发大面积蓝藻，2008 年阳宗海爆发了严重砷污染事件。为了督促流域所在地政府依法行政、加强监管，云南省委省政府根据国家的流域考核目标要求，结合湖泊所在地的生态、社会、社会变化，不断调整管理体制机制，加强监督，整合横向监管部门职能。这一时期的管理体制变化主要在于发挥人大、政协的督察作用，创新流域托管制，以河（湖）长制落实滇池流域政府水污染治理责任。

（一）成立省级九湖水污染综合防治督导组

为了促进地方政府落实九湖流域的水污染治理规划项目、执行法律法规，在云南省九大高原湖泊水污染综合防治领导小组基础上，2010 年云南省人民政府成立了云南省九大高原湖泊水污染综合防治督导组和滇池水污染防治专家督导组，九湖所在五州市分别成立了湖泊水污染防治督导组，[2] 督查组成员包括人大、政协、职能部门以及治理专家。作为省政府专门派出的专项督察小组，督查组的作用在于收集基层信息、了解情况、提供指导，同时对地方落实情况予以监督，作为地方政府政绩考核的依据。

---

〔1〕 参见《云南省抚仙湖保护条例》（2007 年修订）第 3 条，《云南省大理白族自治州洱海保护管理条例》（2014 修订）第 6 条和（2019 修订）第 6 条《云南省滇池保护条例》（2012 年修订）第 5 条，分别对流域管理保护范围进行了调整和规范。

〔2〕 参见孔燕、余艳红、苏斌：《云南九大高原湖泊流域现行管理体制及其完善建议》，载《水生态学杂志》2018 年第 3 期。

（二）建立流域行政托管机构，打破属地科层体制

2008年爆发阳宗海砷污染事件，将流域管理体制中存在的多头管理、监管不力、区域协调不足等问题充分暴露。为了加强阳宗海环境保护和生态修复的协调统一，2009年经云南省政府批准同意，成立阳宗海风景名胜区管委会（以下简称阳宗海管委会），通过行政托管方式将阳宗海流域行政管理权整建制委托给阳宗海管委会，由其对整个流域进行“统一规划、统一保护、统一开发、统一管理”。

行政托管是在不改变现行行政区划的前提下，由原行政管辖主体以行政委托的方式，将原分属于不同行政区域的行政权整体打包，集中委托给另一行政主体，由其代行行政管理权。行政托管是地方政府为便于统一管理，在不违反国家属地管辖原则基础上，在法律允许范围内采取的行政管理的“变通”做法。它体现了地方政府在国家统一的行政区划制度框架下，为实现地方有效治理的制度创新。从云南省政府、昆明市政府与阳宗海管委会的授权、委托关系来看，阳宗海管委会是由云南省政府批准成立的、受昆明市政府领导的一级地方政府，其地位相当于县级政府，享有阳宗海流域内的绝大部分行政管理权。这一行政管理体制创新实现了流域区域与行政管理权区划的统一，有利于行政主体按照流域规划进行流域治理。依照《云南省阳宗海保护条例》的规定，阳宗海管委会享有对流域内水、森林、土地、渔业等自然资源的保护与开发管理权，社会、经济事务的管理权，并相对集中行使水务、环境保护、国土资源、工业、农业、林业、旅游、规划建设、交通运输、民政等部分行政处罚权。除此之外，由于与现有的行政区划制度之间仍存在不可分割的联系，导致阳宗海管委会对审批与土地、林地、房产等与属地有关事项，无法突破国家法律硬性规定，不可避免地要与现有行政属地管理部门进行协调，但其限于行政级别，有时甚至要通过昆明市政府与玉溪市政府进

行协调。[1]

为破解抚仙湖保护中三县分管带来的多头管理、执法不一问题，玉溪市政府采取统一托管的方式，推进抚仙湖径流区全流域的集中统一管理。根据玉溪市政府授权，云南省抚仙湖—星云湖生态建设与旅游产业改革发展综合实验区管理委员会对托管区域的党务、行政、经济、社会事务实行统一领导和管理，对托管区域享有县级行政管理权。[2]

（三）滇池流域采取河长制，落实入滇河流治理责任

2008年，为了落实河道水环境治理责任，昆明市尝试实施“河（段）长负责制”，即在滇池流域主要入湖河道实行综合环境控制目标：35条入滇河道，由市委、市人大、市政府、市政协的主要领导各担任一条河道的“河长”，河道流经区域的党政主要领导担任河“段长”，对辖区水质目标和截污目标负总责，实行分段监控、分段管理、分段考核、分段问责。落实河道水质责任人后，河道水质很快发生明显改善。[3] 2010年河（段）长负责制被写入《昆明市河道管理条例》，从政策上升为法律规定。[4]

三、创新九湖流域环境司法规制制度

2008年发生了震惊国内外的阳宗海砷污染事件，对云南省的环境保护敲响了警钟。为了发挥司法监督作用，弥补行政监管不足，2008年12月经云南省高级人民法院批准成立的昆明市中级人民法院环境保护审判庭（现为环境

---

〔1〕参见木永跃：《当前我国地方政府行政托管问题研究——以云南阳宗海为例》，载《云南行政学院学报》2013年第5期。

〔2〕参见《抚仙湖径流区将实行统一托管》，载云南法治网2015年11月22日，http://www.ynfzb.cn/Ynfzb/ZhouFuKuaiXun/201511221547.shtml。

〔3〕参见《昆明“河长制”见成效　近5成入滇河道水质改善》，载中国新闻网，http://www.chinanews.com/cj/cj-hbht/news/2009/12-16/2022130.shtml。

〔4〕参见《昆明市河道管理条例》（2010年，已失效）第8条：实行市、县（市、区）、乡（镇、街道办事处）级领导负责的河（段）长责任制。其主要职责是：（一）巡查河道的保护和管理工作；（二）监督河道治理计划和方案的落实；（三）协调河道治理中的有关问题。2016年新制定的《昆明市河道管理条例》第8条保留了原条款的部分内容。

资源审判庭），与昆明市检察院联合制定了《关于办理环境民事公益诉讼案件若干问题的意见（试行）》，与市环保局共同推动了昆明市政府出台了《昆明市环境公益诉讼救济资金管理暂行办法》，在当时尚无法律、法规规定的情况下，对环境民事公益诉讼原告人、环境公益诉讼程序、诉讼利益归属、证据效力等做出了积极探索和实践。该意见还借鉴国外制度，创设了禁止令制度，为司法提前干预环境违法行为、保障公共利益提供法律保障。之后，云南省高级人民法院在九大高原湖泊所在的州市，包括玉溪、大理等均设立了环境资源审判庭，对环境资源类案件采取“民、刑、行政”多审合一。为了加强滇池流域保护，昆明市中级人民法院在全国率先建立了环境保护司法与行政执法联动新机制，与市检察院、市公安局、市环保局联合制定了《关于建立环境保护执法协调机制的实施意见》，紧紧围绕滇池治理、铁腕治污、生态昆明建设的大局，加强与检察、公安机关和环保行政机关的联动执法。[1]

四、以公众参与机制弥补行政规制不足

（一）公众参与是实现环境公共治理的重要途径

由于缺乏有效的环境监管，经济发展中产生的环境负外部性问题严重损害了社会公共利益和群众身体健康。根据《全国环境统计公报》历年统计显示，2005 年以后，环境投诉以每年 30% 的速度进行增长，污染方面的环境纠纷增加，因环境问题引起的群体性事件以每年 29% 的速度增长，已经严重危及社会稳定，违背我国建设和谐社会的目标。[2]

随着中国环境法律的完善、公民的参与意识与环境意识的不断提高，我国公众参与环境保护的行动也越来越具有组织性和专业性，我国环境领域、环境法专家、环境记者、知识分子主动参与到环境公共事务讨论和公益服务

---

〔1〕参见《昆明市中级人民法院环境司法保护情况报告（2013）》，载中国法院网，https：//www. chinacourt. org/index. php/article/detail/2015/06/id/1640909. shtml。

〔2〕参见齐晔等：《中国环境监管体制研究》，上海三联书店 2008 年版，第 179 页。

事业中。比较有代表性的如中国政法大学环境法教授——王灿发 1998 年成立了“污染受害者法律帮助中心”，为污染受害者提供法律援助；2005 年“圆明园湖底铺设防渗膜事件”就是甘肃省植物协会副理事长张正春教授发现后，主动举报引起了社会各界激烈讨论，最终引起国家环保局介入；原报社记者霍岱珊在长期跟踪报道淮河治理环境后，直接创办了淮河流域的第一家民间环保组织——淮河卫士，向公众宣传环境知识、长期检测水质并提供政府决策参考；等等。我国的公众参与环境治理最早是从知识精英的环境觉醒，逐步走向常规化的民间环境组织的（ENGO）。从 20 世纪 90 年代开始，到 2007 年我国的 ENGO 发展迅速，环保机构（正式注册和未注册的）已经超过 2000 多家，参加人数达百万之多，已经成为我国最有活力的民间组织。[1] 以我国最早的环境公益组织之一——自然之友为例，ENGO 的主要工作领域集中在几个方面：（1）公众环境教育：开展各类环境活动，例如捡拾垃圾、观测河流、节能宣传、动植物保护等。（2）环境法律政策倡导：主动参与或发起环境公共主题讨论，形成公众意见并提交给有关部门决策参考，以及为重大政府行政决策、立法活动汇集公众意见。例如圆明园防渗事件中，自然之友组织多起公众讨论，推动社会各界对公共事务的关注和参与。（3）水、空气、固体废物等检测：运用简易设备检测水质、空气、固体废物检测，发布检测结果，帮助公众了解环境质量。[2] （4）环境民事公益诉讼：代表公共利益向污染环境、破坏生态的违法企业提起诉讼，要求违法者停止违法行为、承担生态修复和生态损害赔偿责任；其他的环境行动。在我国环境保护信息未被强制公开、政府监管不到位、环境公共利益无法保障的背景下，ENGO 的快速发展能一定程度地满足公众环境权益保障、参与社会公共事务的需要，并在客观上起到弥补政府环境公共服务能力不足的短板。同时，ENGO 能得以迅速成长壮大，也与国际环境保护形势、中国政府环境治理政策有直接的关

---

〔1〕 参见刘雪利：《西方学者对中国非政府环保组织研究评述——以〈中国信息〉（1997—2007年）为基础》，载《改革与开放》2017 年第 1 期。

〔2〕 参见自然之友网，http：//www. fon. org. cn/index. php？ option = com_ k2&view = item&layout = item&id = 6&Itemid = 171。

系，主要有以下两个方面。

1. ENGO 参与环境治理成为国际趋势

从 20 世纪 60 年代开始，由于西方国家政府环境规制不力，市场对环境治理忽视，激起社会公众开始自发保护环境，如今公众及 ENGO 已经成为环境治理的第三方力量，得到多国环境法律政策的保障，各国逐渐形成政府、市场和社会三元治理结构。此外，ENGO 还可以独立身份参加国际环境事务，代表民众发表对国际环境政策的意见。[1]

2. ENGO 的发展符合我国建设和谐社会、环境友好型社会的发展方向

2003 年伊始，我国政府通过完善法律制度，保障公众参与环境事务的能力，包括《环境保护法》、《水污染防治法》及其实施细则、《森林法》等均有保障公众参与的条款，2018 年《环境影响评价公众参与办法》是我国第一部专门规定公众参与的规范性文件。它的颁布具有里程碑的作用，为公众参与具体的环境公共事务提供了法律保障。2006 年在中央人口资源环境工作座谈会上提出了建设环境友好型社会的号召，随后这一倡议被作为我国经济社会发展长期纲要的一项重要任务，是落实我国科学发展观的重要方向。它的实现需要全社会共同努力。ENGO 倡导公众转变生活方式和消费习惯，是建设环境友好型社会的重要渠道。此外，由于环境风险的集中爆发，加大了社会不稳定因素，ENGO 参与环境治理，对于缓解社会矛盾、向政府有序表达环境诉求、引导公众理性参加公共事务决策、分担环境风险，具有重要的、不可替代的价值。

（二）公众参与云南省九湖流域环境治理实践

云南省作为民族文化和自然资源极为丰富的省份，其原生态的文化资源和生物资源一直得到国内外的广泛关注。自 20 世纪 90 年代起，为了解决技术和资金方面的不足，云南省政府通过国际合作方式，在官方层面和民间层面与联

[1] 包括《联合国气候变化框架公约》《联合国生物多样性公约》《联合国防治荒漠化公约》等在内的国际环境公约会邀请环境保护组织作为公约的观察员，参与每次成员国大会的会议议题讨论。

合国环境开发署、全球环境基金会、关键生态系统合作基金、世界自然基金会、美国大自然保护协会开启了长期合作，接受国际技术和资金援助，在组织机构建设、保护地建设、技术培训、社区共管等方面进行合作，使云南省自然地保护、社区共管方面走在了全国前列。因此，云南地方政府的环境保护、生态治理的任何措施都会牵动全社会的关注，如2004年怒江水电开发因多家ENGO的反对一直被搁置至今，该事件也作为ENGO推动环境公共治理的典型案例。[1]

2000年以后，云南滇池、洱海、抚仙湖均因流域开发过程中存在的违法操作，违法占用流域农业土地、湖滨带湿地等引发多起公众舆论关注、环境邻避事件，也反映了公众参与的发展状况，笔者将其分为以下两类。

1. 公众舆论监督

公众舆论监督，即专家、公众和媒体以环境公共事件为对象，对其进行公开讨论、参加听证、提交议案、公开举报等方式表达公众意见，以督促政府采取措施。在滇池治理中，以昆明理工大学侯明明教授为代表的学者对政府滇池治理措施（修建防浪底、种植外来物种中山杉等）公开发表意见，得到社会的广泛关注，最终推动政府调整政策;[2] 民间环保人士“滇池卫士”张正祥30年保护滇池，以一己之力阻止滇池开矿等破坏行为，被评为中央电视台“感动中国”人物。[3] 2005年洱海“情人湖”填湖建房地产事件，2010年经媒体曝光后，激起当地市民和专家坚决反对，该项目建设一度被叫停，包括大理市政府部门的政府官员也都呼吁应当拆除别墅，恢复湖泊原样。大理市政府在危机应对中采取了听证会的方式征求社会意见，但由于缺乏有效组织，公众没有形成统一的意见，该事件没有获得一个圆满的结果。[4]

---

〔1〕参见张萍、丁倩倩:《环保组织在我国环境事件中的介入模式及角色定位——近10年来的典型案例分析》，载《思想战线》2014年第4期。

〔2〕参见《C010—绿色知行者—云南侯明明》，载新浪网，http://news.sina.com.cn/green/2011-05-03/175222399090.shtml。

〔3〕参见《滇池卫士张正祥》，载中央电视台网2011年4月18日，http://tv.cntv.cn/video/C10380/d2a43a9ff9364e5a89787743ef0ce75a。

〔4〕包括中国青年网等多家媒体均有报道“洱海天域”揭开官商勾结毁掉情人湖内幕 http://gy.youth.cn/lyb/201006/t20100609_1255106_2.htm。

2013年抚仙湖被房地产围湖建设的公共事件被央视、腾讯等多家主流媒体、网络媒体曝光后，对玉溪市政府形成舆论社会压力，该事件最终促使市政府削减了部分地产项目。[1] 之后在中央环保督察组的强力干预下，当地围湖违法开发的势头得到了有效遏制。

2. 环境邻避运动

相比较而言，公众在邻避事件中表现出更高的自组织和行动能力。2013年滇池流域安宁PX炼化项目大气污染案件中，当地居民为了维护自身的健康权益，自发组织并开展行动，包括申请政府信息公开、参加听证会、与政府沟通等，虽然PX炼化项目最终没有停工，但对于规范政府在未来依法行政、履行审批流程方面起到了重要作用，也为2015年滇池污泥厂恶臭扰民事件的协商解决奠定了基础。与污泥厂一墙之隔的小区居民通过一年多的集体维权和协商，促使当地政府在综合权衡后另行选址建设该项目，该项目的停建搬迁使得错误决策带来的沉没成本达到了2.69亿元。[2]

随着近几年来环保行动的普及，公民环境意识得到很大提升，其运用法律政策维护个人环境权益的能力不断提高。在参与环境公共事务中，专家在其中的作用不断凸显，专家具有的专业知识优势和权威话语权提升了公众参与的专业性和有效性；民间环保公益人物的出现体现了公众参与的热情和意愿；新媒体（微信、微博等）对监督政府依法行政、督促政府信息公开方面也发挥了重要的作用。另外，也可以看到，云南省公众参与环境公共事务方面还有很多欠缺，环境制度缺乏对公众参与的保障、社会公众的参与意识不强、环境公益组织发展还不够成熟、缺乏环境公共政策倡导能力；由于缺乏ENGO等专业机构的参与，仅依靠公民个体参与环境公共治理，无法在法律工具、信息传播和利用等方面发挥优势。

“十二五”期间各地政府超额完成了节能减排目标任务，生态环境有所改

---

[1] 参见《央视曝云南抚仙湖瘦身问题：或陷深水危机》，载新浪财经，http：//finance. sina. com. cn/china/20130607/120515736681. shtml。

[2] 参见《云南污泥厂离居民区不到10米　臭气熏天遭抗议》，载搜狐网，http：//news. sohu. com/20150327/n410396125. shtml。

善，突发环境事件有所减少，云南湖泊水质得到了一定改善，滇池尤其明显。与此同时水生态功能却出现衰退的悖论。《云南省生物多样性保护战略与行动计划（2012—2030）》中指出云南省生态系统服务功能退化，湖泊、沼泽和河流等湿地生态系统受到的威胁不断加剧，其水文调节、水资源供给、水质净化、气候调节和生物多样性保育功能明显减弱。抚仙湖存在相同问题，《抚仙湖流域水污染综合防治十三五规划（2016—2020）》对抚仙湖水生态安全评价提到“藻类组成发生变化，生物量上升，生态系统发生显著变化，土著鱼类资源严重退化，鱼类资源组成遭到破坏”。事实上，仅以水质评价湖泊流域健康状况是片面的。湖泊流域是个极其复杂的社会生态系统，应当综合水质、水量和水生态状况等多方面指标来衡量流域生态系统。水质是体现水功能的最直接的表征，水量是满足社会生产和生活需求的最低保障，而水生态安全是水生态系统健康、可持续发展的综合体现，如果只重视水质的提升而忽略水量控制或生物多样性的保护，只采取工程治污而不考虑生态系统的修复，只能是治标不治本，其成效必然是不长久的。九湖流域第三产业（主要指旅游、地产、服务业等）的发展伴随着流域人口增加，生活污水量剧增，目前采取边污染、边治理方式，湖泊流域保护始终处于城市大发展与有限的生态环境承载力之间的巨大矛盾与冲突之中，水量短缺所引起的水质、水生态、民生等问题会进一步加剧环境危机。“以水治水”的思路被证明存在局限性和短时效性。

“十三五”规划以来，国家高度重视生态文明制度建设和机制保障，在党的十八大报告中明确指出，“建设生态文明，是关系人民福祉、关乎民族未来的长远大计”。保护生态环境已经上升到国家战略的高度，重要区域、流域的保护关系到国家和地区的生态安全。云南省作为我国西南生态屏障，九大高原湖泊治理关系到整个云南省的生态安全，政府的环境规制目标不应仅满足于实现水质达标，更应当着眼于未来，以保障生态安全为目标，确保流域发展不超出流域生态承载力，实现流域生态系统的健康和可持续性。本着这样的目标，流域环境规制必须将水量、水质和水生态系统纳入生态系统综合管理,[1] 建立污染控制、生态空间管控、发展规模控制等管控措施，通过科学决策、强化监督、严格执法、社会参与实现规制目标。

因此，在“十一五”“十二五”期间，围绕着流域污染物削减目标，我国借鉴了包括美国、欧盟等国家和地区的污染控制方法，根据纳污水体的功能状况来确定污染排放总量和削减指标。更加注重规制法律的执行和落实，公众环境参与机制发挥了重要的监督执行的作用，云南省的环境司法规制在环境危机中开始发挥更主动的作用。但由于地方政府发展经济的动力依然强劲，因此行政规制、司法规制的作用依然有限，截至“十二五”末，九大高原湖泊“围湖建城”的趋势仍没有得到遏制。

本章小结

由于现代社会中环境问题的普遍性、复杂性、扩散性及其治理代价高昂等特点，由政府通过行政干预的环境规制作为预测控制环境风险的应对举措应运而生。本章根据环境风险的特征，梳理了国内外环境规制实践的发展，概述了我国的环境规制体制，以及三种类型的云南省高原湖泊流域环境规制体制。然后，按三个历史阶段即新中国成立初期至改革开放前、改革开放后至“十五”期间、“十一五”至“十二五”期间，介绍了1950—2015年云南省高原湖泊流域环境规制体制的变迁过程。

云南省高原湖泊流域环境规制体制的变迁史，反映了我国应对环境危害和环境风险的举措在不断完善：从规制制度空白——加强立法规制——加强行政规制；随着对流域社会生态系统认识的加深，从“以水治水”走向流域综合治理；规制组织结构从多部门分头治理到专职负责和多部门协调治理；湖泊流域规制重点从污染浓度控制——污染总量控制——容量总量控制，不断趋于精细化。后文将阐述云南省针对高原湖泊流域开展的、以改善水质为

[1] 参见王圣瑞、李贵宝：《国外湖泊水环境保护和治理对我国的启示》，载《环境保护》2017年第10期。

目标的环境规制的实践。(见图 1 – 2)

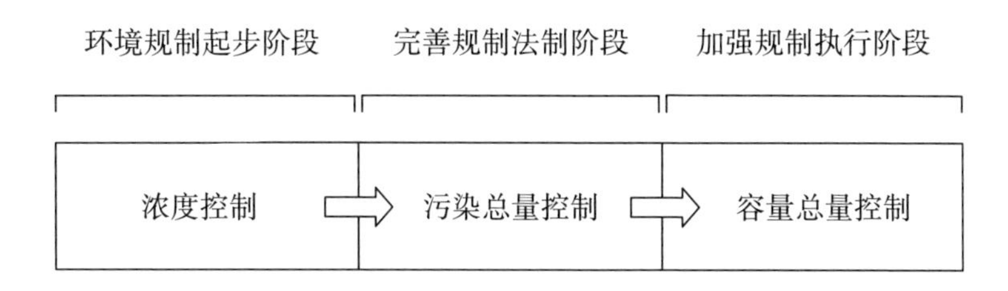

图 1 – 2　云南九大高原湖泊流域环境规制的不同发展阶段

第二章　以污染治理为目标的洱海流域治理模式

2015年随着国务院发布《水污染防治行动计划》（以下简称《水十条》），明确我国水污染控制目标具体化为“水环境质量总体改善、水生态系统功能初步恢复”，中央采取各级环保督察、环保机构监测监察执法垂直管理、党政问责等方式加强对地方流域环境治理考核，标志着我国进一步完善了以水质为中心的湖泊流域环境规制体制。洱海流域是国家“新三湖”治理典范，得到党中央的重点关注，自2016年以来，在大理州政府直接领导下，各级职能部门紧紧围绕着水质达标目标，严格控制污染源，采取了抢救洱海的一系列严格治理措施，水质恶化的势头基本得到了遏制，但也存在治理可持续性等问题。洱海的治理模式是云南九大高原湖泊流域治理的代表，也是我国湖泊流域治理的缩影。当地政府在实施水质目标管理的湖泊流域环境规制的同时，针对新的环境问题，进行了许多前瞻性的理论推演、调查研究及社会生态系统规划，这些对策既与现有的水质目标管理的湖泊流域环境规制相衔接，又超越了现有的环境规制，表现出一些不同于以往的环境规制特点。

笔者通过实地调研了解掌握洱海治理的具体措施，分析当地政府如何围绕着水质达标，进行危险源识别、创建动员型组织结构、采取严格规制措施的，对洱海当地政府实施水质目标管理的环境规制特征进行归纳，并总结成一种模式，然后，分析这一模式存在着的未能根本提升水质、生态系统面临威胁、对社会系统造成干扰、财政负担重等问题。从深化国家生态文明建设战略、未来实现全流域社会生态系统可持续发展的角度，提出变革现有的流域治理模式、构建新模式的动力。

第一节　围绕水质的洱海流域环境治理实践

一、洱海流域开展围绕水质的治理行动的背景

“十三五”时期是我国全面建设生态文明的重要阶段，我国在这一阶段，制定了多项环境治理措施，督促地方政府履行环境治理责任。2015 年 1 月，习近平总书记到大理考察，作出了“一定要把洱海保护好”的重要指示，此时洱海正处于富营养化的初期，水环境承载压力日趋加重，随后的洱海抢救行动开启了洱海新保护治理的“转折点”。2016 年起，大理州、市、县三级政府在中央和省政府的指导和督察下，全方位地开展了许多卓有成效的治理措施。2016 年大理州政府启动了以抢救洱海水质为目标的“六大工程”及后续的“七大行动”。2019 年在云南省政府督导下，大理州政府启动了“八大攻坚战”等治理行动，其间连续出台了一系列洱海治理政策法规、采取了多项严格规制措施。大理当地政府采取治理行动的动机来自洱海水质下滑风险，更来自国家加大了水质考核压力。在外在压力的推动下，大理州政府加速实施了以洱海水质为目标的环境规制措施。

（一）水质目标考核的制度逻辑

在拥有多个层级、多项任务的政府部门委托—代理关系中，委托方如何有效地激励和约束代理方是个难题。为解决这个问题，上级政府部门往往选择量化指标及配套措施，来督促下级部门去完成考核，以此建立一种简捷、清楚和数字化的科学管理模式。[1] 在我国环境保护治理领域，应用这种管理模式较为普遍。2006 年 3 月，我国推出《“十一五”纲要》，首次提出污染物

---

〔1〕参见［英］詹姆斯·C. 斯科特：《国家的视角》，王晓毅译，社会科学文献出版社 2004 年版，第 87~96 页。

总量减排的约束性指标，在“十一五”末要削减10%的COD和SO_2排放总量。2010年末统计结果表明，与“十五”末相比，COD排放量下降了12.45%，SO_2排放量下降了14.29%，效果立竿见影。“十一五”期间，污染总量减排预期目标虽基本实现，环境质量却没得到相应的改善。为此，“十二五”期间，在国家环保部下达流域排污总量指标并层层分解实施的同时，有专家在实证研究的基础上呼吁实施污染总量控制与环境质量改善密切挂钩的环境管理模式。[1] 2015年4月16日发布实施的《水十条》围绕水环境质量的改善，明确强调了水环境质量目标管理。[2] 虽然流域水体的水质与污染控制措施不是线性的响应关系，是一个不断调控的系统反馈过程，[3] 但水质目标考核相比较之前的污染总量控制，更能集中反映流域污染及环境改善的状况，也更便于中央政府进行考核评价。国家相关部门针对湖泊流域推出了检测分离、规范严格的考核标准，并与各级官员的政绩挂钩。为适应水质目标管理不断提高的考核要求，被纳入水质管理的水体范围不断拓展直至扩大到流域级别，一些更精细准确的技术方法如基于水质目标的流域精准治污决策研究、三维数值模拟、富营养化机理的神经网络模拟及响应情景分析、污染负荷削减情景分析等被提出来，[4][5][6][7] 从而更准确地描述水质响应与污染削减等具体措施行动之间的对应关系，更早地预测水质变动指标，确保水质达标。

---

[1] 参见王金南等：《“十二五”时期污染物排放总量控制路线图分析》，载《中国人口·资源与环境》2010年第8期。

[2] 参见王东等：《深化目标管理　全面改善水质》，载《中国环境报》2015年6月12日，第2版。

[3] See Elshorbagy A., Teegavarapu RSV & Ormsbee L., *Total maximum daily load (TMDL) approach to surface water quality management: concepts, issues, and applications*, Canadian Journal of Civil Engineering, Vol. 32: 2, p. 442－448 (2005).

[4] 参见邹锐等：《基于水质目标的异龙湖流域精准治污决策研究》，载《北京大学学报（自然科学版）》2018年第2期。

[5] 参见邹锐等：《湖泊营养盐通量平衡的三维数值模拟》，载《湖泊科学》2017年第4期。

[6] 参见邹锐等：《程海富营养化机理的神经网络模拟及响应情景分析》，载《生态学报》2012年第2期。

[7] 参见邹锐等：《基于非线性响应函数和蒙特卡洛模拟的滇池流域污染负荷削减情景分析》，载《环境科学学报》2011年第10期。

（二）洱海流域水质面临恶化危机

洱海流域在2001—2016年间的水质变化情况。（见表2－1）

表2－1　2001—2016年洱海月份水质类别情况

年份	1月	2月	3月	4月	5月	6月	7月	8月	9月	10月	11月	12月	年评
2001	Ⅱ	Ⅱ	Ⅱ	Ⅱ	Ⅲ	Ⅱ	Ⅱ	Ⅱ	Ⅲ	Ⅱ	Ⅱ	Ⅱ	Ⅱ
2002	Ⅱ	Ⅱ	Ⅱ	Ⅱ	Ⅱ	Ⅲ	Ⅲ	Ⅲ	Ⅲ	Ⅲ	Ⅲ	Ⅱ	Ⅲ
2003	Ⅱ	Ⅱ	Ⅱ	Ⅲ	Ⅲ	Ⅲ	Ⅳ	Ⅳ	Ⅳ	Ⅲ	Ⅲ	Ⅲ	Ⅲ
2004	Ⅲ	Ⅲ	Ⅲ	Ⅲ	Ⅲ	Ⅲ	Ⅲ	Ⅲ	Ⅲ	Ⅲ	Ⅲ	Ⅱ	Ⅲ
2005	Ⅲ	Ⅲ	Ⅱ	Ⅲ	Ⅱ	Ⅲ	Ⅲ	Ⅲ	Ⅲ	Ⅲ	Ⅲ	Ⅱ	Ⅲ
2006	Ⅲ	Ⅱ	Ⅲ	Ⅱ	Ⅲ	Ⅲ	Ⅲ	Ⅲ	Ⅲ	Ⅲ	Ⅲ	Ⅲ	Ⅲ
2007	Ⅱ	Ⅲ	Ⅲ	Ⅱ	Ⅲ	Ⅱ	Ⅲ	Ⅲ	Ⅲ	Ⅲ	Ⅲ	Ⅱ	Ⅲ
2008	Ⅱ	Ⅱ	Ⅱ	Ⅱ	Ⅲ	Ⅱ	Ⅱ	Ⅱ	Ⅱ	Ⅲ	Ⅲ	Ⅲ	Ⅱ
2009	Ⅲ	Ⅲ	Ⅱ	Ⅱ	Ⅲ	Ⅲ	Ⅲ	Ⅲ	Ⅲ	Ⅲ	Ⅲ	Ⅱ	Ⅲ
2010	Ⅱ	Ⅱ	Ⅱ	Ⅱ	Ⅲ	Ⅲ	Ⅲ	Ⅲ	Ⅲ	Ⅲ	Ⅲ	Ⅲ	Ⅲ
2011	Ⅱ	Ⅱ	Ⅱ	Ⅲ	Ⅲ	Ⅲ	Ⅲ	Ⅲ	Ⅲ	Ⅲ	Ⅱ	Ⅱ	Ⅲ
2012	Ⅱ	Ⅱ	Ⅱ	Ⅱ	Ⅱ	Ⅲ	Ⅲ	Ⅲ	Ⅲ	Ⅲ	Ⅱ	Ⅱ	Ⅲ
2013	Ⅱ	Ⅱ	Ⅱ	Ⅱ	Ⅲ	Ⅲ	Ⅲ	Ⅲ	Ⅲ	Ⅲ	Ⅲ	Ⅱ	Ⅲ
2014	Ⅱ	Ⅱ	Ⅱ	Ⅱ	Ⅱ	Ⅲ	Ⅲ	Ⅲ	Ⅲ	Ⅲ	Ⅱ	Ⅱ	Ⅱ
2015	Ⅱ	Ⅱ	Ⅱ	Ⅱ	Ⅲ	Ⅲ	Ⅲ	Ⅲ	Ⅲ	Ⅲ	Ⅱ	Ⅱ	Ⅲ
2016	Ⅱ	Ⅱ	Ⅱ	Ⅱ	Ⅲ	Ⅲ	Ⅲ	Ⅲ	Ⅲ	Ⅲ	Ⅲ	Ⅱ	Ⅲ

注：上表水质数据是基于洱海湖内陆续放置的13个水质监测点（水文）、25个水质监测点（环保）统计得到的洱海平均水质数据。

1999年以前，洱海水质为全年Ⅱ类，之后由Ⅱ类下降为Ⅲ类，虽有小幅波动性变化，但总体水质维持在Ⅱ类与Ⅲ类之间。2003年曾经降为Ⅴ类水，经过治理后水质总体稳定在Ⅲ类。2016年受流域入湖污染负荷增加的影响，水质大幅下滑，TP（0.029mg/L）与2015年相比上升了31.8%，TN（0.53mg/L）上升5.9%，COD（13.6mg/L）上升3%。除在“十一”期间的2001年、“十一五”期间的2008年、“十二五”期间的2014年，洱海被认定为Ⅱ类水质外，其他年份里都是Ⅲ类水质。但从每年Ⅲ类水质所占月份数来看，虽有反复，但总的趋势是每年Ⅲ类水质所占月份数在逐渐减少，而每年Ⅱ类水质所占月份数在逐渐增加。“十五”期间Ⅲ类水质总月份在全部月份中所占比重为56.7%，“十一五”期间为65%，“十二五”期间为50%，Ⅲ类水质在逐年减少，洱海流域水质呈现逐年下滑趋势。

二、洱海流域水质治理阶段与成效

2016年以来洱海流域的水质治理行动可以分为三个阶段：第一阶段2016—2017年，为启动阶段；第二阶段2018—2019年，为深入阶段；第三阶段2019年至今为攻坚阶段。（见表2－2）

表2－2　2016年至今洱海流域污染治理行动比较

名称	时间（年）	目标	内容
六大工程	2016—2017	水质达标，防止蓝藻水华	流域截污治污工程、主要入湖河道综合整治工程、流域生态建设工程、水资源统筹利用工程、产业结构调整工程、流域监管保障工程。
七大行动	2018—2019	抢救水质、防止蓝藻水华	流域“两违”整治行动、村镇“两污”治理行动、面源污染减量行动、节水治水生态修复行动、洱海保护治理项目提速行动、流域综合执法监管行动、全民保护洱海行动。
八大攻坚战	2019至今	保水质、流域发展转型	截污治污攻坚战、生态搬迁攻坚战、矿山整治攻坚战、农业面源污染治理攻坚战、河道治理攻坚战、环湖生态修复攻坚战、水质改善提升攻坚战、过度开发建设治理攻坚战。

三个阶段的工作任务具有延续性，在指导思想上具有一致性。第一阶段“六大工程”主要以《洱海保护治理与流域生态建设“十三五”规划》（以下简称《洱海“十三五”规划》）为依据，重点在于开展各项环湖截污、生态修复工程，通过技术手段实现流域污染控制和生态修复。但由于2016年年底以来洱海流域水质恶化趋势加剧，云南省、大理州政府受到了党中央的问责压力，第二阶段的治理重点转向洱海流域内违法建设整治，通过加强行政执

法、划定洱海流域核心区、颁布行业准入标准等行政命令以控制污染源，实现水质回升的目标。第三阶段在继续推进第二阶段的执法整治行动的基础上，加强流域发展转型任务，对流域核心区内的农业生产进行转型，对农业人口进行搬迁等。

纵观洱海流域污染整治行动可以发现，实现流域水质提升、防范水质恶化风险始终是整个治理行动的核心，所有的措施都是围绕着这一目标展开的。治理措施以技术手段和执法手段相结合，尽最大可能消除进入水体的污染物。治理对象包括工业点源污染、农业面源污染和生活面源污染，通过近五年的大规模整治和治理，实现了控制洱海流域水质下滑的目标。(见表 2 - 3)

表 2 - 3　2016—2020 年 2 月洱海各月份水质类别情况

年份	1 月	2 月	3 月	4 月	5 月	6 月	7 月	8 月	9 月	10 月	11 月	12 月	年评
2016	Ⅱ	Ⅱ	Ⅱ	Ⅱ	Ⅲ	Ⅲ	Ⅲ	Ⅲ	Ⅲ	Ⅲ	Ⅲ	Ⅱ	Ⅲ
2017	Ⅱ	Ⅱ	Ⅱ	Ⅱ	Ⅱ	Ⅲ	Ⅲ	Ⅲ	Ⅲ	Ⅲ	Ⅲ	Ⅱ	Ⅲ
2018	Ⅱ	Ⅱ	Ⅱ	Ⅱ	Ⅱ	Ⅲ	Ⅲ	Ⅲ	Ⅲ	Ⅲ	Ⅱ	Ⅱ	Ⅲ
2019	Ⅱ	Ⅱ	Ⅱ	Ⅱ	Ⅱ	Ⅲ	Ⅲ	Ⅲ	Ⅲ	Ⅲ	Ⅱ	Ⅱ	Ⅱ
2020	Ⅱ	Ⅱ											

注：上表水质数据是基于洱海湖内陆续放置的 13 个水质监测点（水文）、25 个水质监测点（环保）统计得到的洱海平均水质数据。

洱海湖心考核点在大理州当地是众所周知的国控考核点（284)，该测点位于大理古城东侧湖心，是洱海水质最差的断面。2018 年国家实行水质数据采测分离后，洱海、丹江口、白洋淀是党中央新定位的“新三湖”，284 测点水质数据采测后直接汇总到中共中央办公厅。(见表 2 - 4)

表 2 - 4　洱海国控考核点（284）历年来水质类别情况

年份	1 月	2 月	3 月	4 月	5 月	6 月	7 月	8 月	9 月	10 月	11 月	12 月	年评
2008	Ⅱ	Ⅲ	Ⅱ	Ⅱ	Ⅲ	Ⅲ	Ⅱ	Ⅱ	Ⅱ	Ⅲ	Ⅱ	Ⅱ	Ⅱ
2009	Ⅲ	Ⅲ	Ⅱ	Ⅲ	Ⅲ	Ⅲ	Ⅲ	Ⅲ	Ⅲ	Ⅲ	Ⅲ	Ⅲ	Ⅲ
2010	Ⅲ	Ⅲ	Ⅲ	Ⅱ	Ⅲ	Ⅲ	Ⅲ	Ⅲ	Ⅲ	Ⅲ	Ⅲ	Ⅲ	Ⅲ

续表

年份	1 月	2 月	3 月	4 月	5 月	6 月	7 月	8 月	9 月	10 月	11 月	12 月	年评
2011	Ⅲ	Ⅱ	Ⅱ	Ⅲ	Ⅲ	Ⅲ	Ⅲ	Ⅲ	Ⅲ	Ⅲ	Ⅲ	Ⅲ	Ⅲ
2012	Ⅱ	Ⅲ	Ⅲ	Ⅲ	Ⅲ	Ⅱ	Ⅲ	Ⅲ	Ⅲ	Ⅱ	Ⅱ	Ⅱ	Ⅲ
2013	Ⅱ	Ⅱ	Ⅱ	Ⅲ	Ⅱ	Ⅲ	Ⅲ	Ⅱ	Ⅲ	Ⅲ	Ⅲ	Ⅱ	Ⅲ
2014	Ⅱ	Ⅱ	Ⅱ	Ⅱ	Ⅱ	Ⅲ	Ⅲ	Ⅲ	Ⅲ	Ⅲ	Ⅱ	Ⅱ	Ⅱ
2015	Ⅱ	Ⅱ	Ⅱ	Ⅱ	Ⅲ	Ⅱ	Ⅲ	Ⅱ	Ⅱ	Ⅲ	Ⅱ	Ⅱ	Ⅱ
2016	Ⅱ	Ⅱ	Ⅱ	Ⅲ	Ⅲ	Ⅱ	Ⅲ	Ⅲ	Ⅲ	Ⅲ	Ⅲ	Ⅱ	Ⅲ
2017	Ⅱ	Ⅱ	Ⅲ	Ⅱ	Ⅱ	Ⅲ	Ⅲ	Ⅲ	Ⅲ	Ⅲ	Ⅲ	Ⅱ	Ⅲ
2018	Ⅱ	Ⅱ	Ⅱ	Ⅱ	Ⅱ	Ⅲ	Ⅲ	Ⅲ	Ⅲ	Ⅲ	Ⅱ	Ⅱ	Ⅱ

注：2018 年国家实行采测分离。

从目前来看，洱海流域在 2020 年年底实现水质不下滑的目标是可以做到的。支持洱海水质、水生态好转的，是 2019 年已完成的流域截污治污管网实现闭合、流域保护治理“三线”划定，以及正在推进中的流域产业结构调整、相关区域完成搬迁等阶段性成果。洱海流域通过当地政府的紧急抢救行动，实现了流域治理目标。

三、对洱海流域治理行动的调研

（一）调研基本情况

1. 调研目标

笔者从 2016 年年底起，开始对洱海做走访调研。最初主要以大理双廊镇的餐饮客栈业整治行动为切入点，从基层政府和社区角度考察政策执行效果。随着洱海流域环境治理行动升级，笔者的调研也不断深入大理州洱海流域整治行动指挥部，从核心执行机构了解最新的规制措施、对未来流域治理的长远规划。2018 年以来笔者多次到访“七大行动”指挥部，了解治理行动的思路和方案，2019 年是水质抢救行动的攻坚阶段，笔者集中走访了“八大攻坚战”指挥部和相关的职能部门，主要采取深入访谈法和德尔菲专家打分法，进一步了解职能部门在洱海流域规制决策、执行中的问题。调研主要围绕着三个方面的内容展开：洱海流域环境风险评估、洱海流域环境规制执行和环境风险沟通。德尔菲打分表问卷主要从三个方面了解洱海流域的风险规制：第一，当前和未来对洱海流域环境风险的识别；第二，影响洱海流域环境规制决策的因素；第三，影响政府环境规制执行的因素。

深度访谈以半开放式访谈方式，重点了解流域治理职能部门的环境规制的执行情况，包括组织结构和执行机制。

当地政府在众多专家团队的支持下，很多的思路和举措已不再局限于水污染防治，也不再局限于洱海水体，而是在全流域的水环境承载力、生态修复、生态安全保障等的安排上，建立与洱海水质保护目标相适应的流域经济发展模式已被提上日程。[1]

2. 调研过程

2016年以来，在洱海流域基层走访、田野调查的基础上，笔者洱海研究团队于2019年12月至2020年1月，再次对大理州洱海保护治理及流域转型发展指挥部，以及大理州人大常委会、大理州洱管局、大理州生态环境局、大理州水务局、大理州农业局等单位和从事洱海流域研究的相关专家学者进行访谈调研。访谈采用了现场问答、对话、问卷调查的方式，调研采用了查阅资料、收集资料、现场走访的方式。

3. 最新调研的流程

2019年12月至2020年1月访谈调研的调研流程如下。

（1）确定洱海调研团队。

该团队共有8人，由笔者组队，成员来自云南大学和西南林业大学在校生志愿者，成员包括博士生1名、硕士生5名、本科生1名。主要调研活动有：确定走访调研计划，整理访谈提纲/资料清单，编制调研问卷，现场访谈、发放/回收调研问卷、现场走访、整理访谈录音、分析资料/问卷、统计/处理/分析数据。

---

[1] 参见《洱海保护治理规划（2018—2035年）》。

（2）确定访谈调研对象。

大理州洱海保护治理及流域转型发展指挥部、大理州人大常委会、大理州洱管局、大理州生态环境局、大理州水务局、大理州农业局等单位；从事洱海流域研究的专家学者；洱海流域当地居民。

（3）设计并开展第一次访谈调研。

在对现有文献资料综合分析的基础上，首次确定了访谈提纲和围绕“最紧急的环境风险”“风险源”“风险决策影响因素”等主题的调研问卷，于2019年12月做了走访调研。

（4）调整并开展第二次访谈调研。

在对第一次访谈调研结果进行汇总分析之后，重新调整了访谈提纲和调研问卷，补充设置了“水质影响因素”“中长期环境风险”“当前最大治理难题”等主题，再于2020年1月做了走访调研。

（5）分析所有的走访调研材料，统计分析调研数据。

通过最近两次的走访调研，结合往年走访调研结果及手头资料，根据专家的不同权重及工作年限等，对数据应用德尔菲专家打分法，得出论文相关主题的打分结果。[1]

（二）洱海流域主要环境风险识别

调研组首先通过德尔菲专家打分法识别洱海流域环境风险。以下是专家访谈的统计结果。

1. 重要等级、研究领域、工作年限的量值

调研问卷要求专家以匿名方式回答每项问题的提问，并按重要等级（或影响等级）排序。研究团队再根据专家给出答案的重要性排序及其在调研问卷末尾写明的研究领域、工作年限，编制相关量值表（见表2－5）。

---

〔1〕 参见王少娜等：《德尔菲法及其构建指标体系的应用进展》，载《蚌埠医学院学报》2016年第5期。

表 2-5　重要等级、研究领域、工作年限的量值/权重

重要等级	量值	研究领域	权重	工作年限	权重
极其重要	6	流域规划	6	30 年以上	6
非常重要	5	流域研究	5	20—30 年（不含 20 年）	5
很重要	4	湖泊治理	4	10—20 年（不含 10 年）	4
重要	3	环境管理	3	5—10 年（不含 5 年）	3
一般	2	生态保护	2	2—5 年（不含 2 年）	2
不重要	1	其他领域	1	2 年及以下	1

2. 统计计算方法（德尔菲专家打分法）

（1）专家意见集中度。

专家意见集中度表示在某个问题上，专家打分的接近程度，其由算术平均值、加权平均值、满分频率三个指标来描述。

算术平均值 M_j 表示专家们在第 j 个问题上的打分平均值。设 C_{ij} 为第 i 位专家（$i=1, 2, \cdots, m$）对第 j 个（$j=1, 2, \cdots, n$）问题的打分值，m_j 为给第 j 个问题打分的专家数，M_j 为在第 j 个问题上所有专家打分值的算术平均值，则：

$$M_j = \frac{1}{m_j}\sum_{i=1}^{m_j} C_{ij} \qquad \text{（式 2-1）}$$

M_j 的值为 1—6 分，M_j 的值越大，表明该问题的重要性越大。

设 R_i 为第 i 位专家的研究领域的权重，W_i 为第 i 位专家的工作年限的权重，则平均权重 D_i 为第 i 位专家的资历在给每一个问题打分时所拥有的权重，则：

$$D_i = \frac{(R_i + W_i)}{2} \qquad \text{（式 2-2）}$$

加权平均值 WM_j 表示专家们在第 j 个问题上的打分的加权平均值，则：

$$WM_j = \frac{1}{\sum_{i=1}^{m_j} D_i}\sum_{i=1}^{m_j}(C_{ij} \cdot D_i) \qquad \text{（式 2-3）}$$

满分频率 F_j 表示专家们在第 j 个问题上打最高分（即 6 分）的百分数。

其中，m_j' 为给第 j 个问题打最高分的专家数，则：

$$F_j = \frac{m_j'}{m_j} \quad (式2-4)$$

满分频率 F_j 的值在［0，1］范围内，F_j 越大说明对第 j 个问题打最高分的专家越多，也就是该问题的重要性越高。

（2）专家意见离散度。

专家意见离散度表示在某个问题上，专家们打分偏离算术平均值的离散程度，其由标准差、变异系数两个指标来描述。

标准差 σ_j 为专家们对第 j 个问题打分值偏离该问题算术平均值的离散程度，σ_j 的值越小，表示专家给出的打分意见越趋于一致，则：

$$\sigma_j = \sqrt{\frac{1}{m_j}\sum_{i=1}^{m_j}(C_{ij} - M_j)^2} \quad (式2-5)$$

由于标准差 σ_j 反映的是在第 j 个问题专家打分的离散度，为比较在不同问题上专家打分的离散度，就引入变异系数 V_j。变异系数 V_j 为在第 j 个问题上的标准差 σ_j 与算术平均值 M_j 的比值，反映了专家打分意见在不同问题上的离散程度，则：

$$V_j = \frac{\sigma_j}{M_j} \quad (式2-6)$$

不同问题上的变异系数 V_j 的值越接近，说明专家们在这些问题上的离散程度越接近。

3. 调研问卷计算结果

在对调查问卷结果处理中，为不让个别的异常样本点影响总体样本的统计特性，筛选原则为去除某个问题中没有任何一位专家选中或只有一位专家选中的可选项，或去除专家打分值都低于 2 分的可选项，即在数据分析时，抛弃该选择项不予分析。根据两次问卷调查及去除无关项，得到结果如下。

（1）当地政府最为重视的环境问题。

基于表 2-6 可知，加权平均值与算术平均值所揭示出来的环境问题排序相同，满分频率较高的环境问题依次为水质下降、蓝藻暴发、生活垃圾污染、水资源短缺；专家们在底泥内源污染、水质下降、上游污染转移三个问题上意见较为一致，在全局问题上，专家们在水质下降、蓝藻暴发、底泥内源污染、生活垃圾污染四个问题上意见较为一致。鉴于分数≤2 表示一般或不重要，因此洱海流域当地政府最为重视的环境问题是水质下降、蓝藻暴发，其次（分数≥3）是生活垃圾污染、水资源短缺。

表 2－6　当地政府最为重视的环境问题

环境问题	专家意见集中度			专家意见离散度	
	算术平均值	加权平均值	满分频率	标准差	变异系数
蓝藻暴发	4.82	4.80	36%	1.11	0.23
水资源短缺	3.56	3.52	11%	1.64	0.46
生活垃圾污染	4.20	4.24	20%	1.47	0.35
水质下降	5.50	5.49	60%	0.67	0.12
上游污染转移	2.38	2.28	0	0.99	0.42
拆迁补偿	2.25	2.19	0	1.09	0.48
底泥内源污染	2.00	1.97	0	0.63	0.32
水资源不平衡	2.33	2.21	0	1.37	0.59

专家们认为，上游污染转移、水资源不平衡、拆迁补偿、底泥内源污染等不是政府当前最重视的问题，事实上政府已完成或正在实施相关工程来解决上游污染转移和水资源不平衡问题，而拆迁补偿、底泥内源污染，是规划中下一步要做的工作。

（2）影响洱海水质最大的因素。

由表 2－7 可知，影响洱海水质因素前五位（从大到小）的为：农业面源污染、生活垃圾、上游污染转移、生活污水、蓝藻暴发；满分频率最高的是农业面源污染，其次是上游污染转移、之前无截污治污工程。专家们在农业面源污染、生活垃圾、生活污水上，打分较为一致。

表 2-7　影响洱海水质最大的因素

环境问题	专家意见集中度			专家意见离散度	
	算术平均值	加权平均值	满分频率	标准差	变异系数
农业面源污染	5.42	5.44	67%	0.95	0.18
生活污水	4.00	4.02	10%	1.26	0.32
生活垃圾	4.14	4.20	0	1.12	0.27
畜牧业污染	2.80	3.00	0	1.17	0.42
工业污染	2.33	2.29	0	0.94	0.40
湖泊净化功能下降	3.43	3.10	14%	1.59	0.46
底泥内源污染	3.33	3.03	17%	1.37	0.41
之前无截污治污工程	3.00	2.90	20%	2.10	0.70
蓝藻暴发	3.50	3.67	0	1.50	0.43
上游污染转移	3.75	4.08	25%	1.79	0.48
雨水把污染物带入	2.50	2.37	0	1.41	0.56

（3）洱海流域中长期的环境风险。

由表 2-8 可知，洱海流域中长期的环境风险排在前五位（从大到小）的为：城市发展超载、本地物种濒危、水质下降、生态恶化、水资源短缺，其中满分频率最高的是城市发展超载，其次是蓝藻暴发、生态恶化；水质下降、底泥内源污染、被认为接近“很重要”而满分频率较高。专家们在城市发展超载、本地物种濒危、气候改变上，意见较为一致，认为城市发展超载是洱海流域面临的最主要的中长期风险，物种濒危、气候改变并不构成主要的中长期风险；仅有个别专家认为外来物种入侵是个值得关注的中长期环境风险。

表 2-8　洱海流域中长期的环境风险

环境问题	专家意见集中度			专家意见离散度	
	算术平均值	加权平均值	满分频率	标准差	变异系数
生态恶化	4.43	4.33	29%	1.4	0.32
水质下降	4.56	4.44	22%	1.5	0.33

续表

环境问题	专家意见集中度			专家意见离散度	
	算术平均值	加权平均值	满分频率	标准差	变异系数
水资源短缺	4.13	4.04	13%	1.45	0.35
生活垃圾污染	3.13	3.15	13%	1.45	0.46
用地占用湖滨带	4	3.6	5%	2	0.5
蓝藻暴发	4	3.81	38%	1.94	0.49
本地物种濒危	5	4.73	5%	1	0.2
城市发展超载	5.11	5.15	44%	0.87	0.17
外来物种入侵	3	3	0	0	0
上游污染转移	2	1.9	0	0.63	0.32
气候改变	2.4	2.43	0	0.49	0.2
底泥内源污染	3	3.25	17%	1.63	0.54

（4）洱海流域环境风险规制决策的影响因素。

由表2－9可知，洱海流域环境风险规制决策的影响因素排在前五位（从大到小）的为：上级考核、对经济发展的影响、技术操作的可行性、行政责任、社会稳定，其中满分频率最高的是上级考核，其次是技术操作的可行性、社会稳定、行政责任；政策法律支持被认为接近“很重要”而满分频率较高。专家们在对经济发展的影响、组织管理的可行性、规制引发的次生风险上，意见较为一致；行政成本介乎“一般”与“重要”之间，专家对此分歧最大。

表2－9　洱海流域环境风险规制决策的影响因素

环境问题	专家意见集中度			专家意见离散度	
	算术平均值	加权平均值	满分频率	标准差	变异系数
行政成本	2.67	2.57	0	1.33	0.5
社会稳定	4	3.88	25%	1.41	0.35
技术操作的可行性	4	4.18	30%	1.48	0.37

续表

环境问题	专家意见集中度			专家意见离散度	
	算术平均值	加权平均值	满分频率	标准差	变异系数
上级考核	4.8	4.76	60%	1.47	0.31
行政责任	4.25	4.16	13%	1.64	0.39
政策法律支持	3.75	3.8	13%	1.56	0.42
对经济发展的影响	4.43	4.46	0	0.49	0.11
规制引发的次生风险	3	3	0	0.82	0.27
组织管理的可行性	2.5	2.6	0	0.5	0.2

（5）洱海流域专项治理的目标。

由表2－10可知，洱海流域专项治理（“七大行动”“八大攻坚战”等）的目标排在前五位（从大到小）的为：流域生态系统健康、水质保持Ⅱ类及以上、保障流域生态服务功能、流域经济社会可持续发展、完成上级考核，其中满分频率最高的是流域生态系统健康，其次是水质保持Ⅱ类及以上、完成上级考核、保障流域生态服务功能。专家们在流域生态系统健康、流域经济社会可持续发展上，意见更为一致；专家对截污治污的意见更为一致，但其介于“一般”与“重要”之间，说明该工作阶段性任务已完成，重要性不高。

表2－10　洱海流域专项治理的目标

环境问题	专家意见集中度			专家意见离散度	
	算术平均值	加权平均值	满分频率	标准差	变异系数
流域生态系统健康	5.5	5.54	58%	0.65	0.12
水质保持Ⅱ类及以上	4.7	4.69	40%	1.55	0.33
保障流域生态服务功能	3.67	3.61	8%	1.37	0.37
流域经济社会可持续发展	3.55	3.61	0	0.99	0.28
完成上级考核	3.13	2.98	13%	1.54	0.49
截污治污	2.8	2.76	0	0.75	0.27
流域产业升级	2.1	2.16	0	1.22	0.58

（6）洱海流域当前治理的难题。

由表2－11可知，洱海流域当前治理的最大难题是资金问题，其他问题按困难程度由大到小依次为：资金问题、缺乏流域顶层设计、治理技术不成熟、部门协调不够、信息不全面/反馈不及时，其中满分频率最高的还是资金问题，其次是缺乏流域顶层设计、水质考核不科学、治理技术不成熟。有专家都认为，水质考核不科学介乎“一般”与“重要”之间。专家们对于治理技术不成熟、部门协调不够两个问题，意见更为一致；在群众是否存在不理解/不支持、水质考核是否科学等问题上，专家的意见差别较大。

表2－11　洱海流域当前治理的难题

环境问题	专家意见集中度			专家意见离散度	
	算术平均值	加权平均值	满分频率	标准差	变异系数
资金问题	5.1	5.38	70%	1.64	0.32
部门协调不够	4.25	4.28	0	0.66	0.16
群众不理解/不支持	2.17	2.08	0	1.46	0.67
治理技术不成熟	4.83	4.82	17%	0.69	0.14
信息不全面/反馈不及时	3.38	3.22	0	0.86	0.25
人手不足	2.2	2.28	0	1.17	0.53
水质考核不科学	2.6	2.83	20%	1.74	0.67
缺乏流域顶层设计	5	4.85	67%	1.41	0.28

4. 调查问卷信度和效度

本次问卷共发出30份，回收25份，样本回收率达83%。专家主要来自四个方面的领域：从事洱海流域中层管理人员的占35%，从事洱海流域法律政策工作的占15%，从事洱海流域治理的生态学和环境科学专家的占30%，与洱海流域有利益相关的社区代表的占20%。本问卷采取匿名方式，有利于收集专家真实观点。专家在相关领域从事多年工作，最短的不少于3年，最长的达30年工作经验，对洱海流域治理有深入了解。

5. 洱海流域环境治理分析

（1）对洱海流域当前和远期环境风险识别。

当前的环境治理行动，政府环境治理的前三位风险依次是“水质下降”“预防蓝藻”“生活垃圾”；长远看，要规制的环境风险依次是“城市超载发展”、“蓝藻暴发”和“水质下降”。因此，无论是当前还是未来较长一段时间，预防“水质下降”“蓝藻暴发”都是政府进行洱海流域环境规制的重点。

对风险来源的识别：防止水质下降是洱海流域环境规制的重点，导致洱海水质下降的前三位风险源主要来自“农业面源污染”“上游污染转移”“早期没有环湖截污工程”（生活污水）。

洱海水质风险源的变化，调研组对环境规制部门工作人员访谈发现，这是由于经过多年的治理，尤其是近五年的污染治理行动，流域内的工业污染源已经搬迁或进行严格管控，基本实现了工业点源零污染，生活面源污染基本进入环湖截污管网，经过污水处理后在流域外排放。因此目前最大的污染源主要在于农业面源污染。

（2）洱海流域环境治理决策。

专家评分表比较一致地认为，影响政府环境治理决策的前三位因素分别是“上级考核”“技术可操作性”“社会稳定”；“政策法律支持”“行政责任”是被考虑的次要因素；而“行政成本”“经济影响”“规制引发的次生风险”“组织管理的可行性”则完全没有被考虑。

对洱海流域专项治理的目标，专家意见也比较一致地集中在“流域生态系统健康”“水质保持Ⅱ类及以上”“完成上级考核”等三项选项。

由此可见，洱海流域的环境治理具有鲜明的时代性和政治性，地方政府采取大规模的环境规制措施，其动力主要来自上级政府考核压力；在规制中主要依赖于技术可行性做出行动方案，目标主要关注完成考核所要求的流域水质指标；治理决策中经济因素、行政成本、组织管理等因素并不在考虑之内，对社会因素的考虑仅限于是否会引起社会不稳定。另外，法律政策的支持与行政责任相关，决策部门比较关注因违法行政导致的党政问责。

（3）洱海流域环境治理执行。

洱海流域环境治理面临的主要难题依次是“资金问题”“缺乏流域顶层设计”“水质考核不科学”“治理技术不成熟”，也就是说，难题集中在“资金”“制度”“科学技术”方面。关于“资金”难题，与影响政府规制决策的“行政成本”形成鲜明对比，政府做出规制决策时不考虑行政成本，但政府规制过程中却将资金作为影响执行效果的首要因素。

对资金问题，笔者在深度访谈时特别予以了关注，事实上“十三五”期间洱海流域治理共投入资金 162 亿元，[1] 财政资金（包括中央、地方）51.01 亿元，主要资金来自政府与社会资本合作（Public - Private，Partnership，PPP）和其他资金，对身处我国西南边陲、非经济发达的地方来说，其财政压力可想而知。在笔者的调研中，多个部门认为，财政拨款资金与其承担的环境规制责任不相匹配。争取项目资金是职能部门争取部门权力的主要内容，一旦削减资金、控制预算则会影响到部门利益。因此在各部门制定预算、环保支出时往往采取“逐项竞赛”以扩大各部门权力。[2] 其实，我国地方政府之间无序竞争的问题由来已久，由于法律制度不完善，在晋升机制和财税制度的影响下，地方政府在政绩考核下无序竞争，导致重复建设、地方保护主义严重等问题一直存在。[3] 当前洱海流域污染规制行动具有中央考核下的“应急治理”特征，在省级和州级层面表现出制度准备不足、治理技术不成熟的问题，尤其在农业面源治理方面，目前国家还没有具体的农业面源排放标准、治理技术，而当地政府采取的严格规制措施可能产生行政风险和社会风险。

---

〔1〕 关于“十三五”洱海流域治理实际投入资金，统计口径不一致导致数据不统一，国家财政部公布数据为 162.91 亿元（2019 年 12 月），《洱海保护治理规划（2018—2035）》（编制时间为 2019 年 12 月）记录共投入资金 179.45 亿元。本文采用国家财政部公布数据。

〔2〕 参见王华春、平易、崔伟：《地方政府财政环保支出竞争的演化博弈分析》，载《重庆理工大学学报（社会科学）》2020 年第 1 期。

〔3〕 参见杨临宏、谭飞：《优化法治环境，促进地方政府间竞争有序化》，载《云南社会科学》2013 年第 5 期。

（三）洱海流域水质治理行动的组织结构和运行机制

基于调查问卷中对洱海流域环境风险规制的统计分析，笔者与洱海流域治理行动指挥部、大理州人大常委会、大理州洱管局、大理州生态环境局、大理州水务局、大理州农业局、当地居民等进行面对面的提问和交流，进一步了解洱海流域环境治理行动的组织结构和运行机制。

2017 年以前，洱海流域治理组织结构表现为常规型的“多部门分头管理”，按照自然要素设立管理机构，这一组织形式与流域的整体性特性存在冲突，被喻称“九龙治水”。2017 年大理州启动“七大行动”后，很快组成了“七大行动指挥部”，这一组织结构延续到了 2019 年的“八大攻坚”指挥部。指挥部作为整个洱海流域水质治理行动的决策和临时协调部门，打破以往科层管理体制，将流域治理任务分解到各个行动小组，以项目组的方式迅速落实执行部门，这一组织结构体现出灵活性、高效的特点。洱海流域治理行动的组织结构包括常规型和动员型两种类型，笔者将二者的组织形式和职能总结如下。

1. 常规型组织结构及相关部门日常管理职能

以水污染控制为核心的湖泊流域治理模式的常规型组织结构，根据中共中央《关于深化党和国家机构改革的决定》以及《云南省大理白族自治州洱海保护管理条例》所规定的行政部门及其职能设置，[1][2] 主要负责洱海流域水污染防治日常管理工作的部门有：洱海管理局（以下简称洱管局）、自然资源和规划局［下设林业和草原局（以下简称林草局）］、生态环境局、住房城乡建设局（以下简称住建局）、水务局（下设河长办）、农业农村局、发展和改革委员会（以下简称发改委）、工业和信息化局（以下简称工信局）、公安局，这些行政部门的隶属层级关系构成了洱海流域水污染防治的常规型组织结构（见图 2 - 1）。

---

〔1〕 参见中共中央《关于深化党和国家机构改革的决定》，载中国政府网，https：//www. gov. cn/zhengce/2018 - 03/04/content_ 5270704. htm。

〔2〕 参见《云南省大理白族自治州洱海保护管理条例》（2023 年修订）第 17 条、第 18 条。

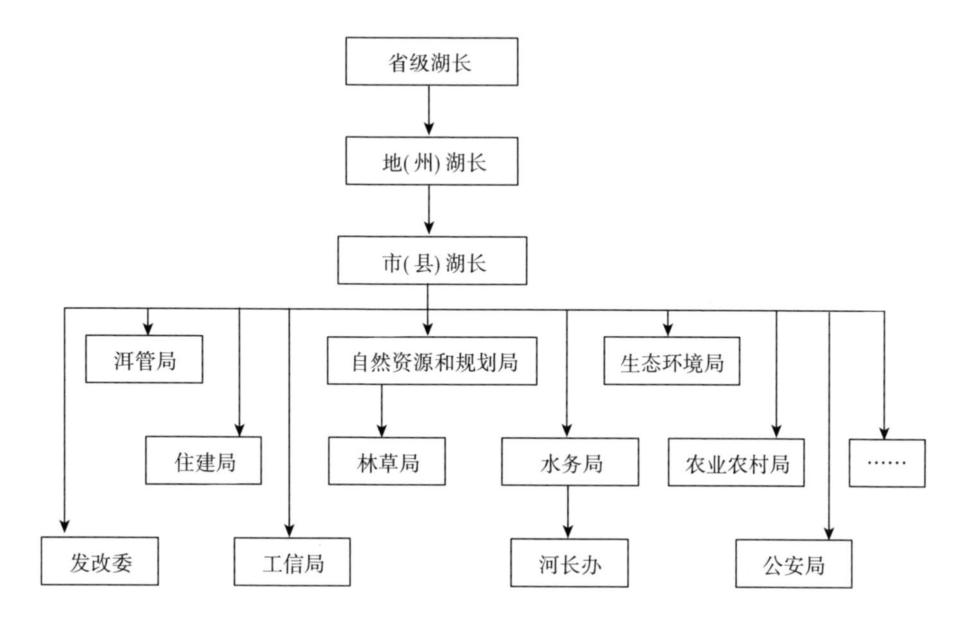

图2-1　洱海流域治理常规型组织结构

资源来源：大理州人民政府网：http：//www. dali. gov. cn/。

在常规型组织形式下，主要职能部门及其他的一些支持配合部门，根据各自职能配置来开展洱海流域水污染防治的日常管理工作。根据大理州人民政府网站公示的与洱海流域水污染防治相关的部门及其职能配置（在此忽略与洱海流域水污染防治无关的职能配置）以及《大理白族自治州洱海流域水污染防治管理实施办法》,[1] 制作表2-12"洱海流域水污染防治的相关部门及职能配置"，按行政层级对口管理原则，大理市级及洱源县级的洱海流域水污染防治的相关部门及其职能配置与此类似，在此不复赘述。

---

〔1〕 参见《云南省大理白族自治州洱海保护管理条例》（修订）系列配套实施办法，大理州人民政府网，http：//www. dali. gov. cn/dlrmzf/c101611/201907/5bb3d36438424cdcb4996fb47bf013fc. shtml，最后访问日期2023年5月21日。

表 2－12　洱海流域水污染防治的相关部门及职能配置

序号	部门名称	部门性质	职能配置
1	大理州洱管局	派出机构	负责贯彻执行《云南省大理白族自治州洱海保护管理条例》；编制洱海流域保护规划、水资源调度计划和实施方案；审查洱海流域建设项目；指导、监督县市洱海保护执法工作，组织查处跨区域重大违法案件等。
2	大理州自然资源和规划局	组成部门	负责建立空间规划体系并监督实施；统筹国土空间生态修复；履行全民所有自然资源资产所有者职责和所有国土空间用途管制职责；统一领导和管理州林草局等。
3	大理州林草局	其他工作部门	负责林政执法、森林管护、公益林建设、退耕还林等工作；加强湿地建设、保护、管理的综合协调、指导、监督等。
4	大理州生态环境局	组成部门	负责水质监测、环境监管、环境监察、环境执法等。
5	大理州住建局	组成部门	负责环湖截污、垃圾处置、污水收集处理等设施建设及其运行监管工作等。
6	大理州水务局	组成部门	负责主要入湖河流、湖、库排污口的监管及水量监测；开展水事活动的监督管理等水政执法工作等。
7	大理州河长办	协调机构	承担大理州全面推行河长制工作的组织落实、综合协调、督查指导、组织考核、信息管理等。该机构设立在州水务局，又名河道管理科，由州水务局局长兼任主任。
8	大理州农业农村局	组成部门	负责开展农业面源污染防治及监测、畜禽养殖污染防治及资源化利用工作，调整农业产业结构，发展生态农业，建设、认证无公害农产品生产基地，推广使用有机肥等。
9	大理州发改委	组成部门	负责建立相关收费制度，依法开展洱海保护治理项目的审批等。
10	大理州工信局	组成部门	制定实施州工业和信息化政策，协调解决新型工业化进程中的重大问题；利用先进适用技术改造提升传统产业，加快新技术、新工艺的应用；负责全州节能降耗工作的综合协调等。
11	大理州公安局	组成部门	负责破坏生态环境等的刑事案件侦办和治安行政案件的查处工作，参与联合执法活动。
12	大理州财政局	组成部门	负责洱海保护治理专项资金的拨付及监管，建立洱海生态补偿机制等。
13	大理州交通运输局	组成部门	负责船舶管理、水上安全监管，洱海船舶及码头设施的安全管理等。
14	大理州科技局	组成部门	负责水污染防治技术研究与应用示范等。

2. 动员型组织结构及任务管理中的部门职能

2016 年年底洱海流域水质继续恶化下滑，引起了党中央的高度重视。继续实施《洱海“十三五”规划》“六大工程”已经无法完成水质改善目标，必须突破原有的湖泊治理思维，大刀阔斧地采取紧急措施，丰富执法措施，控制污染源，实现整个洱海流域的水污染防治和水生态保护。现有的常规型流域组织结构无法胜任这一全面治理任务。在这样的背景下，大理州政府领导成立了“七大行动指挥部”，2018 年 11 月在此基础上成立了“八大攻坚战”指挥部。

动员型组织结构的优势在于以下几个方面。

（1）高层领导牵头，有利于调动行政资源。

在中央督察、省州市级多层级督察、纪检监察等督导下，大理州州委成立“八大攻坚战”指挥部，由州委书记、州长任组长，几位常务副书记、副州长任副组长，下设洱海保护治理及流域转型发展指挥部和“八大攻坚战”推进领导小组，组建动员型组织结构（见图 2－2）。该组织形式具有任务针对性极强，任务目标层层清晰分解，监测考核步步跟上的优势，延续并拓展了 2017 年以来的“六大工程”和“七大行动”的工作，调动了州、市、县多层级的几乎全部相关职能部门。

指挥部负责洱海保护治理及流域转型发展工作的统筹、协调、监督、检查、交办，定期召集成员单位研究分析推进中存在的困难和问题，按照“一线统筹协调、一线解决问题、一线推进工作、一线识别干部、一线持纪问责”的原则开展工作。州指挥部下设 14 个工作组和 16 支驻乡镇工作队。大理市、洱源县是洱海保护治理及流域转型发展工作的实施主体，负责落实和推进具体工作。

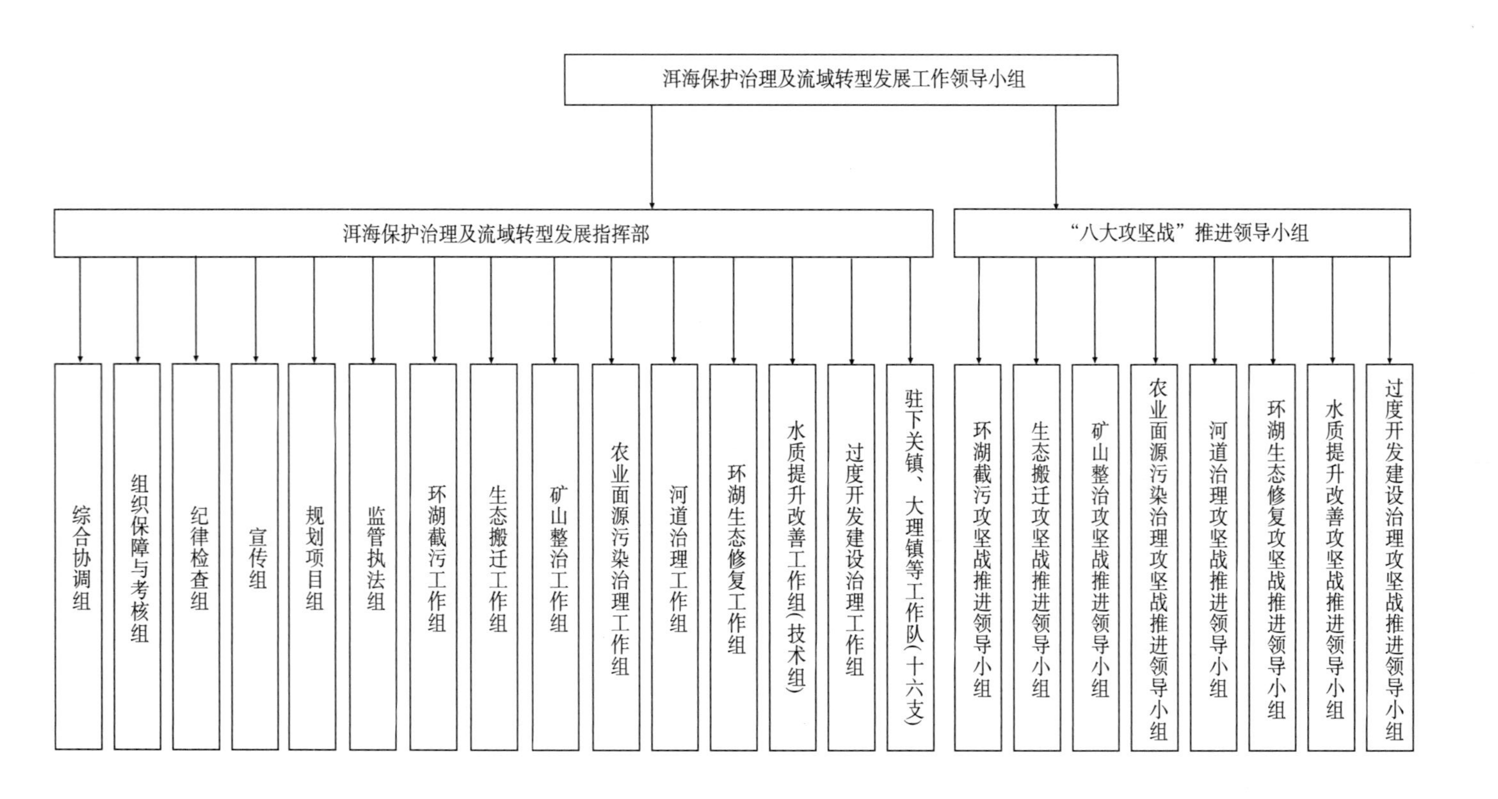

图2–2　洱海流域治理动员型组织结构

（2）以任务为导向，组织形式机动灵活。

动员型的组织结构通常都是根据湖泊流域内超出日常工作范围的大量、紧急或跨部门的管理任务需要而设置的临时机构，工作人员都是从相关职能部门或岗位抽调而来，该组织形式具有较大的组织管理灵活性，能够把指挥部的统一指挥和安排及时传达到相关职能部门，又能迅速把职能部门执行中的相关问题反馈到指挥部，由此确保指挥部和各相关职能部门之间的沟通协作便捷高效，也能在目标任务完成后被撤销，从而节约维护组织运行的费用开支。

动员型组织形式是围绕湖泊流域环境规制的任务目标而设置的，其管理方式采用“任务工作组＋隶属部门”双重领导的形式，在横向上，不同工作组成员接受来自该组领导小组的任务安排，所有临时抽调人员在大理州洱海保护治理及流域转型发展指挥部集中办公；在纵向上，这些工作组成员身份仍隶属于原单位，除履行工作组内的传达指令、协调部门间工作及参与工作组活动外，还接受原单位的任务安排。

无论是“七大行动”，还是“八大攻坚战”，都采取了相同的动员型组织结构以及围绕目标任务进行跨部门协作的管理方式。下面基于洱海保护治理及流域转型发展指挥部的组织结构，来阐述该指挥部围绕“八大攻坚战”目标任务开展多部门职能分配及协作的机制。

在表2－13“洱海流域‘八大攻坚战’的任务－部门职能配置”中，表左侧8行列明了洱海流域“八大攻坚战”的任务内容，表顶部13列为在“八大攻坚战”中有主要职能责任的单位或部门。

表2－13　洱海流域“八大攻坚战”的任务－部门职能配置

序号	任务	部门												
		党政领导（市/县）	洱管局	自然资源和规划局	林草局	生态环境局	住建局	水务局	河长办	农业农村局	发改委	工信局	市三线指挥部	财政局
1	河道治理	●☆	●	○	●	●○	●○	●○	●	○	○			○
2	农业面源污染治理	☆	○	○	○	●○	○	●○		●	●○	○		○

续表

序号	任务	部门												
		党政领导（市/县）	洱管局	自然资源和规划局	林草局	生态环境局	住建局	水务局	河长办	农业农村局	发改委	工信局	市三线指挥部	财政局
3	环湖截污	☆	●○	○		●○	●				●○			○
4	生态搬迁		☆	☆		☆	☆	☆					●	☆
5	环湖生态修复	●☆	○	○	○	○	○	○		○	○			○
6	水质改善提升	☆	●		●	●○	●	●○	●	●○				
7	矿山整治	☆		●	○	○		○				●○		
8	过度开发建设治理	●☆	○	●	○	●	●○					●		

注：●表示“牵头单位”，☆表示“责任单位”，○表示“配合单位”。

以与水污染防治关系密切的“水质改善提升攻坚战”为例，该任务分为7个子任务，其中子任务1为“抓实流域水质网络化管理。落实洱海18个水质网格化管理责任区，科学制定水质目标管理体系、指标体系和考核体系”。该任务要求在2019年3月底前完成，牵头单位为州洱管局，责任单位是大理市、洱源县党委和政府，配合单位有州气象局、州水务局、州农业农村局、州生态环境局、云南省水文局大理分局、上海交通大学云南大理研究院。按照《云南省大理白族自治州洱海保护管理条例》第17条第2款规定，[1] 自治州人民政府洱海保护管理机构作牵头单位，（自治州人民政府洱海保护管理机构）对县（市）人民政府洱海保护管理机构实行工作统筹和业务指导，协调、督促州级有关部门履行洱海保护管理职责。该条例第17条第3款又规定，（自治州人民政府洱海保护管理机构）参与编制并监督实施洱海保护和治理的相关规划。责任单位为大理市、洱源县党政领导，是为了便于督促洱海流域所囊括的大理市、洱源县两级政府相关职能部门落实洱海18个水质网格

[1] 参见《云南省大理白族自治州洱海保护管理条例》（2023年修订）第17条第2款规定。

化管理责任区。配合单位是能够为州洱管局制定水质目标管理体系、指标体系和考核体系，提供数据信息等支持的职能部门、水文监测和科研单位。以此类推，其他6项子任务也遵循同样的管理机制。子任务符合牵头单位的法定职能定位，责任单位是能够负责督导的当地党政领导（如子任务2“抓实流域水资源科学调度”的责任单位是大理市、洱源县、剑川县、宾川县党委和政府），配合单位是可以提供支持的单位。

从表2-13可以看到，在同一个攻坚战任务如“河道治理”下，有党政领导（市/县）、州洱管局、州林草局等多家单位或部门为牵头单位的情况，这是由于“河道治理攻坚战”实际被划分为11个子任务，通常每个子任务只有1—2个牵头单位，依据各自职能分工分管不同活动，彼此间独立运作却又能紧密配合、相互支持。

但也要看到，动员型组织结构虽然高效机动，但工作强度大、任务重，工作人员的工作压力和对其注意力的要求高。笔者在调研中多次听到基层干部说到“这三年来，几乎没有周末和节假日”，而且随时面临各种考核、检查、督导，疲于应付。虽然当前的指挥部已经存续了将近4年，但从领导到工作人员都认为，指挥部只能是暂时的，不能作为长期形式存在。动员型的组织形式和工作机制，虽然有效但是也存在很多问题。它对常规型的科层体制造成冲击，对工作人员的日常工作造成干扰和影响，在多任务同时存在的情况下，工作人员无法同时平衡各项工作，不得不以考核压力来选择优先完成的任务，导致其他的工作任务中断，长远来看，这样的工作机制对整个行政规制系统有较大的负面影响。因此，动员型组织结构和工作机制只能应用于应急和突发事件，而不宜经常性采用。

第二节　以污染治理为目标的湖泊流域治理模式及其特征

一、以污染治理为目标的湖泊流域治理模式概念及模型

2016年以来，随着我国出台以水质为考核目标的法律政策，云南省地方政府围绕着水质改善目标，采取了一系列针对湖泊污染源的严格规制措施，

形成了以污染治理为目标的湖泊流域治理模式。本节以洱海流域为例，归纳这一模式及其主要特征。

以污染治理为目标的湖泊流域治理模式是指：以行政部门为主要规制主体，围绕着流域水质目标，采取以命令控制机制为主、市场引导和公众参与机制为辅，对流域内自然资源使用和污染排放进行严格管控，最终实现流域水质达标、防范水华爆发。规制监督是推动行政规制的重要保障。

现有的湖泊流域治理模式，聚焦水质目标管理。之所以选择水质进行目标管理，是因为水质能够较为精确地反映流域总体环境污染及治理状况，水质目标管理条理清楚、操作简捷，易于标准化、数字化，可以针对具体对象提出实施方案并努力解决。围绕水质目标管理的湖泊流域治理模式，即以水污染控制为核心的治理，着重于控制水体的受污染程度，常用的解决途径有：一是外源污染减量，通过控制污染源的排放量，逐步予以削减；或通过截留生产生活污水，将其通过管网输送到污水处理厂，不准入河入湖；或通过干预湖泊流域内的人类社会生产生活行为，如禁渔、禁种、禁养、禁游泳、禁漂洗等，以免水质下降。二是水体内源污染控制，通过清理水体底部受污染淤泥层或藻类，以消除内源性污染。三是外引清水入湖，加快湖泊水体的置换速度。还可以建设生态廊道、人工湿地等，方法不胜枚举，湖泊流域环境规制的目标都是一致的，也就是让水资源环境不受污染，最终改善水质。

我国现行以污染治理为目标的流域治理模式并非一朝一夕形成，是在不断发生的水环境危机下，在不断完善规制法律制度、加强行政规制执行力度、强化行政规制监督的过程中逐步确立和完善的。水资源作为流域最为重要的自然资源，其水质和水功能关系到流域内经济的发展和人民的身体健康，因此中央和地方政府的环境规制重点是实现流域水体功能，水质指标作为衡量水体功能的重要指标，环境规制措施围绕着水质指标达标来展开（见图2－3）。

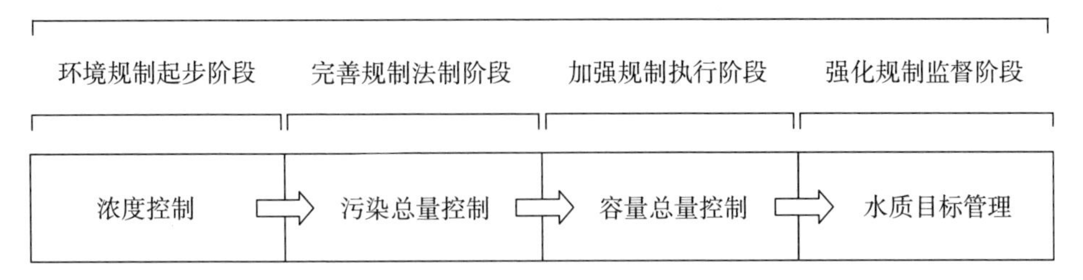

图2-3　以污染治理为目标的湖泊流域治理模式的不同发展阶段

为具体展示政府的流域环境规制方式，下面以洱海2016年以来，陆续开展的“六大工程”“七大行动”“八大攻坚战”等湖泊流域环境规制实践及相关资料，[1][2][3] 整理总结出以污染治理为目标的湖泊流域治理模型的一般框架（见图2-4）。

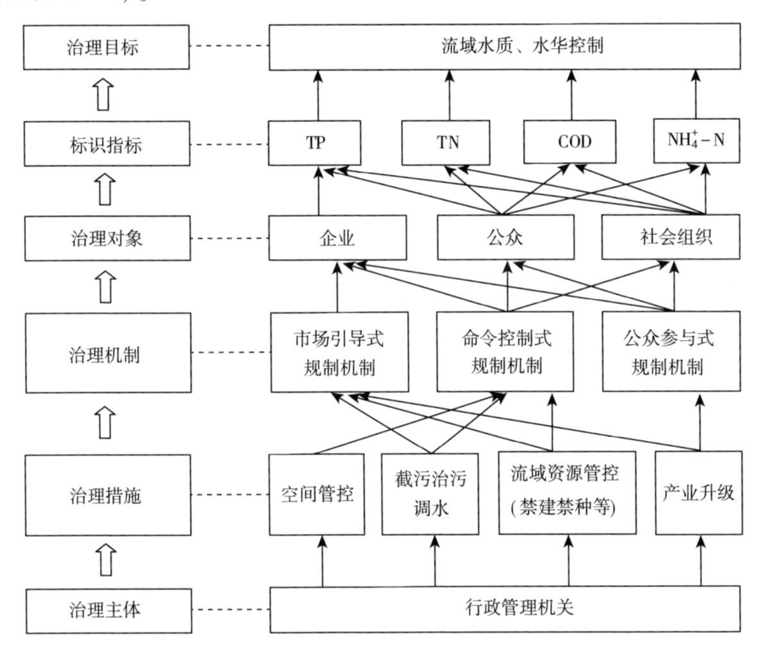

图2-4　以污染治理为目标的湖泊流域治理模型

---

[1] 参见《洱海保护治理与流域生态建设“十三五”规划》。

[2] 参见《云南省大理白族自治州洱海保护管理条例》（2023年修订）。

[3] 参见《洱海流域水环境保护治理“十三五”规划》。

在该模式中，通常遵循从环境规制主体、环境规制措施、环境规制机制到环境规制对象、标识指标、环境规制目标的六个基本要素层次，其中环境规制目标是核心要素，标识指标对目标予以表征和具体化，其他要素层次都围绕着实现目标规划任务并开展活动，实现目标程度是以标识指标的完成情况来衡量的。

二、以污染治理为目标的湖泊流域治理模式特征

（一）考核目标从量考向质考转变

中央政府对地方政府流域水环境治理的目标考核经历了从模糊管理到数字化管理、单一考核指标到多项综合指标的过程。从“十三五”规划开始，我国流域水环境的治理目标从“污染总量控制考核”转变到“水质达标考核”。[1]

从“九五”到“十五”期间，根据1996年施行的国务院《关于环境保护若干问题的决定》以及2008年修订的《水污染防治法》，我国流域水环境治理主要采取控制污染物排放标准，要求企事业单位达标排放，实际上将污染物总量控制的自由裁量交给了地方政府，王清军认为这样有放纵地方政府发展经济、牺牲环境质量的嫌疑。[2] 由此带来的代价是我国流域水质恶化趋势没有得到解决。“十一五”期间，我国实行重点污染物总量控制，虽然有效削减了各地重点污染物排放数量，但由于中央与地方信息不对称、自上而下监督存在死角，总体水质改善不明显。根据2015年《水十条》，水污染控制目标具体化为“水环境质量的明显改善、水生态系统功能的恢复”，并规定多项具体考核指标，水环境质量目标包括“地表水水质优良比例和劣Ⅴ类水体控制比例、地级及以上城市建成区黑臭水体控制比例、地级及以上城市集中式饮用水水源水质达到或优于Ⅲ类比例、地下水质量极差控制比例、近岸海

〔1〕参见张凌云等：《从量考到质考：政府环保考核转型分析》，载《中国人口·资源与环境》2018年第10期。

〔2〕参见王清军：《文本视角下的环境保护目标责任制和考核评价制度研究》，载《武汉科技大学学报（社会科学版）》2015年第1期。

域水质状况等五个方面”[1]。

不仅如此，根据中共中央办公厅、国务院办公厅发布的《生态文明建设目标评价考核办法》，在对资源环境生态领域有关专项考核的基础上，每年对各省（区、市）生态文明建设进展总体情况进行评价，五年一次考核各地区生态文明建设重点目标任务完成情况。因此，各省（区、市）水污染治理的目标完成情况，也将构成考核生态文明建设目标的重要指标之一。

从污染排放总量考核走向水质目标考核，其实现有赖于我国的监管体制改革，改革还解决了信息不对称问题。2016 年中共中央办公厅、国务院办公厅发布《关于省以下环保机构监测监察执法垂直管理制度改革试点工作的指导意见》规定，各省及所辖市县的生态环境质量监测工作统一收归省级环保部门进行监督管理，而县环境监测机构的职能调整成为执法监测，主要配合支持县级环保部门的环境执法。环保督察工作中加强了公众监督，中央环保督查组在入驻被督察地时，广泛收集和听取公众的意见，将公众意见作为督察线索进行查证。公众才是环境变化最直接的知情者和利益相关者，公众的信息有助于避免信息不对称导致的督察失效。

（二）从一湖之治走向流域之治

“十三五”规划以来，我国环境规制的指导思想正在从零星分散的单要素规制向系统、整体的规制体系方向发展，从后端污染控制向事前风险预防发展，规制目标从污染控制逐步转向水生态安全保障，规制体制也从碎片化（还原式）管理向整体性治理体制发展，体现在湖泊流域治理的变化为从一湖之治走向流域之治。

1. 从污染控制走向水生态风险预防的湖泊流域治理

我国现代化发展中环境的不断恶化和环境风险的加剧，已经严重危及国家安全和社会经济的可持续发展。因此，我国在不断调整环境规制的思路与策略。风险社会理论对各国环境规制制度产生了巨大影响，我国的流域环境

---

[1] 《水污染防治行动计划实施情况考核规定（试行）》。

规制目标从水质量改善向生态安全保障发展，规制策略从末端的污染控制向“污染控制＋风险预防”转移。我国流域面临的问题是生态系统问题，不仅仅是水质下降的问题，还包括水量短缺、人口增长、城市发展过快、湿地被填埋等问题，对流域的治理应从提升生态系统健康的角度进行综合治理。生态安全是在满足人类社会对生态环境资源可持续利用的同时，生态系统能保持健康良好的状态。要实现流域水生态安全就要防范水生态风险，要采取风险预防与污染控制相结合。因此，我国2014年修订的《环境保护法》第5条明确提出了风险预防理念：环境保护坚持保护优先、预防为主、综合治理、公众参与、损害担责的原则。2017年我国修正《水污染防治法》，首次将维护“提高水环境质量，保障水生态安全”写入了法律条文，并围绕着这一目标加强了风险规制措施，包括水资源开发利用应遵守水资源红线、水生态红线，建立有毒有害水污染物的风险管理和饮用水源地的应急响应等制度。

要实现流域生态安全要建立水质反退化、水量控制和水生态红线。生态红线制度是我国在环境保护制度上的创新。2014年环境保护部编制印发了《国家生态保护红线——生态功能基线划定技术指南（试行）》（以下简称《红线划定指南》），成为中国首个生态保护红线划定的纲领性技术指导文件。水资源是流域最重要的自然资源，要保障流域生态安全必须建立以水资源保护为核心，以水生态功能、水环境质量、水资源利用为主要内容的安全保障体系，也有学者把它称为“水生态红线体系”。[1] 流域生态治理将严格执行生态红线制度，用红线倒逼产业升级，通过设定水资源开发利用控制、用水效率控制、水功能区限制纳污三条红线管理，淘汰流域内高耗能、高污染的落后产业，实现产业结构优化，在生态优先的前提下实现经济可持续增长。

2017年以来，云南省为了实现流域水质目标，加大了流域生态功能区红线管控，在九大高原湖泊流域严格执行“四退三还”（退塘、退田、退人、退房；实现还湖、还林、还湿地）政策、农业面源污染企业搬迁或关闭政策，

---

〔1〕 参见陈真亮、李明华：《论水资源“生态红线”的国家环境义务及制度因应——以水质目标“反退化”为视角》，载《浙江社会科学》2015年第10期。

对湖泊流域空间进行规划，将水面和湖滨110米内划为生态红线，严格管制红线内的生产生活行为，将与生态保护无关的固定设施和人员一律进行搬迁异地安置。按照要求九湖流域应在2020年年底以前完成“四退三还”工作，实现一级保护区内所有违法建筑的拆迁，人员进行生态搬迁。[1] 流域生态空间重新规划，对预防未来污染物增加导致水质恶化风险方面发挥了积极作用。

2. 从分散的自然要素规制走向整体性流域治理

湖泊作为一个独立的生态系统，不仅要在治理技术手段上遵循这一科学规律，在管理体制和机制上也要充分尊重这一认识。为了打破长期以来部门职能分割带来的“九龙治水”困境，转变山水林田湖缺乏统筹管理的局面，国家在顶层制度设计上做出了两个重大改革：实行河（湖）长制、生态保护和自然资管理的大部制改革。河（湖）长制实施解决了流域“碎片化治理”导致的“九龙治水”问题，生态环境大部制实现了流域生态保护与流域资源开发分立，避免原来的既当“开放商”又当“监管者”的身份冲突。

河流、湖泊治理是个系统工程，要实现污染控制和水质达标，需要从用水量调配、污染物排放控制、国民经济发展规划、市政建设、农、林、牧、渔业养殖等方面开展治理工作。由于相关职能分属于水利、环境保护、国土、建设、农业、林业、渔业、交通、城管等部门，每个部门在各自的职能范围内行使流域治理的有关工作，有的存在职能重叠、冲突，例如对河道排污口的设置审查和环境影响评价审批，水利部门与环保部门存在职能交叉，也存在管理空白、无人负责的管理真空。流域管理上的多头管理，造成了久被诟病的“九龙治水”“碎片化管理”问题。虽然多个职能部门都参与管理，但却没有一个部门对河流、湖泊的水质负责。2016年12月中共中央办公厅、国务院办公厅印发《关于全面推行河长制的意见》（以下简称《河长意见》），“河长制”的发展经历了从地方试点政策，到全国逐步推行成为国家重要环境

---

〔1〕 参见《云南省九大高原湖泊保护治理攻坚战实施方案》，载云南省人民政府网，https：//www. yn. gov. cn/zwgk/zcwj/swwj/202104/t20210413_ 220388. html？ivk_ sa = 1024320u。

政策，最后上升为法律规定的发展历程。[1] 不仅如此，2018 年 1 月，中共中央办公厅、国务院办公厅颁布《关于在湖泊实施湖长制的指导意见》（以下简称《湖长意见》），要求在全面推行河长制的基础上，进一步加强湖泊管理保护工作，2018 年年底前在全国范围内建立湖长制。河流与湖泊，构成了完整的流域生态系统，“河长制”和“湖长制”的共同实施，起到了流域行政区域内跨部门协调问题，体现了流域生态系统综合管理的特性。

“河（湖）长”的工作任务包括六个方面：水资源保护、河湖水域岸线管理保护、水污染防治、水环境治理、水生态修复、执法监管，已基本覆盖了多个部门的流域治理职能。重要的河流、湖泊通常由省级、市级党政一把手担任“河长”“湖长”，“河长办公室”作为日常协调机构，在河长的主持下协调流域管理的相关部门，在“河长”监督考核和责任追究制度的压力下，“河长办公室”的协调能力与协调意愿是超过以往的同类综合协调办公室的。相关的政府职能部门都要在实现河流、湖泊水质考核指标的基础上，协同完成流域治理任务，避免了相互推诿和争抢权力。因此，在不改变现有的流域治理行政结构下，“河（湖）长制”实现了流域行政区划内的部门协调问题，缓解因“分散化、碎片化管理”带来的效率低下弊病。根据《湖长意见》，全面建立省、市、县、乡四级湖长体系，同时“湖泊管理保护需要与入湖河流通盘考虑、统筹推进”，意味着“湖长”不仅仅要对汇水区的湖泊负责，还要管理主要入湖河道，“湖长”同时也是“河长”，入湖河道加上湖泊构成了完整的湖泊流域，河（湖）长制的共同实施，实现流域范围内的水资源保护、水污染控制与水生态修复的专项治理。按照生态学的要求，流域管理就是将河流、湖泊、湿地的源头和汇水区等视为一个整体，按照流域自身的规律进行统一管理。因此，“河（湖）长制”的实施符合流域管理的系统性要求。

---

[1] 2007 年太湖流域无锡市蓝藻暴发事件，无锡市开启了“河长制”尝试。随后昆明、黄冈、沈阳、大连、周口、长兴等县市也陆续实行“河长制”。截至 2016 年年底共有江苏、浙江、北京、天津、安徽、福建、江西、海南 8 个省（市）全境实行“河长制”，16 个省（区、市）部分实行“河长制”。2017 年“河长制”写入了《水污染防治法》，体现了法律对这一环境政策的接纳与认可。

2017年云南省发布了《云南省全面推行河长制的实施意见》，在全省六大水系、牛栏江和九大高原湖泊设省级河长。由于湖泊流域面积大，治理范围涉及湖面和入湖河道，由云南省委、省政府领导担任总河（湖）长制，高位推动协调各有关部门，更能有效实现对湖泊的综合治理。

2018年我国启动了大部制改革，根据中共中央印发的《深化党和国家机构改革方案》，重新组建了生态环境部和自然资源部，新组建的生态环境部不仅承接了原环境保护部的职能，还将其他部委与水保护有关的职能划到生态环境部，包括应对气候变化和减排职能、地下水污染防治、水功能区划编制、排污口设置管理、农业面源污染治理、海洋环境保护职责，南水北调工程建设项目区环境保护职责等，在一定程度上缓解了流域保护职能分散的问题。同时，生态环境部与自然资源部分立的制度设计，解决了保护者与资源发包者的身份混同问题。

（三）建立健全生态红线制度

我国首次正式提出生态红线制度是在2011年，[1] 2013年党的十八届三中全会把划定生态保护红线作为改革生态环境保护管理体制，推进生态文明制度建设最重要、最优先的任务。[2] 由于我国经济快速发展、城镇和农村土地大量用于生产建设，我国的国土空间开发格局与生态环境承载力已经严重不匹配。[3] 不仅如此，由于涉环境保护和自然资源管理的部门众多，各类资源保护和开发利用规划"政出多门"，规划与规划之间相互矛盾冲突，有人戏称"如果将中国的各类规划都执行，中国将成为世界上国土面积最大的国家"。生态红线的提出正是为了解决规划不同一、环境保护底线不断被突破的局面，借鉴农田保障红线的"底线思维"，划定生态保护最低底线，为国家和

---

〔1〕参见《国务院关于加强环境保护重点工作的意见》（国发〔2011〕35号），载国家生态环境部网2011年10月21日，http：//www.mee.gov.cn/home/ztbd/rdzl/hbgzyj/。

〔2〕参见2013年11月12日中国共产党第十八届中央委员会第三次全体会议通过《中共中央关于全面深化改革若干重大问题的决定》。

〔3〕参见高吉喜：《国家生态保护红线体系建设构想》，载《环境保护》2014年Z1期。

区域生态安全保障提供基本屏障。2014 年 1 月环境保护部发布《国家生态保生态红线护红线——生态功能基线划定技术指南（试行）》，2014 年新修订的《环境保护法》里增加了“生态保护红线”条款，[1] 这是“生态红线”概念首次被写入法律之中，上升为有约束力的法律规定。

生态红线的概念有广义和狭义之分。狭义的生态红线仅指特定的保护空间，是与保护制度相关的区域，尤其是与生物多样性、生态功能、生态安全相关联的区域，如各类自然保护区、生态功能区等。[2] 因此，生态红线是与管理和空间相关的一套管理体系。[3] 除了《红线划定指南》外，生态红线制度还体现在不同的法律法规中，如《土地管理法》《自然保护区条例》《水污染防治法》《风景名胜区条例》等都有相应的内容和规定。广义的生态红线指“生态、环境、资源”三个领域中不可逾越的底线，[4] 通常认为包括“生态功能红线、环境质量红线、资源利用红线”。持广义生态红线观点的学者认为，生态功能红线已经覆盖了狭义生态红线的区域空间概念。环境质量红线是指通过划定环境污染物排放浓度和排放数量，来确保环境要素符合国家环境经济指标和人体健康标准。我国的《重点区域大气污染防治“十二五”规划》《重点流域水污染防治规划》《国民经济发展和社会总体规划》等都对水、大气等自然要素的环境质量目标做出了规定。资源利用红线是从环境要素的资源功能角度出发，为提高资源利用效率、降低无序开发利用导致的不可再生自然资源的消耗，国家通过颁布最低生产能耗、自然资源开发总量控制的方式，划定资源利用红线。从广义上理解我国的生态红线制度，有利于实现生态环境保护的系统性和整体性。因此，有学者提出通过立法构建我国

---

[1] 《环境保护法》第 29 条规定，国家在重点生态功能区、生态环境敏感区和脆弱区等区域划定生态保护红线，实行严格保护。各级人民政府对具有代表性的各种类型的自然生态系统区域，珍稀、濒危的野生动植物自然分布区域，重要的水源涵养区域，具有重大科学文化价值的地质构造、著名溶洞和化石分布区、冰川、火山、温泉等自然遗迹，以及人文遗迹、古树名木，应当采取措施予以保护，严禁破坏。

[2] 参见王灿发、江钦辉：《论生态红线的法律制度保障》，载《环境保护》2014 年 Z1 期。

[3] 参见饶胜、张强、牟雪洁：《划定生态红线　创新生态系统管理》，载《环境经济》2012 年第 6 期。

[4] 参见高吉喜：《国家生态保护红线体系建设构想》，载《环境保护》2014 年 Z1 期。

生态红线制度体系,[1] 还有的学者提出应该建立以“质量——总量——风险——生态一体化”的环境红线体系。[2]

流域的生态红线制度包括流域生态系统红线和社会发展红线。流域生态系统红线是指流域空间内，为了实现流域生态安全，地方政府划定流域内包括水、土地、森林、土壤、大气等自然资源的生态功能红线，环境质量红线和资源利用红线，其中水资源生态红线是流域生态红线的核心。流域社会的人口、城镇化规模应适应生态红线要求，发展符合国家政策产业，不得超越流域生态承载力，即社会系统的发展要在生态系统的红线范围内，不能超越底线。

1. 流域生态空间管控红线

为了解决流域周边湿地被违法占用等问题，2016 年以来大理州政府加强了对洱海流域开发利用的监管，大理州人大、州政府和大理市政府出台了一系列关于流域生态空间管控的规定，包括大理白族自治州人民政府《关于划定和规范管理洱海流域水生态保护区核心区的公告》《云南省大理白族自治州洱海保护管理条例》(2023 年修订)。[3]

2. 流域水质量红线

为了减少洱海流域农业面源污染排放，大理州委、州政府发布《关于开展洱海流农业面源污染综合防治打造“洱海绿色食品牌”三年行动计划(2018—2020)》及《洱海流域化肥销售管理办法》的配套规定，对流域内农业种植类型、化肥使用等进行指导和管控。

3. 流域行业准入规定

为了控制流域内产业发展规模，大理发布产业准入规范性文件，包括《大理市餐饮业管理办法》《大理市民宿客栈管理办法》，对流域内餐饮、客

---

〔1〕 参见陈海嵩:《“生态红线”制度体系建设的路线图》，载《中国人口・资源与环境》2015 年第 9 期。

〔2〕 参见王金南等:《构建国家环境红线管理制度框架体系》，载《环境保护》2014 年 Z1 期。

〔3〕 参见《云南省大理白族自治州洱海保护管理条例》第 7 条，洱海保护管理范围划分为一、二、三级保护区，不同保护区采取不同的开发利用政策。

栈进行总量控制和行业准入管理。

（四）以命令控制规制为主，市场机制和公众参与机制为辅

“十三五”规划以来，云南省以行政法治为中心，完善行政规制立法，加强行政规制执行，以行政监督、司法监督督促行政规制实现，完善湖泊流域环境规制体系。

1. 以命令控制机制加强流域管控

2016年中央环保督察暴露出地方政府在行政规制中长期存在的执法不严、为违法行为开绿灯、环湖开发过度等问题。由于缺乏有效监督，在GDP的绩效激励下，地方政府与违法开发者之间形成“利益合谋”，政府从监管者滑向“违法共谋者”。在滇池流域、抚仙湖流域、洱海流域均出现因审批把关不严、执法失效，湖泊一级核心区进行违法建设的问题。[1] 按照环保督查组的要求，九湖流域加强行政规制，采取多种类型的规制工具实现流域污染控制和流域经济转型，制定行政规章和规范性文件，划定规制范围，实施规制行为，同时引入市场机制实现绿色经济发展转型，以社会自我规制机制“柔化”行政命令的刚性。

命令控制型规制工具是指行政管理机关以发布行政命令（立法、执法）的形式，限制或禁止企业、社会个体对流域周边自然资源的利用来实现对流域污染物的控制和生态保护，进而实现水质恢复。

具体措施包括两类：（1）流域自然资源使用规制：包括对土地、水、森林、渔业等自然资源划定生态红线，实行使用许可制度。尤其是对湖泊水域周边土地进行空间管控，严格依照生态敏感程度划定保护区和开发区域，对违反规划和法律规定的行为予以处罚。最为典型的是抚仙湖流域一级保护区内“四退三还”、洱海流域的“三线划定”方案，对不同区域采取不同的保护和利用政策。对不符合规定的房屋、农田、鱼塘等基础设施采取拆除、生

---

〔1〕 参见《云南大理洱海“填湖”建别墅事件追踪》，载中国日报网，http：//www.chinadaily.com.cn/dfpd/yn/2010－04/20/content_ 9752609.htm。

态搬迁等，最大限度地降低湖滨带周边的开发利用。对渔业资源的利用设定期限，如抚仙湖每年有半年的禁渔期，禁渔期间禁止捕捞，开渔期需申请捕鱼许可证；2019年洱海流域全面禁渔，仅实行特许生态捕捞银鱼；划定洱海流域畜禽养殖禁养区和限养区，对禁养区内的养殖户进行搬迁。（2）全面污染排放规制：行政机关机构根据流域污染排放总量空间，测算可排放污染量，对点源污染源排放实行排污许可证制度，面源污染通过行政命令或技术措施进行限制。2016年之后云南省政府加大对流域内面源、点源的控制，尤其加大对生活污水、农业面源的控制，除继续加大对滇池流域的治理外，将治理措施扩大到了洱海、抚仙湖等另外八个湖泊。[1] 点源污染控制主要通过建设污水收集管网、污水处理厂、人工湿地、蓄水池等方式，通过环境工程控制污染物直接排入湖泊。但农业面源污染的治理一直都是世界难题，由于排放的非规则性，难以统一收集，加上考虑我国农业发展对化肥农药的需要，我国对于农业面源污染的排放限制尚没有标准，仅列出40种国家明令禁止生产、销售和使用的剧毒农药。洱海、抚仙湖、星云湖、杞麓湖周边农业用地所占比重较高，种植的农产品品种（如大蒜、蔬菜、花卉）所需的化肥量较大，造成农业面源污染负荷大。洱海流域当地政府主要通过行政命令方式，要求农户调整农业种植品种，停止种植大蒜、改种其他低肥农作物；土地进行流转、轮作等方式，降低沿湖农业土地开发强度；指导农户使用化肥农药，推广使用农家肥等有机种植等。

2. 引入市场引导型规制工具

市场引导型规制工具是指政府通过调整公共政策影响市场主体的成本收益平衡，引导市场主体自发转变原有生产和消费方式，转向环境友好型的市场行为。除了传统的税收政策、专项资金支持外，云南省地方政府还采取了生态补偿、引入农业龙头企业等市场引导机制。

---

[1] 参见2019年云南省委、省政府发布《云南省贯彻落实中央环境保护督察“回头看”及高原湖泊环境问题专项督察反馈意见问题整改方案》。

（1）生态补偿。

生态补偿是利用经济手段实现保护者与收益者之间的利益平衡关系，矫正“搭便车”行为带来的环境保护成本分担的不公平。生态补偿有政府补偿和市场补偿两种机制。[1] 目前云南省湖泊流域的生态补偿以政府补偿为主，由上级政府通过财政转移支付的方式，对因环境保护而丧失机会成本，并受到实际损失的地方政府、企业和个人给予一定的补偿，其资金来源于财政统筹。2017 年以来九湖流域全面开始湖滨带核心区内的生态搬迁，对历史上已经在核心区内的农田、住宅、鱼塘等设施，政府要求在 2020 年前进行全部搬迁并异地安置，政府通过生态补偿，补偿农户或企业因搬迁受到的损失。此外，昆明市政府在滇池流域治理行政考核中也运用了生态补偿机制，当年断面考核不合格的各县（市）区、开发（度假）园区政府应当向其他超额完成治理目标的单位缴纳生态补偿金，[2] 责任同时实行“双罚制”，即相关党政负责人的绩效奖金也要相应扣减。[3] 当然，这一做法从本质上更符合行政激励的特征，即通过经济手段实现行政激励。此外，2018 年 12 月，云南省财政厅、省生态环境厅、省发改委、省水利厅联合印发了《云南省建立健全流域生态保护补偿机制的实施意见》，推动长江经济带流域横向生态补偿建设。由此可以知道，云南省流域生态补偿以政府补偿为主，虽然政府也在推动和激励市场化资金参与，但还没有形成市场补偿。

---

[1] 参见葛颜祥等：《流域生态补偿：政府补偿与市场补偿比较与选择》，载《山东农业大学学报（社会科学版）》2007 年第 4 期。

[2] 《昆明市滇池流域河道生态补偿办法（试行）》第 3 条规定，滇池流域各县（市）区、开发（度假）园区（以下统称“被考核单位”）是河道水环境保护治理的责任主体，要采取有效措施，确保完成市级有关部门下达的水质考核目标和年度污水治理任务。未达到断面水质考核标准或未完成年度污水治理任务的应缴纳生态补偿金；考核断面水质达标且提高一个及以上水质类别的给予适当补偿。

[3] 《昆明市滇池流域河道生态补偿办法（试行）》第 15 条规定，按照环境保护“党政同责”的要求，对被考核单位的党政主要领导和分管领导，根据辖区所有考核断面中年均水质不达标断面比例，同比例扣减个人年度目标管理绩效考核兑现奖励。各县（市）区、开发（度假）园区对同级相关领导及下级党政主要领导和分管领导，参照本办法扣减个人年度目标管理绩效考核兑现奖励。

（2）引入农业龙头企业。

2017年以来洱海流域的农业面源污染治理，为了实现绿色农业发展转型，转变过去分散农户在种植业、养殖业粗放式的生产模式，大理市政府通过招商引资，提供税收政策优惠、专项资金补贴、产业扶持、项目投资等，引入一批农业龙头企业进行重点扶持：政府总投资5.67亿元，建设畜禽养殖资源化利用生产设备；提供专项补贴，扶持企业收集畜禽粪便进行资源化利用，形成政府引导下的，企业运营的流域废弃物综合利用产业化链；采用“公司+农户”方式，引入农业种植龙头企业，将农民土地集中流转后进行集中经营，重点开发经济价值高的绿色品牌农产品，并形成产销一条龙。

（3）PPP社会融资模式。

PPP是社会资本以与政府合作的方式经营基础设施和公用事业的新型项目融资和经营模式，2014年以来，我国积极推行在这一领域的政府与社会资本合作模式。[1] 这一模式有利于解决政府提供公共服务资金短缺和经营管理能力不足的问题，社会资本投资并负责运营公益事业，按照法律规定获得收益回报。云南省各级政府加大“十三五”时期湖泊流域治理的投资，除了加大政府财政投入，还增加PPP项目，广泛运用于污水处理设施建设。以洱海流域为例，“十三五”规划以来，累计投入洱海保护治理资金162.91亿元，其中运用PPP模式组织实施洱海环湖截污一期和二期、洱海主要入湖河道综合治理、大理海东山地新城洱海保护水环境循环综合建设、洱源县（洱海流域）城镇及村落污水收集处理、环洱海流域湖滨缓冲带生态修复与湿地建设6个项目的总投资额185.62亿元。[2]

云南省政府引入市场机制，引导社会主体参与流域保护、调整生产行为，在改善流域污染物排放控制方面取得了良好的生态效益。但我们也要看到，

---

〔1〕 参见于安：《优化法治推动PPP领域社会投资》，载《紫光阁》2016年第8期。

〔2〕 参见《云南财政：增投入建机制严监管 洱海保护治理取得新成效》，载财政部网，http://www.mof.gov.cn//zhengwuxinxi/xinwenlianbo/yunnancaizhengxinxilianbo/201912/t20191216_3442543.htm。

市场机制的培育有个循序渐进的过程，政府的角色具有多重属性，既是公共服务提供者又是监管者，既是行政主体又是服务设施业主，在制度规定尚不完善时，为项目融资、运营带来一定的风险。政府主导的流域发展转型必须遵循市场自身规律，引入龙头企业、发展绿色产业也面临着市场风险，尤其是农业受市场波动产生的风险较大，政府财政补贴的方式难以长期持续。因此未来存在有机农业成本高、农民返种、污染源增高等风险。流域周边农业面源污染治理实际上是一场生产方式的变革，需要社会和企业形成合力，需要政府通过政策引导，循序渐进地培育。

3. 引导社会自我规制

社会自我规制是指国家利用社会私人主体的自律性行为间接达成规制目的的手段，用以协助国家完成公共任务。[1] 自我规制不同于以往的行业资格管理、第三方认证，如企业环境管理体系认证、有机食品认证等完全属于行业或市场自我管理。社会自我规制是市场主体为了达到政府制定的标准和规制要求，通过自我约束所形成的规范，国家在规制过程中除了要履行协助、诱导私人主体自我规制的任务之外，还要对规制结果负最终的保障责任。[2] 虽然学界对社会自我规制的研究才刚刚开始，但在产品安全、建筑安全、环境保护等领域的实践中已经形成一定做法，如城市环境卫生管理中普遍实行商户“门前三包”、环境监管部门与企业的污染减排协议等。大理洱海流域治理中也运用了这一做法。为了实现洱海流域绿色农业转型，控制流域内的农业面源污染，引导农民开展绿色农业种植，控制农业生产用水、化肥农药的用量，大理市政府颁布《洱海流域农作物绿色生态种植合同制管理办法》，采用行政协议方式，由洱海流域当地乡政府与农作物种植户签订协议，乡政府负责对种植技术提供指导、提供种植物资、提供种植资金、指导销售，农户应按照技术规程进行种植。该协议的意义在于对农户的种植标准进行规范，以减少农业面源污染。

---

〔1〕 参见高秦伟：《社会自我规制与行政法的任务》，载《中国法学》2015 年第 5 期。

〔2〕 参见高秦伟：《社会自我规制与行政法的任务》，载《中国法学》2015 年第 5 期。

学界认为，这类社会自我规制的法律形式为环境行政协议，它区别于传统的民事协议之处在于：协议一方为国家，协议具有职权性，其协议的目的是出于公益考虑。环境类行政协议可以弥补法律规定的不足，其本质是一种新型的环境管理手段。〔1〕社会自我规制具有自愿性和协商性，可以降低政府使用行政命令方式的规制成本，降低传统命令控制类型方式带来的对抗性。然而，目前我国环境行政协议在实践中存在的“非自愿性”、责任分配的不公平性同样令人关注。〔2〕以《洱海流域农作物绿色生态种植合同》为例，合同中解除条款的规定较为含糊，仅规定在“不可抗力”情形下可以解除。因为地方政府部门既是合同一方，又是行政监管者，所以在协议订立中，平等协商性会受到一定影响，隐形的“行政影响”始终存在。从各国的社会自我规制发展来看，社会自我规制含义各不相同，德国法中的社会性自我规制是“国家出于公益的目的，对于私人自我规制以预设规制框架来进行的干预”。日本虽然也引入了德国的社会性自我规制，但在含义上发生了很大差别，其所指的是个人或团体在自由行使权利的同时，为公共利益目的自愿承担社会责任、对自我进行约束，其体现为完全的社会自主行为。〔3〕因此，云南省在流域规制中采用的社会自我规制工具，还带有比较强烈的“行政干预”色彩，种植户作为协议的另一方是否能自愿遵守协议、主动形成环境友好的种植习惯，还需要在实践中不断调整政策，尽可能通过平等协商的方式达成双方的一致。

（五）强化规制监督和问责，落实地方政府责任

学者普遍认为，我国地方环境质量不能得到改善的原因在于，地方政府没有真正履行环境治理的责任。在我国政治体制下，中央政府是我国各项重大政策的制定者、改革方案的推动者，地方政府是具体的执行者。按照行政

---

〔1〕参见钱水苗、巩固：《论环境行政合同》，载《法学评论》2004 年第 5 期。

〔2〕参见李永林：《环境风险的合作规制——行政法视角的分析》，中国政法大学出版社 2014 年版，第 187～189 页。

〔3〕参见张宝：《环境规制的法律构造》，北京大学出版社 2018 年版，第 213～215 页。

发包制理论，在中央与地方之间形成类似委托—代理的法律关系，地方政府是其地域管辖内河流、湖泊流域治理的第一责任人。由于我国幅员辽阔、各地经济发展不平衡、地域差异性大，地方政府在贯彻和执行中央的意志时并非机械的传达，而是结合各地的实际情况、因地制宜灵活操作。为了实现我国的治国理念和政治目标，中央政府应当给予地方政府最大限度地授权和管理的自由。这是中国特有的中央—地方权力分配体制下的行政分包制。[1]

一直以来，湖泊治理成效与地方政府绩效考核和官员晋升没有直接联系。云南省政府对管辖范围内的湖泊治理享有较大的“综合治理权”。对云南湖泊治理绩效考核分为两种方式：中央专项考核和云南省自主考核。中央专项考核包括对滇池重点流域的水污染防治考核和对洱海水质较好湖泊的生态环境保护考核，二者由国家环保部、国家财政部等中央部门进行考核，即使考核目标未达到，对地方政府的处罚也有限，如国家环保部暂停当年该流域内新建项目的环境影响评价审批、对流域所在地的政府负责人进行约谈督促、收回项目资金等。[2] 云南省自主考核开始于1990年，当时云南省政府颁布实施了《云南省环境保护目标责任制实施办法》，随后各地、州、市与所辖县（市）相继逐级签订责任书，将环境保护目标责任层层落实到各单位、各部门。从《云南省环境保护目标责任制实施办法》看，其激励方式更偏向物质奖励，对官员的问责和晋升并未造成实质影响，这一时期的激励机制属于“弱激励”模式，[3] 滇池、洱海、杞麓湖、星云湖、异龙湖等湖泊治理一直没有完成水功能区目标，但并没有官员因此被问责或免职，这也说明了此时的流域治理考核机制并没有对官员的晋升和政绩产生实质影响。

2015年以来中央加强了生态文明体制建设，通过督政方式落实地方政府保护环境的党政责任。2015年中共中央办公厅、国务院办公厅印发《党政领

---

〔1〕 参见周黎安：《行政发包制》，载《社会》2014年第6期。

〔2〕 参见《环保部约谈昆明市政府：滇池流域治污两次遭差评》，载中国水网，http：//www.h2o-china.com/news/220000.html，最后访问日期2023年7月6日。

〔3〕 参见练宏：《弱排名激励的社会学分析——以环保部门为例》，载《中国社会科学》2016年第1期。

导干部生态环境损害责任追究办法（试行）》，强化党政领导干部生态环境和资源保护职责。为了监督全国省级党委、政府环境保护责任的落实情况，2016年中央环保督查组开始了第一轮环保督察入驻，云南省是第一批被督察对象。督查组的督察对象为国家法律、法规、各项环境保护规划的执行情况，重点检查云南省各级地方政府在环境治理中是否存在行政不作为、违法行政等问题。包括洱海在内的云南省九大湖泊是督察组的重点对象，湖泊治理中长期存在的“先建设后审批”、“保护给违法建设让路”、保护规划不健全等问题被督查组点名批评，第一次督察共有600多名官员因此被问责。[1] 云南省政府就督查组提出的整改意见进行了逐条整改。2018年中央环保督察组到云南“回头看”督察，九大高原湖泊整治仍是督察重点，其再次指出九湖流域环湖过度开发、农业面源污染、湖泊保护治理规划进展滞后等问题依然比较严重。[2] 地方党委往往掌握着地方经济发展等重大事项的决策权，而环境保护有时会被认为与GDP发展目标相冲突而被忽视，要扭转这一局面必须真正落实地方政府关键官员的环境保护责任，《党政领导干部生态环境损害责任追究办法（试行）》《关于开展领导干部自然资源资产离任审计的试点方案》规定了领导干部的行政责任和政治责任，通过“督政”“督官”倒逼地方政府保护环境和经济转型。在问责方式上采取“党政同责”“一岗双责”，把党政一把手同时纳入问责对象。

当前，中央环境督察及问责制抓住了地方政府环境治理困境的核心。2019年中共中央办公厅、国务院办公厅印发《中央生态环境保护督察工作规定》，对中央环保督察的组织机构、工作内容等进行了具体规定，表明环保督察制度将作为中央监督地方政府的常态化方式。云南省建立了九湖流域省、市、县三级河（湖）长督察制度，协助督察河（湖）长的工作落实情况，并将其纳入绩效考核。由此建立了从中央到地方的督察问责制度体系。

---

[1] 参见《中央第七环保督察组向云南反馈督察情况》，载《中国环境报》2016年11月24日，第1版。

[2] 参见《中央环保督察组：云南省生态破坏问题依然突出》，载中国新闻网，2018年10月22日，https://baijiahao.baidu.com/s?id=1614995043495190220&wfr=spider&for=pc。

（六）强化司法规制，监督依法行政

我国《民事诉讼法》（2012 修订）、《环境保护法》（2014 修订）规定了环境民事公益诉讼制度以来，我国的环境行政诉讼制度也在逐步推行。2015 年全国人民代表大会常务委员会发布《关于授权最高人民检察院在部分地区开展公益诉讼试点工作的决定》，最高人民检察院发布《人民检察院提起公益诉讼试点工作办法》。根据该决定和办法，检察院作为国家法定监督机关，有权对环境行政管理机关违法行政或不作为导致公共利益受损的行为提起诉讼，具体对象包括：生态环境和资源保护、国有资产保护、国有土地使用权出让等领域负有监督管理职责的行政机关的违法行使职权或者不作为，其诉讼的目的是保护国家和社会公共环境利益。

环境行政公益诉讼作为一种间接的环境规制路径，即通过检察院—环境行政机关—污染主体这样的路径，以司法监督督促行政机关履行监管职责，最终实现污染减少和生态改善。司法规制的职能由过去的“污染损害救济”增加了“督政”职能，这也符合“十三五”规划以来中央推进生态文明制度建设的总体思路。云南省作为环境行政公益诉讼的试点地区之一，2017 年检察机关提起的公益诉讼案件有 128 件，由社会组织提起的公益诉讼案件有 6 件，云南环境公益诉讼案件受理数位居全国前列。[1] 经过两年的全国试点运行，检察院在开展土壤污染防治、水资源保护、森林和草原生态环境保护等专项监督活动中发挥了重要的司法监督作用，2017 年我国修正《行政诉讼法》，正式将环境行政公益诉讼制度写入法律之中。

第三节 以污染治理为目标的湖泊流域治理模式存在的问题

由前文叙述及数据可知，经过“十五”时期到“十三五”时期尤其是

---

〔1〕 参见《云南高院发布 2017 年度环境资源审判白皮书》，载云南省高级人民法院司法信息网，http：//ynfy. chinacourt. gov. cn/article/detail/2018/06/id/3572242. shtml，最后访问日期 2022 年 3 月 11 日。

“十二五”“十三五”时期的流域环境规制，洱海流域的污染源已得到全面整治，水污染局面有了很大改观。然而，当前以污染治理为目标的严格管控模式，乃是在严厉问责压力下启动的应急式规制行动，以全员动员方式迅速将现有的污染源全部控制，其带来的社会震荡、管控成本同样值得关注，况且流域生态系统的改变并非短期就能奏效，长期污染形成的底泥污染释放、生物多样性下降等问题，也将影响后续的水质持续改善，因此洱海流域环境治理任重而道远。笔者将从以下五个方面阐述当下以水污染控制为核心、以污染治理为目标的湖泊流域治理模式所表现出来的问题：

一、单一的水质考核指标导致政策执行异化

我国目前关于湖泊、河流治理评价的法律政策，如《水污染防治法》《水十条》《国民经济和社会发展第十三个五年规划纲要》《绿色发展指标体系》《湖长意见》等都一脉相承地将水质指标作为湖泊、河流等流域生态系统的约束性评价指标，因此政府的流域治理逻辑就变成了：湖泊治理 = 水质目标管理 = 削减影响水质指标的污染物 = 禁止或限制会排放氮、磷等污染物的行为。这带来的结果就是政府在落实流域治理责任时，将绝大部分资金、技术、人力、执法资源等集中在能实现水质提升的 TP、TN、COD 等重点污染物削减的事物上，更极端而普遍的情况是，有的地方为了保证水质达标，采取在检测期间关停企业或对水质监测数据造假等行为（注：2017 年 10 月我国生态环境部实行水质采测分离，开始建设独立于地方的自动采测设备网络，数据造假行为不再有效），反映湖泊健康状况的生物多样性、水文、栖息地、微生物等指示指标，被有意或无意地忽视，这样只看局部不看整体的治理模式，有可能贻误遏制湖泊流域生态系统恶化的最佳时机，也有可能导致前期大量投入取得的环境规制效果在后期出现反弹，以致事倍功半。

欧美等发达国家也曾在工业化发展到现代化的历史进程中，走过“先发展再治理”的道路。从国外几十年来研究和实践的历程来看，仅仅依靠水质来评价湖泊状况的做法已经较为落伍。例如，《欧盟水框架指令》作为欧盟成员国共同遵守的法律法规，其采用“湖泊水生态系统健康评价指标体系”评

价成员国湖泊生态系统，美国环保总署也应用该体系进行评价。[1] 水质状况是衡量湖泊生态系统健康状况极为重要的指标之一，但并非唯一的指标。

二、应急式的流域污染治理可能引发新的民生生计风险

正如前一节所述，大理洱海流域“十三五”规划以来大规模的污染治理行动，一方面源于洱海水质恶化的现实，另一方面在于国家对流域水质考核方式的转变、问责力度的加大。正是在避责逻辑下，大理州政府在常规型的治理外，启动了一系列的治理行动，这种带有运动型、应急式的治理方式，虽然能在短期内取得突出的治理效果，但它成功的代价是损害国家的法治权威性，[2] 培养执法机构日常执法的惰性，最终可能会损害社会群体的信赖保护利益。在运动型、应急式治理中，地方政府为了尽快完成任务目标，往往采取“一刀切”式执法方式，对所有的行政相对人采取同等的执法措施，并不区分被执法对象是否存在违法行为，这样做的结果虽然起到了惩处违法行为的效果，但同时会“误伤”一批守法者，伤害守法者的信赖保护利益，出现“政策偏差”。

事实上，这并非大理州第一次采取运动型、应急式的流域规制方式，也并非洱海流域独创的规制模式，这种治理方式在我国的体制下常被采用。有学者从组织社会学的角度提出，运动式治理产生的深层原因是根植于中央与地方在治理权分配之间的矛盾，其产生的制度逻辑是为了应对官僚体制下常规治理的失效而产生的替代机制或纠正机制。[3] 围绕着湖泊流域治理，云南省各地开展过大大小小的多次环保专项行动。据笔者简单检索发现，大规模的专项行动包括 1999 年滇池治理“零点”行动、2016 年抢救洱海“七大行动”、2017 年保卫抚仙湖“雷霆行动”、2018 年滇池治理“攻坚行动”。除此

[1] 参见贺方兵、孟睿、何连生：《湖泊生态健康评价指标体系评述及案例分析》，水资源生态保护与水污染控制研讨会 2013 年会议论文。

[2] 参见冯志峰：《中国运动式治理的定义及其特征》，载《中共银川市委党校学报》2007 年第 2 期。

[3] 参见周雪光：《运动型治理机制：中国国家治理的制度逻辑再思考》，载《开放时代》2012 年第 9 期。

之外，还有一些小规模的治理行动，如 2013 年至 2016 年期间大理市及下辖的双廊和喜洲镇开展了多次集中整治洱海流域环湖一带违法违章建筑的行动、封堵洱海周边违法排污口行动、抚仙湖的渔政专项整治行动等。2016 年以来是洱海流域治理行动规模最大、持续时间最长、投入最大的一次，在短期内控制了水质恶化趋势，但带来的社会成本巨大。2017 年大理市政府发布《关于开展洱海流域水生态保护区核心区餐饮客栈服务业专项整治的通告》，要求洱海核心区餐饮客栈经营户共有 1900 户，暂停营业，等待核查，其中包括具备所有合法经营证照的经营者。直到 2018 年 5 月，证照齐全的经营者才得以恢复营业，停业一年多造成的经营损失只能由经营者自行承担。[1] 洱海流域水生态保护区核心区还涉及 2760 户生态移民搬迁安置用地问题，[2] 禁种大蒜带来的农民收入减少等风险，传统农业的替代转型新模式——绿色生态种植因后续配套政策、措施没有跟上而无法推广，当前主要靠政府“输血”式提供补贴维持休耕。在笔者的调研中，洱海治理的相关部门工作人员、基层政府工作人员也表达，洱海治理措施会对当地居民的民生带来影响，如果不能发展替代生计，可能产生社会不稳定的风险。

洱海流域自然资源既具有生态属性，还具有资源属性，大理州作为我国经济不发达的西部地区，农业经济在当地经济中还占有较大比重，传统农业依赖流域土地、水资源，要在短期内实现绿色产业转型不能一蹴而就。正如当地工作人员所感慨的“一种生产方式的转变是一场革命”，绿色产业转型需要建立完善的配套制度，在法治的框架内逐步实现。

三、湖泊流域洱海入湖河流（沟渠）水质仍存在反复风险

虽然流域治理行动措施严厉、耗资巨大，“十三五”期间洱海流域水质下滑的趋势得到了遏制，但是大理市政府也承认“洱海水质主要指标下降的趋

[1] 参见《云南大理治污千家客栈停业 经营者：损失谁补偿》，载央广网，https://travel.cnr.cn/list/20170403/t20170403_523690692.shtml。

[2] 参见《云南省人民政府答复〈关于将洱海流域生态搬迁纳入国家生态搬迁试点的建议〉》，载云南省人民政府网，http://www.yn.gov.cn/hdjl/hygq/201910/t20191011_183173.html。

势还没有根本扭转，水质稳定向好的拐点还没有形成”。[1] 洱海 TP 和氨氮浓度有所下降，但 TP 下降趋势缓慢，仍处较高水平，而 TN、COD 浓度甚至出现小幅上升趋势。2018 年洱海 TP 浓度较 2017 年下降 3.3%，较 2016 年下降 5.2%；氨氮浓度较 2017 年下降 33.3%，较 2016 年下降了 37.1%；但同期 TN 和 COD 浓度出现小幅上升趋势，COD 浓度较 2017 年上升 10.8%，较 2016 年上升 19.1%；TN 浓度较 2017 年上升 12.3%，较 2016 年上升 17.1%。洱海水质尚未根本好转，洱海水环境保护形势依然十分严峻。

洱海规模化水华爆发风险仍然较大。在当前洱海氮磷水平下，尤其是在雨期污染集中入湖后的 9—10 月，TP 水平相对较高，气象条件适宜，蓝藻水华爆发风险大。近年来洱海丝状蓝藻生物量出现增加现象，群体微囊藻水华和丝状蓝藻水华都可能发生，使蓝藻水华防范的困难进一步加大。2017 年和 2018 年藻类生物量分别为 5.95 毫克/升（藻细胞密度 2298 万个/升）、3.98 毫克/升（藻细胞密度 1967 万个/升）；秋季固氮蓝藻比例大幅增加，浮游植物优势种逐渐由微囊藻转变为束丝藻、拟柱孢藻和浮丝藻等固氮蓝藻。

四、多部门分头管理体制难以形成有效的集体行动和责任主体

基于湖泊流域生态系统的特性，观察图 2-2 洱海流域治理动员型组织结构，不难发现，现行的水质治理模式主要是由行政力量驱动的，地方政府党政一把手亲自领导的，各攻坚战任务的负责人基本上也都是副州长或局长级别的行政官员，各个工作组都可以实施相关任务，但从行政管理的角度看，对于洱海流域治理的总体方案规划和活动策划的一方的组织架构、机制及责权利的安排是缺位的。

现行水质治理模式已将当地政府推到了一个治理全流域的主体地位，当地政府党政一把手由此被赋予了更大的责任。众所周知，地方政府行政任务是繁多的，党政领导经常跨部门、跨地域流动，很难成为流域治理专家，名

[1] 参见《云南省人民政府答复〈关于将洱海流域生态搬迁纳入国家生态搬迁试点的建议〉》，载云南省人民政府网，http://www.yn.gov.cn/hdjl/hygq/201910/t20191011_183173.html。

义上的湖长、河长往往无法对专业问题提出意见，更多的是依靠各行政单位，基于其自身的组织功能设计，按照方案设计、活动策划去条块分割地开展活动，不能形成整体认识和集体行动，也不能灵活调整其组织架构和管理方式，无法适应流域环境的变化。

通常，行政单位会把流域方案设计、活动策划这样的任务当作技术活，通过招标或议标等方式落实到一家或几家研究设计单位，设计出方案、策划出活动，行政单位予以执行。政府与提供服务的单位是委托合同关系，被委托人只在合同范围内承担有限责任，政府是名义上的法律责任主体，一旦决策的后果与现实有偏差，最终仍然由政府承担责任，而接受委托编制规划的专家并不对此承担责任。

五、命令控制式的高额管控成本增加地方财政风险

洱海流域的这场生态变革是由行政力量为主体发动并实施的，关注点近期目标聚焦在湖泊水体污染防控上（2025 年中期目标聚集在湖泊水量和水生态的改善上），调控措施以明令禁止、工程投入的方式为主，全面铺开的各项工作与活动都需要巨额资金的不断投入和维护。洱海保护治理“十三五”规划投资 273. 15 亿元，目前到位 168. 56 亿元，资金到位率 61. 71%，资金缺口大。到位资金中，除国家、省级和地方各级财政资金投入外，其余均通过融资贷款及 PPP 项目的社会资本投入方式筹措。目前仅已完成的大理市洱海环湖截污工程等总投资 84. 06 亿元的 5 个 PPP 项目付费和洱海流域水环境综合治理与可持续发展规划（一期）项目贷款 15 亿元还本付息每年需 10. 63 亿元；已建成环保设施的正常运行和日常管理，每年需支付污水处理、垃圾收集处理、湿地租金等费用约 1 亿元，后续投入压力巨大。当前，规划工程与行动的资本投入出现较大短缺，由风险社会理论可知，风险源自社会，存在于社会生态系统中，[1] 湖泊流域社会生态系统是一个有机整体，生态系统的

---

〔1〕 参见金自宁：《现代法律如何应对生态风险？——进入卢曼的生态沟通理论》，载《法律方法与法律思维》2012 年第 00 期。

污染来自社会系统，行政主体只聚集生态系统的改善，无视或忽视社会系统的可持续发展，可能会造成湖泊流域社会生态系统的失衡和动荡。

洱海流域当下实行的命令控制式的执法方式，管控成本很高，斥巨资投入的生态工程或措施很多不直接产生效益，需要社会资本从后期维护中运营赢利，这潜在地形成了外来资本与本地利益相关方的冲突和对立。管控措施中以明令禁止的居多，像禁种（高附加值的）大蒜、不得养殖畜禽、休渔禁渔、搬迁湖畔有污染隐患的企业、客栈必须安装净水设备、不得使用化肥等，但缺乏配套的政策、资金或安排，如没有规模化地培训并组织农民开展绿色生态种植、没有制定绿色生态种植标准、没有建立预期产品与市场的对接、没有产业转型风险基金等，这些都在无形中形成了当地产业调整转型的艰难局面，抬高了当地生产生活的成本。再加上流域内有限土地要么禁止过度开发，要么严控发展规模与湖泊承载力相匹配，依法合规大规模地开发房地产业似乎不太可行，这都让流域社会系统积蓄了巨大风险。

第四节　以污染治理为目标的湖泊流域治理模式的变革动力

正如上节所述，大理当地政府在短期内通过采取行政强制命令、非自然协商沟通，较大改变了流域经济、社会系统的现有格局和社会生态，由于缺乏后续配套协调的市场化方式，发展生态农业前景未卜，使流域经济、社会系统孕育了极大风险。另外，在进行流域污染源管控的同时，大理流域城镇化发展过快，规模持续扩张，土地资源短缺、水资源短缺、后续投资跟不上等次生风险逐渐显现，这一切透露出当地政府存在对洱海流域及湖体的生态机理认知不足、缺乏科学合理的顶层设计、权力与专家决策体系不完善、政策法律机制不配套、没有获得公众理解与支持等问题与不足。[1] 随着我国生

〔1〕 参见高爽、祝栋林：《跨省界湖泊水污染治理协调机制研究》，载《环境科技》2016 年第 3 期。

态文明建设的不断深入，国家对社会经济可持续发展的要求不断提高，以洱海流域为代表的湖泊治理模式面临着变革的动力和压力。流域本身是一个由生态系统与社会系统高度融合的复杂体系，水质仅仅代表流域生态系统健康状况的表征指标，并不能全面体现流域的整体状况。对流域治理的重点也不能仅仅放在水质考核指标上，不全面考虑流域内社会系统的协调发展，因此本文从流域社会生态系统可持续发展的角度，提出未来应对现有的流域治理目标予以调整，构建以生态安全为目标的流域治理模式。

一、中央对地方环境规制考核升级的需要

根据我国的委托—代理体制，地方政府受到中央政府委托，承担地方环境治理的责任。《环境保护法》第 6 条规定，地方各级人民政府应当对本行政区域的环境质量负责。中央政府作为委托人，有权力对受托人的职责履行情况设定标准并予以监督考核。2016 年以来中央政府对地方的考核从污染总量考核转向环境质量考核，体现出了考核方式的精确性和科学性，避免因信息不对称导致的代理人风险。单从水质状况来看，2018 年云南省九大高原湖泊的水质较 2015 年时都有了明显改善，尤其是滇池流域，通过外流域调水牛栏江——滇池补水工程，采取了“引水释污”方式，滇池水质 20 年来第一次恢复到了Ⅳ类水。但是从整个生态系统改善来看，包括洱海、滇池在内的生态系统还未恢复健康。九大高原湖泊均存在水质改善、水生态系统恶化的悖论。以洱海流域为例，洱海流域森林覆盖率仅 39.33%，且植被覆盖分布不均匀，水源涵养区水土流失和石漠化问题突出，水源涵养能力下降；入湖河流中下游大型湖泊、湿地、河口等重要生态节点缺乏系统的修复，河流两岸的生态屏障带建设严重不足，河流生态廊道功能退化；洱海湖滨带较窄，且在外围缓冲带内的生态结构受到一定的破坏，已实施的“三退三还”、湿地建设等工程在一定程度上对生态环境改善有利，但洱海湖滨缓冲带生态修复未做到系统化、连片化，生态质量提升效果不明显，入湖污染拦截净化功能薄弱。此外，洱海流域水生态系统依然脆弱，水生植被仍然只恢复到 20 世纪 80—90

年代的30%左右，外来鱼类入侵问题突出，[1] 对洱海水生态食物网络构成较大影响，且有可能影响水华爆发的态势。

事实上，仅以水质评价湖泊流域健康状况是片面的，仅以水质目标作为考核对象只是特定发展阶段的产物，正如洱海流域水质严重下滑的阶段，以水质为中心能快速调动政府的治理资源，但从长远来看，有必要确立更加全面的流域治理目标。湖泊流域是个极其复杂的社会生态系统，应当综合水质、水量和水生态状况等多方面指标来衡量流域生态系统。水质是体现水功能的最直接的表征，水量是满足社会生产和生活需求的最低保障，而水生态安全是水生态系统健康、可持续发展的综合体现，如果只重视水质的提升而忽略水量控制或生物多样性的保护，只采取工程治污而不考虑生态系统的修复，只能是治标不治本，其成效必然是不长久的。九湖流域第三产业（主要指旅游、地产、服务业等）的发展使得流域人口增加，生活污水量剧增，目前采取边污染、边治理方式，湖泊流域保护始终处于城市的发展与有限的生态环境承载力之间的巨大矛盾与冲突之中，水量短缺所引起的水质、水生态、民生等问题进一步加剧环境危机。“以水治水”的思路被证明存在局限性和短时效性。

从发展趋势来看，中央政府对地方政府的环境治理能力的评价正在从单一性的评价向综合性的评价指标体系发展。2016年中共中央办公厅、国务院办公厅发布《生态文明建设目标评价考核办法》，对全国各省生态文明建设情况进行年度评价和五年一次考核，其评价或考核依据分别为《绿色发展指标体系》及《生态文明建设目标考核体系》。由于全国范围大、各地环境状况、经济状况差异大，该办法也允许各地在具体考核时结合本地情况对没有的地域性指标排除，将其权数平均分摊至其他指标，“考核评价时，会充分考虑各地区的区位特点和发展定位，予以差别对待”，但是“各地区绿色发展指标体

[1] 参见《大理洱海保护治理规划（2018—2035）》。

系的基本框架应与国家保持一致"[1]。“考核结果作为省级党政领导班子和领导干部综合考核评价、干部奖惩任免的重要依据”，全省各地党政部门必须非常严格地对照该办法完成考核工作。生态文明建设目标评价和考核已经成为督促地方政府落实生态文明建设责任最为重要的政策工具之一。该评估体系中也包括对湖泊流域治理绩效的评价和考核指标。以《生态文明建设目标评价考核办法》中的《绿色发展指标体系》为例，笔者将其中与地表水评价有关的指标摘列如下：

流域治理以水作为主要治理对象，在《绿色发展指标体系》中其所占权数占到总权数的24.73%（见表2－14），主要围绕在水量节约和水质改善两个方面，水质不是对地方政府环境治理能力的唯一的评价指标。从国外研究和实践来看，仅仅依靠水质来评价湖泊状况的做法已经较为落后。例如《欧盟水框架指令》作为欧盟成员国共同遵守的法律法规，其采用“湖泊水生态系统健康评价指标体系”评价成员国湖泊生态系统，美国环保总署也应用该体系进行评价。[2] 水质状况是衡量湖泊生态系统健康状况极为重要的指标之一，但并非唯一的指标。早在1989年就有学者提出生态系统健康概念，它表明一个生态系统的稳定性和可持续性。湖泊生态系统健康作为生态系统健康的重要分支得到了学者的密切关注，如今国内外学者已经对湖泊生态系统健康的评价方法和评价指标体系做了大量研究。2007年在时任国家总理温家宝的批示下，由环境保护部牵头，会同地方政府、国家发改委、水利部等部门共同组成领导小组，启动了“全国重点年湖泊水库生态安全调查及评估”项目。总之，将湖泊作为一个有机生态系统，而不仅仅作为一个不变的水体来评价其健康状况已经在国内外得到共识，欧盟和美国已经将科学指标纳入政策法律框架，使之具有了法律指引效力。较之单一性的水质指标，综合性指

[1] 国家发展改革委副主任张勇就《生态文明建设目标评价考核办法》及有关指标体系答记者问，载国家发展和改革委员会网，http：//www.ndrc.gov.cn/gzdt/201612/t20161222_832313.html。

[2] 参见贺方兵、孟睿、何连生：《湖泊生态健康评价指标体系评述及案例分析》，水资源生态保护与水污染控制研讨会2013年会议论文。

标更能全面反映生态系统的整体状况。

表 2－14　湖泊流域治理的绿色指标

类别	二级指标	权数/%
一、资源利用（权数＝8.24%）	用水总量◆	1.83
	万元 GDP 用水量下降★	2.75
	单位工业增加值用水量降低率◆	1.83
	农田灌溉水有效利用系数◆	1.83
二、环境治理（权数＝7.33%）	化学需氧量排放总量减少★	2.75
	氨氮排放总量减少★	2.75
	污水集中处理率◆	1.83
三、环境质量（权数＝9.16%）	地表水达到或好于Ⅲ类水体比例★	2.75
	地表水劣Ⅴ类水体比例★	2.75
	重要江河湖泊水功能区水质达标率◆	1.83
	地级及以上城市集中式饮用水水源水质达到或优于Ⅲ类比例◆	1.83
涉水指标权数占总指标比 24.73%，其中★指标占 13.75%，◆指标占 10.98%。		

资料来源：中央政府网的《生态文明建设目标评价考核办法》。

注：标★的为《国民经济和社会发展第十三个五年规划纲要》确定的资源环境约束性指标；标◆的为《国民经济和社会发展第十三个五年规划纲要》和中共中央、国务院《关于加快推进生态文明建设的意见》等提出的主要监测评价指标。

因此，从提高地方政府环境治理能力、全面提高流域生态和社会可持续性的角度，未来必然采用更加全面的评价体系来评价地方环境质量，流域作为一个复杂的社会生态系统，应该确立包括水质在内的生态安全治理目标。

二、洱海流域治理的远期规划调整

随着现代化的发展，云南省九大湖泊流域的城镇规模不断扩大、人口逐渐增加，普遍面临着社会发展带来的生态压力。以洱海流域为例，洱海流域人口从 1990 年的 73.48 万人，增加到了 2010 年的 89.53 万人，20 年间增加了 16.77 万人，预计到 2025 年将达到 93 万人，其中非农业人口增长最快，20

年间增幅达到了71.5%。[1] 洱海流域的产业结构正在从第一产业向第一、第二、第三产业相结合发展。随着大理高铁的开通，游客不断涌入当地，洱海流域面临着更大的生态保护压力。未来如何解决发展与保护的矛盾，笔者在走访中专门就这一问题进行跟踪。笔者了解到2019年大理州政府主持编制了《洱海保护治理规划（2018—2035年）》（以下简称《洱海规划》），[2] 大理州生态环境局委托第三方机构于2019年8—12月开展了“大理市县域生态环境风险调查评估”[3] 并提交了《大理州大理市县域生态环境风险调查评估报告》（以下简称《县域风险评估》），是洱海最新的环境规制文件，其中包括对洱海流域的环境风险评估和政府未来的规制措施。笔者以《洱海规划》和《县域风险评估》分析未来洱海流域面临的社会生态系统风险，政府的治理思路和措施。

（一）洱海流域社会系统与生态系统矛盾不断加剧

1. 城镇发展过快，导致水资源利用呈紧缺态势

综合考虑《大理州国土空间总体规划（2021—2035年）》、洱海流域水资源承载力和洱海水环境承载力计算结果，以洱海流域资源环境承载力为底线，按照“以水定城、以水定地、以水定人、以水定产”的发展思路，预测洱海流域2035年总人口将从2018年的95.84万人增加到102万人，其中，农村人口39.7万人，城镇人口62.3万人。按照2035年洱海流域总建设用地规模约为255平方公里，城乡建设用地总规模为203平方公里，2025年流域多年平均需水量2.87亿立方米，其中城镇生活需水6043万立方米，农村生活需水1987万立方米，工业需水1967万立方米，农业多年平均需水1.87亿立方米。2035年流域多年平均需水量2.66亿立方米，其中城镇生活需水7551万立方米，农村生活需水1911万立方米，工业需水1802万立方米，农业多年平均

[1] 参见董利民等：《洱海全流域水资源环境调查与社会经济发展友好模式研究》，科学出版社2015年版，第162页。

[2] 参见《洱海保护治理规划（2018—2035年）》。

[3] 参见《大理州大理市县域生态环境风险调查评估报告》，2019年12月。

需水 1.53 亿立方米。

2. 流域污染负荷排放呈不断上升预测

流域内城镇的开发和产业的发展也将带来污染负荷的变化，到规划中期，随着城镇化率和人民生活水平的提高，生活污染源产生量预计将上升 23%，城镇建设用地增加 6.5%，城镇面源污染及水土流失预计约增加 5%。旅游业仍将加速增长，环湖旅游污染源排放量也将随之增加 60%—80%；农业方面，现状年洱海限养区内的规模化率不到 10%，流域内生猪和牛的养殖有反弹的风险，至规划中期畜禽养殖规模的源头污染物排放量预计增加 19%；种植业方面，尽管流域内的种植面积在逐渐缩小，但种植强度的上升以及经济作物如蔬菜、花卉种植面积的增加将使农业面源头污染物的排放在现状年基础上小幅上升，预计增加 5%—8%。综合各方面污染源的排放情况，2025 年洱海流域污染负荷污染物综合源头排放量将在现状年的基础上增加 20%，2035 年在规划中期的基础上再上升 12%。

（二）治理思路从水质改善走向流域生态系统安全

《洱海规划》是现阶段洱海流域环境规制主体为改善流域内河湖水质、推动生态系统走向良性循环、实现流域生态安全而做出的解决方案。该规划定位于实现洱海流域绿色发展、让洱海流域生态系统良性循环的目标，清楚地表明了洱海流域治理模式已从当前的水质治理模式向前有所发展，下一步规划是发展成为水生态安全、流域生态系统安全的湖泊流域治理模式，也就是本文第三章第三节所论述的、狭义的生态安全概念基础上的生态安全治理模式。

洱海流域在短短的四年左右的时间里，在一片空白的基础上，创建起一整套水质治理模式，并朝着流域生态系统安全的湖泊流域治理模式快速迈进，整治的力度和付出的代价在当地是前所未有的，流域生态环境为之改观的效果是明显的，洱海模式也代表了我国在生态文明背景下发展湖泊流域治理模式的实践前沿，成绩来之不易。然而，这还是不够的，仅着眼于以水为主的流域生态系统安全的湖泊流域治理模式，还不能全面、彻底地实现流域生态安全，只有流域生态系统、经济系统和社会系统都能够得到可持续发展，流域生态安全才能得到保障。也就是说，洱海流域治理模式的最终目标，应该也只能是建立在广义生态安全概念基础上的、以流域生态安全为核心的湖泊流域治理模式。

（三）洱海流域远期规划在实现流域生态安全上存在风险

《洱海规划》在近期关注洱海水质，在2025年中期关注水生态安全，在2035年远期关注流域生态系统安全与流域经济发展模式。该规划在内容上，主要围绕洱海流域水安全展开，对洱海流域经济社会系统发展模式规划时间设定得较为滞后，缺乏对流域经济社会系统转型发展的同步措施安排。流域经济社会系统的转型发展现阶段还只停留在发展绿色生产方式的空间管控思路上，既没有对在洱海流域大规模实施禁种禁养禁渔禁游等措施后的资产、就业等产业状况摸底调查，也没有对适合洱海当地优势的潜在产业进行市场需求等可行性论证与优化选择，就笔者在洱海调研访谈和目前可获得的信息资料而言，还没见到产业转型升级的体系化的安排措施及配套资金。

这预示了当下洱海保护治理可能还只停留在就水论水的范畴，洱海流域的水安全治理规划，还没有和洱海流域的经济社会系统的规划发展动态地协调统一起来，根据风险社会理论的论述，环境风险的根源来自社会系统，流域的经济社会系统若不能与流域生态系统同步实现可持续发展，忽视或无视流域内社会系统与生态系统的有机联系，就可能会给流域生态系统留下风险隐患，在实现流域生态安全的过程中遭遇波折。

洱海流域的生态系统与社会系统的建设相互脱节、缺乏协调的现状，在各自独立发展一定时期以后，可能会产生衔接不上的问题，如水资源短缺的问题。洱海总储水量29.59亿立方米，2016年之前通常入湖量8亿立方米，现在降雨量减少，加上污水截留下游排走，每年入湖量2.33亿立方米，按规划流域用水总量控制在4.1亿立方米左右，桃源水库补水有限，剑川水库还未开建，滇中引水工程尚在可行性论证中，存在较大的用水缺口，现阶段洱海治理已开始采取中水回用、节水循环、雨水分流等措施提高水利用率，来削减水量短缺的风险。然而，水量短缺的风险始终是存在的，这既是制约洱海经济社会系统规模发展的因素，也反过来会受到洱海经济社会系统的影响。

在这些影响中，一个至关重要的影响来自流域人口规模及其构成变动。根据2019年云南省的统计，2018年年末，洱海流域总人口数为95.84万人，大理市67.91万人，洱源县27.93万人，其中，大理市乡村人口32.08万人（占大理市总人口数的47.24%），洱源县乡村人口27.21万人（占洱源县总人口数的97.42%），合计洱海流域乡村总人口数59.29万人，占洱海流域总人口数的61.86%。[1]

在《洱海规划》中，“洱海流域水资源社会经济承载力”的现状延续情景下，2035年洱海流域总人口数最少为110万人；而在调研访谈中，相关的洱海治理职能部门，根据近年来洱海的发展速度，估计2035年洱海流域总人口数将达到180万人。无论采取哪种方法预测，在洱海流域大力提升生态环境，加速发展城镇化，地产升值的背景下，得出洱海流域总人口数将快速增长的结论是合理的。然而，《洱海规划》是以洱海流域最低的资源环境承载力为底线，按照“以水定城、以水定地、以水定人、以水定产”的原则，直接划定洱海流域2035年的总人口为102万人，其中，农村人口39.7万人，城镇人口62.3万人（占洱海流域总人口数的61.08%）。根据模型演算得到的资源环境承载力，倒逼城市预定人口规模，在当下没有城市人口户籍限定政策或相关法律出台的情况下，这样推定的城市人口规模缺乏实际意义，操作性差，易产生误导，其后所有的规划及工程预算如果都基于这样的人口假定，一旦城市真实人口数突破假定数，则所有的规划与工程可能都将达不到预期效果，几百亿元投资的效果就存疑了。

在水环境承载力的规划上，存在着同样的误导。洱海流域2018年的现状为：TN排放量4126.87吨，TP排放量375.79吨，对应的TN入湖量为1280.52吨，TP入湖量106.66吨。根据水模型模拟得到预测源头排放量，为

[1] 参见国民经济综合统计处：《2019云南统计年鉴》，载云南省统计局网，http://stats.yn.gov.cn/tjsj/tjnj/201912/t20191202_908222.html。

了确保满足水环境承载力（Ⅱ类水质目标要求的TN入湖量1200吨、TP入湖量105吨）的要求，2020年近期目标设计入湖量按2018年实际入湖量削减10%，2025年中期目标设计入湖量按2020年设计入湖量削减15%，2035年远期目标设计入湖量按2025年设计入湖量削减35%。由此通过规划设计直接改动数据，罔顾污染源的实际排放量，以设计入湖量代替实际入湖量，并基于此做后续的相关规划。

以水质管理目标为底线，倒推流域人口规模、污染物入湖量的规划思路，这种类似延承了工业界为适应激烈竞争而以市场接受价倒逼企业严控成本的做法是值得商榷的。第一，湖泊流域治理是公共管理领域，其面对的流域社会生态系统具有非线性、动态变化的特征，以线性管理的方式处置通常成效甚微。第二，仅以水质改善为目标，动辄以搬迁改变现状、关停并转的方式应对生态环境问题，是以纯粹追求流域水安全、生态系统安全，忽略甚至损害了流域经济社会系统为代价的，通过流域经济社会系统的反弹式发展，最后可能形成反馈力，使流域生态安全无法得到确保。因为污染源并没有消除，只是被转移到离湖稍远的流域内的其他区域，生态环境风险没有消除，环境问题会在更大范围、以更高复杂程度来显现，包括流域生态系统、流域经济社会系统在内的流域生态安全难以得到保障。第三，目前《洱海规划》所蕴含的治理思路，易在执行中与现实脱节，如该规划能轻松地把现阶段占洱海流域总人口数61.86%的乡村人口，在2035年转变成为大约相同比率的城镇人口，但这背后的生态搬迁、生态补偿、移居地安置、土地流转等的利益调整与博弈、配套的资金及筹措等，将不可避免地对流域经济社会系统造成冲击，相应地也会影响到流域生态系统建设，最终影响到流域的生态安全。第四，要说明的是，这种规划所代表的治理思路，体现的是一种静态的、条块分割的思维，在流域社会生态系统发生不可预测的变动时，其预测的基准就易偏离失真，不能有效应对变化。

总之，洱海流域环境规制通过风险评估，对未来可能发生的风险予以提前规划，表明当地政府的规制思路正在从单一的水质达标逐步走向以水质、水量、水生态一体的生态系统保护，这也表明我国的流域环境规制思路已经向前迈出了重要的一步。但从地方政府的角度来看，扩大流域发展规模、加快流域城市化进程、增加财政土地收入同样是不能放弃的道路。因此，这就造成了“一边保护，一边大发展”的相互矛盾的做法。虽然《洱海规划》通过静态、线性的规划设计来回避这一问题：认为只要控制好污染物、将人口向流域外疏解、从外流域调水，就可以实现发展与保护的双赢，但从风险社会理论角度来看，这一想法本身蕴含了极大的风险。由于流域社会生态系统具有时变性、复杂性、不确定性等特点，流域水体水质响应与污染削减等措施行动之间存在着非线性、时滞性等不对应关系，[1][2] 要达到水质目标具有一定的不确定性。如果继续扩大城市发展规模，从成本—收益分析方法进行模拟分析，政府有可能要采取比当前更加严格的措施，社会也要付出几倍、几十倍于当前的代价才有可能实现，[3] 而且还存在很大的不确定性风险。

本章小结

2016年以来，大理当地政府对洱海流域开展大规模水质拯救行动，乃是中央考核问责制度变化和洱海水生态恶化的内外因素作用的结果，洱海治理的案例折射出国家在环境治理思路上的重大改革。通过对洱海流域实地调研访谈和文献资料梳理，本章运用德尔菲专家打分法和深度访谈法分析洱海流域目前面临的环境风险、影响政府规制决策的因素、环境规制中面临的问题，总结政府在水质拯救行动中采取的常规型和动员型的两种组织结构及其不同特点。基于上述分析，提出包括洱海在内的我国湖泊流域治理模式是以水质为中心，以污染控制为核心实行了严格管控措施，总结了这一模式的概念和特点，并以洱海流域为例详细分析了这一模式在实践中产生的问题，水质考

---

〔1〕 See Beven K. J. & Alcock R. E. , *Modelling Everything Everywhere*: *A New Approach to Decision – making for Water Management under Uncertainty*, Freshwater Biology, Vol. 57: S1, p. 124 – 139 (2012) .

〔2〕 参见邹锐等：《抚仙湖流域负荷削减的水质风险分析》，载《中国环境科学》2013年第9期。

〔3〕 参见张晓玲等：《流域水质目标管理的风险识别与对策研究》，载《环境科学学报》2014年第10期。

核指标单一、问责严厉导致政府采取了应急式治理措施，由此严厉规制措施产生了新的民生生计风险、管控成本高的财政风险、多部门分头管理难以形成集体行动、专家系统责任不明确等问题。从未来来看，随着国家生态文明建设战略的深入实施，对地方政府环境治理能力的提升必然提出更高的考核要求，从实际治理效果看，洱海流域整体生态系统还远未改善，而流域不断扩大的规模将会对生态系统造成更大压力和威胁，以此形成变革改善以污染治理为目标的规制模式的动力。

第三章　构建以生态安全为目标的洱海流域治理模式

以污染治理为目标的治理模式依靠前期大量投入的人财物，兴建污水处理工程和环湖管网，能够在相对较短的时间内，取得遏制水质恶化甚至改善水质的效果。然而，人类社会对于湖泊流域的生态服务功能的需求并不只是一泩清水，随着生态安全意识的觉醒，人们开始认识到人类社会对于流域的需求是全方位的，流域可持续性及生态服务功能等生态安全问题，不仅影响着人们的身心健康，也关系到人类社会的可持续发展。这为流域环境治理指明了未来发展的方向，同时也提出了更高的要求。

第一节　流域生态安全是国家生态安全的重要保障

一、云南省高原湖泊流域在现有流域治理模式下的表现

九大高原湖泊属云贵高原湖泊群，分属金沙江、珠江、澜沧江水系，分布于云南省昆明市、玉溪市、大理州、丽江市和红河州境内。九湖流域总面积为 8110 平方千米；湖面海拔最低的 1414. 13 米，最高的 2690. 8 米；湖面总面积为 1042 平方千米，湖面面积最小的 31 平方千米，最大的 309 平方千米；湖总容量为 302 亿立方千米，蓄水量最少的 1. 24 亿立方千米，最多的 206. 2 亿立方千米；平均水深最浅的为 3. 9 米，最深的 158. 9 米。九大高原湖泊中除泸沽湖位于云南与四川交界处，由两省共管之外，其他湖泊均位于云南省行政区划内，由云南省管辖。

有学者对云南九大高原湖泊的生态安全进行评级，仅泸沽湖和抚仙湖被评为“安全”等级，洱海为“基本安全”，滇池为“很不安全”，其他湖泊均在不安全序列。[1] 因此，随着云南省经济发展水平的不断提高，湖泊面临的风险不断加大，有必要提前进行风险防控。目前云南省高原湖泊流域面临着具体的生态环境风险、因发展方式带来的结构性环境风险、单一的工程治理思维下的治理偏差风险。（见图3－1）

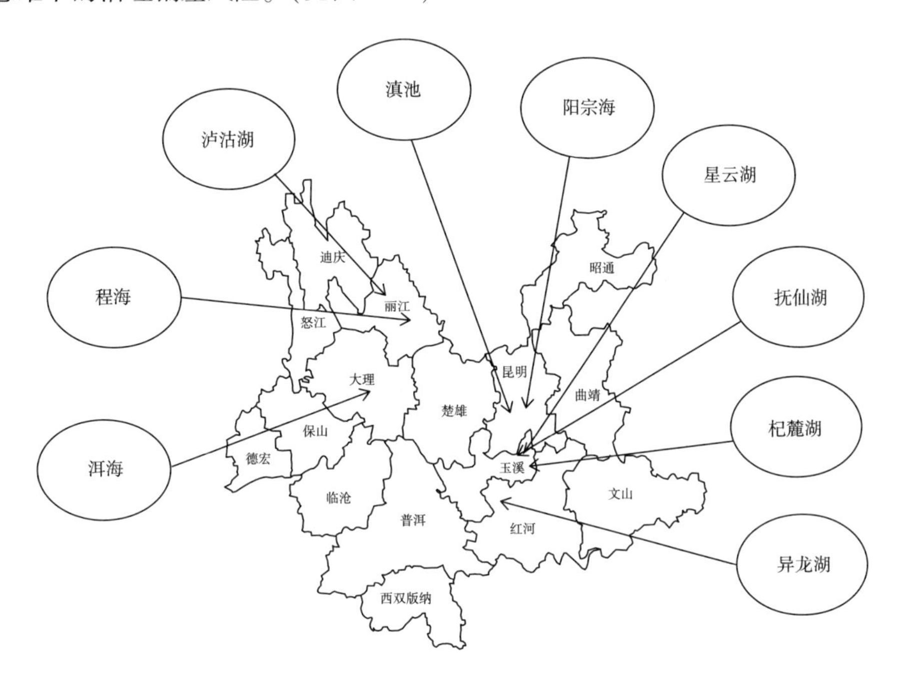

图3－1　云南省九大湖泊流域位置分布

资料来源：董云仙等：《云南九大高原湖泊的演变与生态安全调控》，载《生态经济》2015年第1期。

（一）水体营养化、蓝藻水华局部或全面爆发

从20世纪50年代开始，在工业化发展过程中，由于缺乏对湖泊流域系

[1] 参见董云仙等：《云南九大高原湖泊的演变与生态安全调控》，载《生态经济》2015年第1期。

统科学的认识，在以经济发展为中心的社会发展目标下，云南省高原湖泊流域经历了快速发展带来的水污染和生态恶化的危害后果。从 20 世纪 90 年代起，云南省政府加大了对湖泊流域，尤其是对九大高原湖泊流域的治理，2016 年以来，中央政府加大对各地政府环境治理责任落实的督察和问责，将水环境考核目标从以“量考”为主向以“质考”为主转变，[1] 对推动地方政府切实提高环境质量发挥了有效作用。

云南省湖泊流域水环境质量得到了有效改善，《云南省 2018 年环境状况公报》显示，全省湖泊水库水质状况良好，水质达标率达到了 77.6%，67 个开展了湖泊营养化状况监测的湖（库）中，11 个为贫营养状态，有 46 个为中营养状态，6 个为轻度富营养状态，4 个为中度富营养状态。与 2010 年相比，云南省湖泊流域总体水质有较大提高，滇池水质改善得较为明显。[2]（见表 3－1）但也要看到，云南省九大高原湖泊，目前水质达到优良的却不到 50%，流域水质还未实现根本性好转。随着产业发展规模扩大、人口增加，加上气候变化带来的不利影响，防止水体富营养化、水华局部或全面爆发仍然是云南湖泊流域面临的主要环境风险。

表 3－1　2010 年、2018 年云南省湖泊流域水质状况

全省 61 个湖库（水质达标率）	滇池草海	滇池外海	洱海	抚仙湖	泸沽湖	阳宗海	程海	杞麓湖	异龙湖	星云湖
2010 年	44.3%	劣Ⅴ	劣Ⅴ	Ⅲ	Ⅰ	Ⅰ	Ⅳ	Ⅲ	劣Ⅴ	劣Ⅴ
2018 年	77.6%	Ⅳ	Ⅳ	Ⅲ	Ⅰ	Ⅰ	Ⅲ	Ⅳ	Ⅴ	劣Ⅴ
水体质量	无数据	轻度污染	轻度污染	良	优	优	良	轻度污染	中度污染	重度污染
变化	↑	↑	↑	→	→	→	↑	↓	↑	→

注：此表中“变化”一栏表示水质达标率的上升、持平或下降。

---

〔1〕 参见张凌云等：《从量考到质考：政府环保考核转型分析》，载《中国人口·资源与环境》2018 年第 10 期。

〔2〕 参见《云南省 2010、2018 年环境状况公报》，载云南省生态环境厅网，http：//sthjt.yn.gov.cn/hjzl/hjzkgb/200605/t20060529_10987.html。

（二）城市发展带来结构性资源短缺风险

云南省是水资源大省，人均水资源占有量达到全国第三，但云南省水资源分布极不均衡，南多北少、西多东少，河谷坝区水资源极度缺乏，水资源利用率不高。[1] 云南九湖流域是云南省人口密度最大的区域，尤其是浅水湖泊流域的人口密度较深水型湖泊的人口密度更大，这是由于地势所决定的。滇池流域人口密度为全省人口密度的 1.9 倍。城镇化发展的同时也带来了环境生态恶化的后果，从 20 世纪 90 年代开始，滇池流域水质逐渐下滑到劣Ⅴ类水，丧失了作为城市主要饮用水源地的功能，仅可作为农业用水。而随着城市规模的继续扩大，城市饮用水危机越发突出，据统计，滇池流域人均用水量仅达到 200 立方米，仅为全国人均用水量的 10%，也远低于全国人均用水量，是典型的缺水城市，必须通过域外调水等方式予以补充，其他湖泊也存在相同的问题，[2] 如洱海流域的水资源开发利用已经超过上限。[3] 2009 年至 2013 年云南省连续大旱，九大高原湖泊平均水位下降超过 70 厘米，其中有的湖泊水位低于最低运行水位，湖容量累计减少 2.92 亿立方米，对九湖流域周边的生产生活带来了严重影响，湖泊长期保持低水位运行对水质恶化同样会带来巨大风险。[4] 洱海流域虽然是人工调控湖泊，但人口增长迅猛，从 1990 年到 2010 年的 20 年间增加了 16.77 万人，预计到 2025 年将达到 93 万人，其中以非农业人口增长最快，20 年间的增幅达到了 71.5%，[5] 已经远远超出湖泊的承载力。随着云南省最大的三个高原湖泊流域——滇池、洱海、抚仙湖在第三产业的发展，尤其是房地产、旅游业的快速发展，城市生活用水量不断增加，为本就紧张的生活生产用水增加了巨大的风险。人口增长还

---

〔1〕 参见李婉琳：《云南水资源开发利用与环境保护》，载《环境与发展》2019 年第 8 期。

〔2〕 参见赵光洲等：《滇池流域可持续发展条件与治理对策》，科学出版社 2013 年版，第 4 页。

〔3〕 参见赵光洲等：《滇池流域可持续发展条件与治理对策》，科学出版社 2013 年版，第 22 页。

〔4〕 参见《连续四年大旱倒逼云南“治水”》，载中青在线网，http：//zqb. cyol. com/html/2013 - 05/03/nw. D110000zgqnb_ 20130503_ 1 - 05. htm。

〔5〕 参见董利民等：《洱海全流域水资源环境调查与社会经济发展友好模式研究》，科学出版社 2015 年版，第 162 页。

带来对湖泊土地、渔业等自然资源的快速增长。湖泊流域都不同程度地再次开始了围湖造城，湖滨带土地被不断蚕食，人们开始向水面延伸建房、造田、建鱼塘等，水域面积逐步缩小。以湖泊水面为中心，城市规模还在不断向外扩张，马路和房屋阻断了入湖河流，导致入湖河流被污染。人口增加也加大了入湖生活污水数量，成倍增加了湖泊的纳污负担；渔业资源衰减，酷渔滥捕导致九湖内土著鱼类几乎灭绝，对湖泊生态系统的健康稳定构成威胁。

（三）水生态恶化，威胁到流域生态安全

湖泊流域是个极其复杂的社会生态系统，水质是体现水功能的表征，水量是满足社会生产和生活需求的最低保障，而水生态安全是水生态系统健康、可持续发展的综合体现。水质状况是衡量湖泊生态系统健康状况极为重要的指标之一，但并非唯一的指标。当前湖泊水质得到了一定改善，滇池尤其明显，但水生态功能却出现衰退的悖论。《云南省生物多样性保护战略行动计划(2010—2030)》中指出云南省生态系统服务功能退化，“湖泊、沼泽和河流等湿地生态系统受到的威胁不断加剧，其水文调节、水资源供给、水质净化、气候调节和生物多样性保育功能明显减弱”。星云湖“水生生态系统显著退化，沉水植物大量减少，耐污种类红线草成为优势种群；水葫芦大量繁殖，二次污染严重”。抚仙湖存在相同问题，对抚仙湖水生态安全评价提到“藻类组成发生变化，生物量上升，生态系统发生显著变化，土著鱼类资源严重退化，鱼类资源组成遭到破坏”[1]。国内外学者都已提出建立综合的湖泊生态系统评价的重要性。金相灿从维护湖泊生态安全的角度提出，湖泊管理不能仅以水质保护和水生态功能维持为主，水质变化不能全面反映湖泊生态安全指标，当湖泊生态系统已经发生大的改变时，才能在水质指标上反映出来。为预防湖泊生态安全，应该将湖泊灾变风险评估和湖泊生态系统健康评估共

---

〔1〕参见《星云湖流域水污染综合防治“十三五”规划（2016—2020）》、《抚仙湖流域水污染综合防治“十三五”规划（2016—2020）》。

同纳入湖泊生态安全评估体系，并作为管理湖泊的重要方法。[1] 目前如果只重视水质的提升而忽略水量控制或生物多样性的保护，只采取工程治污而不关注整体生态健康，其成效必然大打折扣。人类对湖泊流域的社会系统与生态系统的认识还非常有限，仅依靠现有的环湖截污工程，并不能完全避免生态风险。当前的发展方式，无疑加大了流域生态系统的安全隐患。

（四）城市扩张与其伴生的污染治理代价高昂且难以持续

随着流域周边人口密度加大，3 个湖泊治理措施都采取环湖截污、建人工湿地和污水处理厂等现代生态环境工程。虽然这样的环境工程对于生活污水处理具有明显效果，但治理成本较大，对于云南这样的西部地区政府财政来说是较大的挑战。（见表 3 –2）

表 3 –2　云南省三大湖泊流域污染治理投入

亿元

三大湖泊	“十一五”流域污染防治投入	“十二五”流域污染防治投入	“十三五”流域污染防治投入	“十一五”流域生产总值	“十二五”流域生产总值
滇池	183. 3	420. 1	192. 7	1632. 8	3168. 0
洱海	13. 5	39. 2	162. 9	205. 1	366. 7
抚仙湖	4. 3	45. 8	141. 2	253. 8	414. 9

资料来源：滇池、洱海、抚仙湖的“十一五”“十二五”“十三五”污染防治规划及官方网站信息。

注：根据《洱海流域水污染综合防治“十三五”规划（2016—2020）》预计投入 110. 28 亿元，根据国家财政部 2019 年 12 月公布的信息，最后实际投入 162. 91 亿元。参见《云南财政：增投入建机制严监管　洱海保护治理取得新成效》，载财政部网站，http：//www. mof. gov. cn//zhengwuxinxi/xinwenlianbo/yunnancaizhengxinxilianbo/201912/t20191216_ 3442543. htm。

滇池、抚仙湖和洱海流域是云南经济最发达的地区，地方财政实力相对雄厚。即使如此，2015 年滇池流域因资金不到位、“十二五”规划水污染治

[1] 参见金相灿、王圣瑞、席海燕：《湖泊生态安全及其评估方法框架》，载《环境科学研究》2012 年第 4 期。

理项目未完成率达到70%，昆明市政府被国家环保部两次约谈。[1] 其他流域治理资金的短缺问题更为突出。[2]

湖泊流域治理陷入了扩大流域城镇化规模——增加污水处理基础设施——继续扩大城镇化规模的发展循环，流域治理速度始终赶不上城镇化的发展规模。地方政府需要不断筹措预算外资金以解决治理资金短缺问题，从目前来看，湖泊流域治理资金一部分来自中央财政转移支付，但大部分需要地方发行债务等方式自筹，由此加大了地方负债的风险。

二、生态安全理念的提出

在现有的以污染治理为目标的湖泊流域治理模式下，云南省围绕着水质改善的长期努力和投入取得了显著的成效，湖泊水质逐步走向稳定或趋于改善，流域内房地产迅猛发展的势头受到遏制，不少湖滨带又恢复了自然形态。由于云南省高原湖泊流域在现有治理模式下表现出诸多问题，湖泊流域环境规制的管理者和研究者没有故步自封，而是更加关注污染物产生的根源、责任划分及其社会背景，力求保障湖泊流域社会生态系统可持续发展的生态安全概念逐渐进入人们的视野。

生态安全与环境风险、生态危机是相对应的概念。现代社会环境问题频出，已经严重危及国家环境安全和人民健康生活，引起了政府和学界的广泛重视。各国对生态安全问题的重视程度，在1986年4月苏联切尔诺贝利核电站事故造成灾难性后果后达到了新的高度。从那时起，有关生态安全的话题一直是个研究热点。生态安全问题逐渐凸显并引起全球关注的生态危机，如臭氧层空洞、温室效应、厄尔尼诺现象、生物多样性锐减、大气和水污染、沙尘暴等带来的反常气候和生态环境恶化，已给人类社会造成了巨大损失。

生态安全是一个自然科学、社会科学的交叉研究领域。生态安全，亦称

---

[1] 参见《环保部约谈昆明市政府：滇池流域治污两次遭差评》，载中国水网，http：//www. h2o－china. com/news/220000. html，最后访问日期2023年10月20日。

[2] 参见《程海保护7.3亿元资金至今仍无来源》，载凤凰网，2018年7月13日，http：//wemedia. ifeng. com/69046564/wemedia. shtml。

环境安全，有狭义和广义两种理解。狭义的生态安全专指人类生态系统的安全，即以人类赖以生存的环境（或生态条件）的安全为对象的，其保障的目的是维护威胁到人自身的生存与安全的生态系统，生态安全指的就是人类生存环境处于健康可持续发展的状态。[1] 广义的生态安全是美国国际应用系统分析研究所1989年提出的定义：生态安全是指在人的生活、健康、安乐、基本权利、生活保障来源、必要资源、社会秩序和人类适应环境变化的能力等方面不受威胁的状态，包括自然生态安全、经济生态安全和社会生态安全，组成一个复合人工生态安全系统。[2]

从生态学的角度，生态安全指自然和半自然生态系统的安全，即生态系统完整性和健康的整体水平反映，因此研究主要从生态系统自身的完整性、可持续性角度研究。[3] 从社会科学的角度，我们需要思考，人类社会重视生态安全的目的究竟是什么？从生态中心主义看，应当将人类与其他生物置于完全平等的地位，不得因为人类社会的发展而侵害其他生物生存发展的机会与权利。这一观点在20世纪70年代世界各国普遍发生生态危机后，环境伦理学者开始反思人与自然的关系后提出，奥尔多·利奥波德的《沙乡年鉴》、罗德里克·弗雷泽·纳什的《大自然的权利：环境伦理学史》等著作中都有所体现。相比较人类中心主义，生态中心主义是反思工业文明的一个重大进步，但不可否认的是，人类作为地球上最高等的生物，人类社会对自然界的利用和控制，始终将满足人类社会的需求作为根本的目的，生态安全保障，其根本目的还是要维护人类社会的安全。因此，生态安全的内涵不是脱离人类社会的、纯粹的生态系统自然状态，而是在满足人类安全目标基础上的、社会系统与生态系统的可持续性。

---

〔1〕 See Geoffrey D. Dabelko & David D. Dabelko, *Environmental Security: Issues of Conflict and Redefinition*, Environmental Change and Security Project (ECSP), Report1, p. 3 – 13 (1995).

〔2〕 参见肖笃宁、陈文波、郭福良：《论生态安全的基本概念和研究内容》，载《应用生态学报》2002年第3期。

〔3〕 参见肖笃宁、冷疏影：《国家自然科学基金与中国的景观生态学》，载《中国科学基金》2001年第6期。

三、生态安全理念作为国家安全理论的重要内容

国内最早开始关注生态安全问题的学者可以追溯到1999年，王韩民等从国家安全角度提出要重视生态安全,[1] 曲格平认为生态安全与国防安全、经济安全一样，是国家安全的重要内容，生态安全对于国家的重要意义在于：严重的生态破坏将危及国家的经济发展基础，从政治上将动摇执政基础。他还提醒生态安全正在成为各国国家利益的重要组成部分，因此国家安全的意识形态化要引起更多的关注。[2]

党的十八大以来，随着我国生态文明建设重大战略的深入实施，基于我国现实国情和时代发展的新要求，习近平总书记对生态安全作出一系列重大决策和部署，把生态安全保障作为国家生态文明建设的重要任务。2014年4月15日，习近平总书记主持召开中央国家安全委员会第一次会议上，首次提出“总体国家安全观”，生态安全被正式纳入其中，与经济安全、政治安全、军事安全等传统安全共同构成国家总体安全体系。之后，生态安全逐步被提升为国家重要任务，2015年中共中央《关于制定国民经济和社会发展第十三个五年规划的建议》将“筑牢生态安全屏障”作为“坚持绿色发展，着力改善生态环境”的六大具体要求之一；2016年10月《全国生态保护“十三五”规划纲要》提出“国家生态安全格局总体形成”，作为“十三五”时期我国生态环境保护的主要目标之一。不仅如此，实现生态安全还是我国承担大国使命的重要内容。随着各项生态文明体制机制改革任务和措施的出台和持续推进，生态安全理念逐步融入并渗透到党的执政理念中，生态安全保障机制和监管体制进一步被理顺并不断被完善，生态安全的绿色生产生活方式和消费方式正在全社会不断形成。

---

〔1〕 参见王韩民等：《我国生态安全的问题与建议》，载《经济研究参考》1999年第72期。

〔2〕 参见曲格平：《关注生态安全之一：生态环境问题已经成为国家安全的热门话题》，载《环境保护》2002年第5期。

如今，习近平生态安全观的内涵已经非常丰富,[1] 生态安全是国家安全体系的重要基石。生态安全是实现经济社会持续健康发展的重要保障，要实现生态安全，应当建立社会生态系统的系统观，建立“山水林田湖是生命共同体”的生态伦理观念。面对世界共同的生态环境危机，生态安全是实现“人类命运共同体”的重要基础，只有全世界共同有效防范生态风险，才能实现人类社会命运共同体。

四、构筑流域生态安全是实现区域生态安全的重要保障

构成生态系统的主要要素，如地理位置、气候、人文等因素存在区域差异性，因此生态问题具有很明显的地域性特征，区域生态与全球生态紧密相连。[2] 云南省作为我国西南地区重要的生态屏障，云南省的生态问题关系到我国西南地区乃至东南亚的生态系统健康。流域是人类社会生产和生活的重要的社会—经济—生态复合系统，由于湖泊、河流等流域发生过严重生态危机，流域生态安全因而成为地区和国家生态安全的重要保障。

很多专家学者从不同角度对湖泊流域生态安全开展了卓有成效研究。方兰等认为，水生态安全是指人们在获得安全用水的设施和经济效益的过程中所获得的水既能满足生活和生产的需要，又能使自然环境得到妥善保护的一种社会状态，是水生态资源、水生态环境和水生态灾害的综合效应，兼有自然、社会、经济和人文的属性。[3] 金相灿等从维护湖泊生态安全的角度提出，湖泊管理不能仅以水质保护和水生态功能维持为主，水质变化不能全面反映湖泊生态安全指标，当湖泊生态系统已经发生大的改变时，才能在水质指标上反映出来。为预防湖泊生态安全，应该将湖泊灾变风险评估和湖泊生态系统健康评估共同纳入湖泊流域生态安全评估体系，并作为管理湖泊的重要方

---

[1] 参见陆波、方世南：《习近平生态文明思想的生态安全观研究》，载《南京工业大学学报(社会科学版)》2020 年第 1 期。

[2] 参见欧阳志华、郑华：《生态安全战略》，学习出版社、海南出版社 2014 年版，第 9 页。

[3] 参见方兰、李军：《论我国水生态安全及治理》，载《环境保护》2018 年 Z1 期。

法。[1] 王圣瑞等认为，我国湖泊水生态安全堪忧，国家的湖泊管理应该从水质管理向水生态健康管理转变。[2] 苏玉明等从安全与风险相对应的角度认为，水安全就是指没有危险的状态，从现代社会来看不存在“零风险”，因此水安全就是指免除人类所不能接受的危险，人类所不能接受的危险主要包括水量风险、水质风险、水生态风险和水灾害风险。[3]

2007年由环境保护部牵头，会同地方政府、国家发展和改革委员会、水利部等组成领导小组，启动了“全国重点湖泊水库生态安全调查及评估”项目，从2007年到2011年，历时4年完成了对我国九大重点湖泊（水库）生态安全评估，如发现从1988年到2010年，滇池流域水生态安全一直在不安全与很不安全之间徘徊，湖泊生态系统处于超负荷运转状态。总之，将湖泊作为一个有机生态系统、而不仅仅作为一个不变的水体来评价其健康状况已经在国内外达成共识。从保护湖泊生态安全的角度来看，现阶段我国重点湖泊流域的经济社会发展模式不能满足湖泊生态安全需求。[4] 我国水环境治理目前仍以水质化学指标达标为主要目标，但水质仅仅是流域生态系统状况的一个表征，不能全面代表流域整体状况。而且，流域本身是社会与生态系统的复杂有机整体，如果不考虑社会系统的有序发展，只关注水质状况，也会导致流域治理的“跛脚”情形。因此，需要从社会生态系统的完整性角度调整流域治理目标。

流域生态安全不仅是水质达标，更是以水质为基础的生态系统健康稳定，在流域生态承载力范围内为社会提供健康、安全的物质保障，实现流域社会系统和生态系统的可持续性。之后章节中所指的“生态安全”，即流域生态安

---

〔1〕参见金相灿、王圣瑞、席海燕：《湖泊生态安全及其评估方法框架》，载《环境科学研究》2012年第4期。

〔2〕参见王圣瑞等：《全国重点湖泊生态安全状况及其保障对策》，载《环境保护》2014年第4期。

〔3〕参见苏玉明、贾一英、郭澄平：《水安全与水安全保障管理体系探讨》，载《中国水利》2016年第8期。

〔4〕参见王圣瑞等：《全国重点湖泊生态安全状况及其保障对策》，载《环境保护》2014年第4期。

全，是针对湖泊流域的社会生态系统，采用前述的广义生态安全定义，是指生活在流域这一特定的区域内的人群享有在生活、健康、安乐、基本权利、生活保障来源、必要资源、社会秩序和人类适应环境变化的能力等方面不受威胁的状态，包括自然生态安全、经济生态安全和社会生态安全。流域自然生态安全就是指为维护流域生态系统的完整性和健康状态，增加生态系统的弹性和稳定性。流域经济生态安全是指流域经济发展水平应当与流域生态承载力相适应，确保经济发展规模和产业机构在不危及生态系统健康的前提下实现经济的稳定发展。流域社会生态安全是指流域自然资源为流域人群提供充足、稳定的基本生活资料，使人民免受灾害、疾病、基本生产生活资料短缺的危险。因此，流域生态安全是建立在流域社会生态系统相互融合、可持续发展的基础上的。当地政府作为公共产品的主要提供者，要通过制定良好的制度，采取科学有效的规制工具，确保实现流域社会、经济和自然的生态安全秩序。

第二节　洱海流域生态安全的系统动态分析

基于对湖泊流域生态安全的概念与研究的梳理，以及生态安全即社会生态系统可持续发展的定义，本节借鉴了美国政治经济学家埃莉诺·奥斯特罗姆的社会生态系统可持续发展的动态分析框架，与她用该分析框架识别可实行自主治理的流域不同的是，笔者在遵循该分析框架逻辑及原理的前提下，从湖泊流域社会生态系统的总体视角，结合洱海流域现有的水质目标模式的运行情况，构建了洱海流域的管理系统、资源系统的动态图，并在这两个系统动态图的基础上，构建了洱海流域社会生态系统可持续发展的动态总体分析框架。

通过运用上述系统动态图与动态总体分析框架，本节针对洱海流域的管理系统、资源系统做了动态分析，并从洱海全流域视角针对洱海流域社会生态系统可持续发展做了动态总体分析。这些分析建立在洱海流域社会生态系统开放、动态复杂变化的先验条件上，超越了现有的只关注流域生态系统且把系统看作封闭的、线性变化的传统规划思维。分析发现，现有的水质目标治理模式，不能满足湖泊流域生态系统持续好转的需要，更遑论去适应跨越多个行政区划的湖泊流域社会生态系统可持续发展的需要；现行的“九龙治水”、条块分割的组织管理模式，在应对湖泊流域层出不穷的生态环境、经济转型、社会变迁等问题上力有不逮。洱海流域社会生态系统是一个有机整体，生态、社会、经济等系统的变化及其面临的问题，在各自系统内无法得到充分协调解决，要实现洱海流域社会生态系统可持续发展，也就是要实现洱海流域生态安全，需要突破现有的以污染治理为目标的治理模式，在洱海全流域范围内，发展起一种除了生态系统之外，还须囊括社会系统、经济系统的全新的治理模式，从而实现洱海流域社会生态系统的协调发展。

一、社会生态系统可持续发展动态分析的逻辑框图及其应用

湖泊作为一种公共资源，在被广泛使用但缺乏有效治理之前，其存续会陷入哈丁在 1968 年所宣示的“公地悲剧”结局，即开放的公共资源必将被过度使用，最终被毁掉。若要维持公共资源的可持续利用及使用者利益，必须得有外力干预。

该观点对公共资源治理产生了很大影响，人们期望找到一种外力能彻底地解决此类问题。为此，对公共资源拥有所有权或管辖权的政府、组织或个人等介入公共资源治理的研究延续至今，有关公共资源所有权或管辖权的划定，曾是相关领域长期热点议题。然而，对公共资源的独立监管会导致一系列问题，比如公共资源被隔离后的生态恶化或投入资金难以为继等，说明引入外力并非解决所有公共资源问题的答案。奥斯特罗姆通过多年的理论研究和实践说明，湖泊、牧场、地下水等公共资源，往往都具有独特性，通过适宜的制度安排可以取得比之前理论更好的结果。她因在经济治理尤其是公共资源治理上的卓越贡献，被授予 2009 年诺贝尔经济学奖；同年，她在《科学》杂志上发表的《社会生态系统可持续发展总体分析框架》一文，引起了学界的广泛关注和持续研究。

现有湖泊流域上的研究与实践，容易走入一种误区，倾向于把复杂事物简单化，这样约简复杂度虽然便于理解与分析，但依此分析去指导时刻发生着复杂变化的动态系统，就不仅有“刻舟求剑”之嫌，还可能给系统治理带来全盘崩溃的灾难性后果。奥斯特罗姆不排斥复杂性，而是提倡驾驭复杂性，“必须科学地处理好复杂性问题，而不是简单地把它们从系统中消灭”,〔1〕强调关注多样性治理的价值。

在对5000多个小规模公共池塘资源案例的研究基础上，奥斯特罗姆提出了社会生态系统可持续发展分析框架，首次提出了能够描述系统特征和演化机制的一般框架及关键变量的层次体系，基于此，只要收集到相关数据，就能识别社会生态系统的特征和演变方向，从而进行有效治理。最早针对静态系统提出的社会生态系统包含四个核心子系统：（1）资源系统，指有明晰资源边界的指定区域，如洱海；（2）管理系统，指对资源系统享有所有权或管辖权，可改变资源系统现状的管理组织及操作规则等，如大理州洱海保护治理及流域转型发展指挥部、洱海流域管理规定等；（3）资源单位，指资源系统内的生物资源，如洱海流域内的森林、动植物等及其经济价值、时空分布、相互影响等；（4）用户，指资源系统内的、使用资源的组织或个人，如洱海流域内的企业、组织与农户等。这四个子系统相互影响形成社会生态系统的形态结果，结果反过来又对四个子系统产生影响。

在引入了人文因素和自然因素的双重影响后，奥斯特罗姆对原先静态框架做了拓展，并把行动情境作为新框架的动态基础，从而构建了社会生态系统可持续发展动态分析的逻辑框图。(见图3-2)

---

〔1〕 See AXELROD R. COHEN M. D, *Harnessing Complexity*, Free Press, p. 126 - 128 (2001).

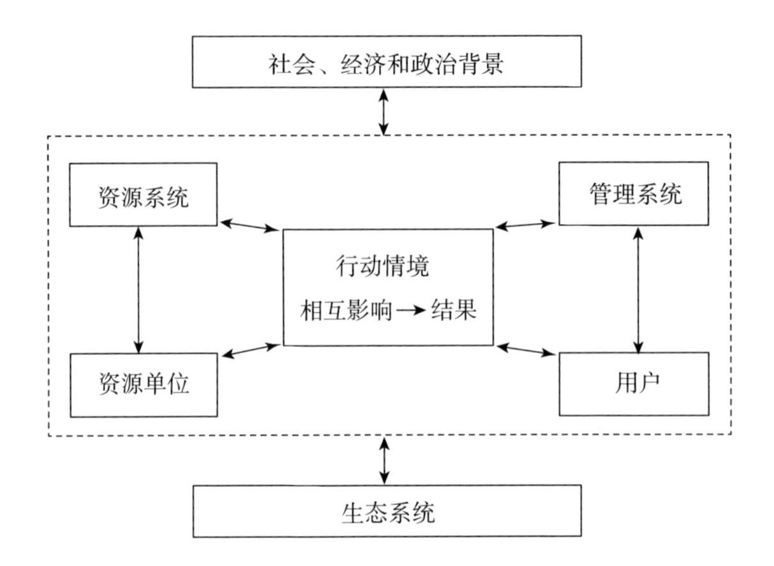

图 3－2　社会生态系统可持续发展动态分析的逻辑框图

资料来源：谭江涛、章仁俊、王群：《奥斯特罗姆的社会生态系统可持续发展总体分析框架述评》，载《科技进步与对策》2010 年第 22 期。

以洱海流域的环境规制为例，管理系统是立法规制系统、行政规制系统、司法规制系统及规制监督系统的统称，以行政规制系统为主。行动情境表示行政规制系统在不同时段发起的“六大工程”“七大行动”“八大攻坚战”，这些行动在四个子系统之间造成相互影响并产生结果。

在洱海流域社会生态系统的子系统之间的互动过程中，管理系统发起的行动情境及其造成的影响，是整个系统最显著的促变因素。生态系统作为自然因素，社会、经济和政治背景作为人文因素，它们的变动对整个洱海流域内的子系统产生影响，并通过洱海流域内的子系统的变化进行互动。

动态逻辑框图的优势在于，它描述了信息流和资源流的动态过程，信息流由管理系统发出，经用户作用在行动情境上，行动情境对资源单位的改变会导致资源系统的改变。管理系统与流域的社会、经济、政治力量互动，资源系统与流域的生态系统互动，使流域社会生态系统内反馈的信息流和资源流，沿着与先前流动相反的方向传递。

奥斯特罗姆提出的社会生态系统可持续发展分析框架，突破了之前学界对公共资源治理的“万能药”假想，即总想以一种办法去解决所有问题。她和其他学者发现，许多公共资源使用者通过协商实施的低成本管理系统，已使资源系统获得可持续发展的能力，即公共资源治理并非只存在一种管理形式，也可以是多样化的管理形式，具体方式要视公共资源的独特性而定。使用者通过自主治理模式，可以解决“公地悲剧”问题。因此，奥斯特罗姆最初使用分析框架，是来识别判断公共资源是否适用自主治理模式，她在一级核心子系统“管理系统”下的二级关键变量里，设计公益组织、集体选择规则等变量。为便于使用者群体判断资源管理的期望收益，她在一级核心子系统“资源系统”下的二级关键变量里，设计生产系统、均衡财产、储备特征等变量；在一级核心子系统“资源单位”下的二级关键变量里，设计经济价值等变量。

虽然奥斯特罗姆的社会生态系统可持续发展分析框架，最早是应用于判别公共资源是否适用自主治理模式的，但针对动态变化的社会生态系统的逻辑框图，却有着普遍的适用性，在不同的适用场景时，一级四个核心子系统下的二级关键变量，需要根据公共资源的特性做适应性的调整。洱海流域包括洱海水体、洱海周边环境组成的生态系统，以及依洱海而生存的经济、社会形式，可以看作一个社会生态系统。因此，社会生态系统可持续发展分析，尤其是其动态总体分析的逻辑，能够用来理解并构建洱海流域社会生态系统可持续发展的动态总体分析框架。虽然社会生态系统的内在变化逻辑是相通的，但与奥斯特罗姆提出社会生态系统可持续发展分析框架的社会背景有所不同，洱海流域实行的是国家行政部门完全主导的环境规制，因此，洱海流域社会生态系统的分析框架，要体现洱海流域的特点，在一级核心子系统的动态结构上，需要突显管理系统的主导作用。奥斯特罗姆针对自主治理模式设计的一级核心子系统下的二级关键变量，不能适用洱海流域，若要构建洱海流域社会生态系统的动态分析计量模型，则需要根据洱海流域社会生态系统的特点，另外特别予以设计或指定。

二、构建洱海流域社会生态系统可持续发展的动态总体分析框架及其分析

鉴于奥斯特罗姆是从图 3－2 的逻辑框图出发，先分别从社会制度层面、

自然生态层面分析对社会生态系统的影响机制，再构建社会生态系统动态总体分析框架的。笔者循沿这一分析思路，结合洱海流域环境规制运行机制，在社会制度层面、自然生态层面对洱海流域社会生态系统的影响机制上，构建洱海流域社会生态系统的动态总体分析框架。

（一）社会制度层面下的管理系统动态

奥斯特罗姆本着识别流域能否适用自主治理的研究目的，从社会制度层面下的用户组动态出发，研究用户组信息及其集体协调决策等对流域社会生态系统的影响机制。洱海流域实行国家行政部门完全主导的治理模式，因此研究社会制度层面下对社会生态系统的影响机制，要从管理系统动态入手。

图 3－3 列明了管理系统动态过程的关键步骤，描述了在社会、经济和政治背景下的行动情境产生的内在逻辑。

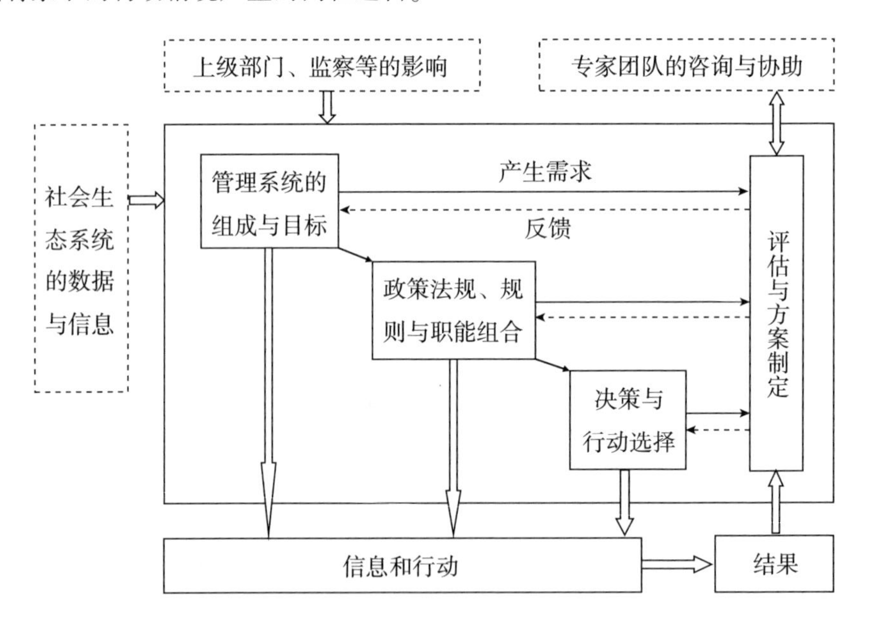

图 3－3　管理系统动态

1. 洱海治理目标的形成与执行

洱海流域社会生态系统的数据和信息是进行洱海治理的先验资料，省级政府部门的督导和中央环保督察组的诫勉问责，具有强制性的督促作用，将二者输入管理系统，直接形成了洱海保护治理目标以及基于目标调整的洱海流域管理系统。

围绕着流域治理目标，管理系统在其内部进行不同职能部门的组合以持续开展行动，并在制度层面发布政策法规、制定规则以保障行动的合法合理性，配合行动的开展。行动情境中的决策层，是命令发布者、规则选择和执行者做出的决策和决定，以特定的方式传达给第三方企业（如环保工程的招投标）、组织（如乡镇组建工程队）或用户组成员（如流域红线内的居户要做生态搬迁）执行。

2. 决策机构与专家系统的互动

鉴于湖泊流域跨越行政区划，且涉及政策法律、生态学、环境科学、环境工程等多学科交叉知识，管理系统在部门组成、规划目标、行动方案等诸多环节，都可能会提出评估与方案制定的请求，再由专门团队以课题发布或技术招标等形式向专家技术团队咨询或请求协助，决策层作出行动情境的决策并由职能部门开展行动，所有信息和行动的结果，在得到评估后会反馈给管理系统的各个不同层面，社会生态系统的数据与信息也会得到更新。

3. 结论

由图 3－3 的管理系统动态及洱海实际情况看，洱海流域环境规制采取国家行政部门主导、自上而下的贯彻实施，投资巨大，易于快速取得效果，但社会公众缺乏参与决策与沟通对话等机会，环境规制的民意基础薄弱，规制成本高。当前的管理系统的设计与运行，紧密围绕流域水体水质开展环境规制，对流域生态系统非线性变化的性质和社会系统的变动发展缺乏充分了解与协调，长此以往，若出现生态系统或社会系统意外演变后果，就可能给流域社会生态系统协调发展带来冲击。

（二）自然生态层面下的资源系统动态

资源系统动态（见图 3－4）。

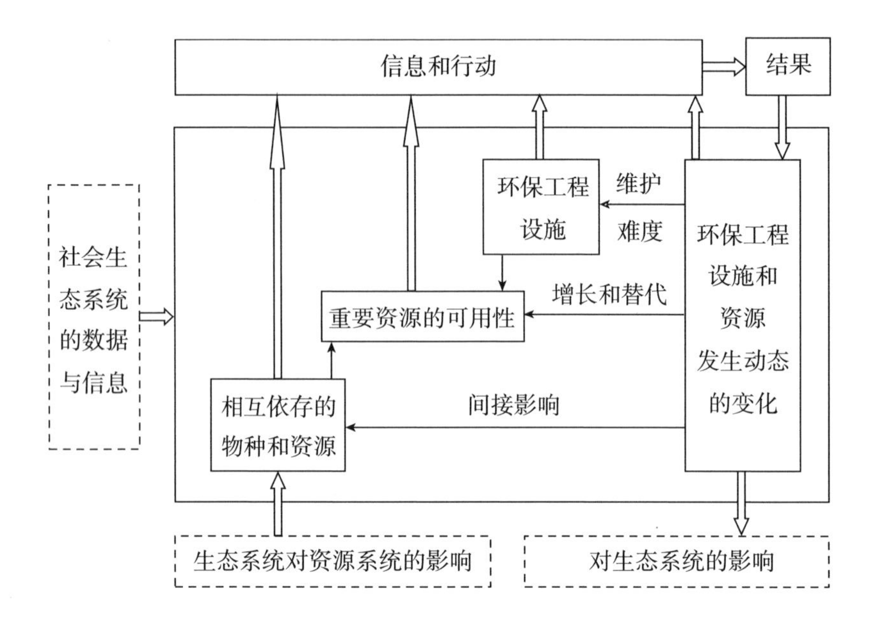

图 3－4　资源系统动态

1. 生态系统与资源系统的关系

二者是相互依存、相互影响的关系。流域包含多种自然资源，由资源单位所组成的不同资源系统相互作用，形成了有机的生态系统。资源系统既是独立的系统，同时又受到整个生态系统的制约，二者之间相互影响，相互促进。

2. 重要资源及资源系统的动态变化

重要资源（如水资源）是流域生态系统存在和发展的根基，在社会生态系统中处于举足轻重的地位。重要资源的可用性，主要受到三个方面的制约：(1) 环保工程设施（如截污管网工程和污水处理厂）；(2) 相互依存的物种（如各种生物）；(3) 资源单位（如森林资源）的影响。从图 3－4 中有三个重要的反馈，其一，随着时间的推移或维护投入的减少，维护难度增加，环保工程设施的功能有可能有所削弱，会影响到重要资源的可用性；其二，当重要资源的使用速度超过其再生速度时，整个社会生态系统就会发生退化或崩溃的风险；其三，行动情景可能会导致环保工程设施和重要资源的动态变化，间接地影响到物种的数量及分布的变化，以及资源单位的数量变化或消失。所有资源的动态变化，反过来又会对管理系统的信息和行动产生影响。

3. 结论

由图 3－4 的资源系统动态可以看出，环保工程设施需要长期维护投入，社会系统的快速发展使得有限水资源、土地资源的承载力问题凸显，由管理系统发起的行动情境造成的结果对生物多样性的数量与状态也会有所影响，这就提示了，现有的水质目标治理模式，只关注水质是远远不够的，维持流域环保维护的长期投入，保持社会生态系统之间的协调发展，以及关注和促进生态系统好转等的现实必要性，对现有的治理模式，提出了进一步扩展范围、加深力度的要求。

此外，鉴于流域生态系统非线性变化的性质，在现有的治理模式中，把生态系统看作线性变化的传统规划思维面临挑战，流域变化的数据与信息需要被全面及时地捕捉，通过专家评估解释、形成意见建议等方式，反馈给信息和行动的发起方——管理系统，从而形成一个全流域社会生态系统的影响反馈机制，便于管理系统对行动情境的结果予以回应或纠偏。这就对未来的流域治理模式，在全流域的管理层面，感知、评估、决策与应对流域多样性变化，提出了新的要求。

（三）构建洱海流域社会生态系统可持续发展的动态总体分析框架

把图 3－3 管理系统动态中的信息和行动、结果框图，与图 3－4 资源动态中的信息和行动、结果框图重合，再把社会、经济和政治背景下的管理系统，与流域生态系统背景下的资源系统的动态凸显出来，结合洱海流域环境规制的实际情况予以调整，就可得到洱海流域社会生态系统的动态总体分析框架（见图 3－5）。该图中的粗箭头表示洱海流域社会生态系统的资源、信息流动路径，细实箭头表示影响的传递方向，细虚箭头表示数据与信息的反馈方向。

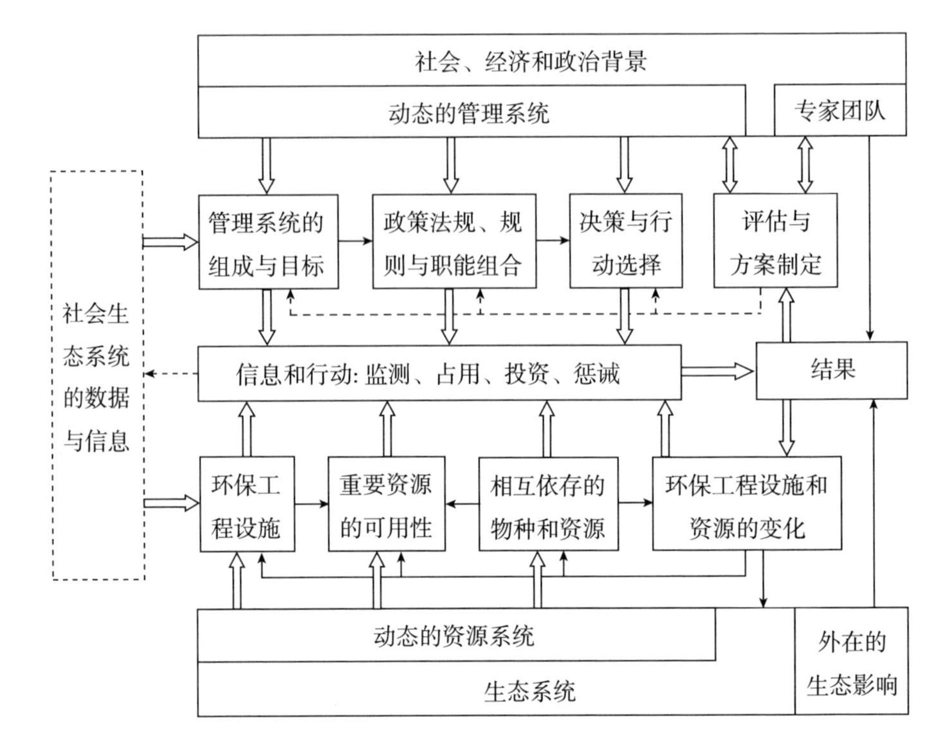

图3-5　洱海流域社会生态系统可持续发展的动态总体分析框架

用户组特指资源系统内的、使用资源的组织或个人，如洱海流域内的企业、组织与农户等，其在识别自主治理模式的社会生态系统可持续发展分析框架中，具有重要的作用。在洱海流域里，国家行政部门完全主导洱海保护治理及产业转型发展的决策与行动，用户组处于被搬迁、被监管甚至在有违法违规行为时被惩戒的从属与服从地位，只有申诉、投诉问题或检举等的权利，因此在构建洱海流域社会生态系统可持续发展的动态总体分析框架时，没有专门设置用户组模块。

1. 资源和信息流动的走向，代表了社会生态系统的两个主要的资源和信息的流动过程。第一个资源和信息流动过程是由动态的管理系统基于现有的数据和信息发出，流向管理系统的组成与目标，政策法规、规则与职能组合，决策与行动选择三个模块，从这三个依次影响的模块流向行动情境（包括专项行动和日常执法等）所表现的信息和行动模块，产生的结果由管理系统提出评估与方案制定的需求后，通过课题招标等途径与专家团队互动后，返回评估与方案报告给管理系统。第二个资源和信息流动过程是从动态的资源系统流向环保工程设施、重要资源的可用性、相互依存的物种和资源三个模块，流向信息和行动模块，产生的结果会引起环保工程设施和资源的变化，再带来相应的信息和行动。

2. 在影响方向上，需要注意的是，专家团队对行动情境的结果有影响，行动的结果却对专家团队没有影响。环保工程设施、物种和资源都对重要资源（如水资源）的可用性有较大影响，相互依存的物种的数量、时空分布等，资源单位的变化，也会影响现有环保工程设施的功能发挥，或需要新建环保工程，或引起资源的变化，继而对环保工程设施、重要资源的可用性、物种和资源产生影响，或对生态系统产生影响。外在的生态影响（如降雨量）可能会对行动情境的结果产生影响（如水质）。

3. 在信息反馈上，专家团队对行动情景的结果评估和方案制定，可以看作一个系统反馈机制，是对管理系统各个层面的筹备、决策和行动结果产生偏差的识别与解决。信息和行动模块通过自动监测站、网格化河（湖）长制管理等渠道，对重要资源的可用性、环保工程设施、物种和资源的变化情况进行监测和数据收集，并把数据与信息反馈给流域的管理系统平台。

4. 结论。现有的水质目标治理模式，通过信息和行动产生的结果（如水质、水华不大规模爆发），会受到外在的生态影响（如气候变暖），在不确定的水体升温情况下，无论采取何种环境规制措施，水华仍有可能大规模爆发。而水质目标治理模式带来的环保工程设施和资源的变化，可对物种和资源造成间接影响，却不能必然地促进流域生态系统的持续好转。

在现行的条块分割的组织管理模式下，管理系统针对流域治理的行动任务采取的动员型组织结构形式，已达到能够调动管理系统行动潜力的最大限度,[1] 然而这还只是实施固定化的流域治理行动任务，在应对洱海流域社会生态系统的多维度复杂变化上，管理系统还需要发展更加灵活且有效的组织管理形式，以及建立在实时观察与反馈之上的，对于流域范围内的社会生态问题的评估、决策与沟通等的运作机制，这就提示了，现有的水质目标治理模式，在促进洱海流域社会生态系统可持续发展上，存在着很大局限，需要发展起一种新的治理模式，以突破现有条件，反映社会生态系统的动态变化并予以合理化回应，实现洱海流域社会生态系统的可持续发展。

总之，通过洱海流域社会生态系统可持续发展的动态总体分析框架图，我们可以较完整地了解洱海流域社会生态系统之间的互动关系。社会系统通过管理系统的行动情境对资源系统继而对资源单位造成影响和改变，从而影响和改变了生态系统；生态系统则通过重要资源单位（尤其是水资源）的水质、水量、水生态等状况的改变，将信息反馈到管理系统，促使管理系统做出相应地改变和调整。

第三节　以生态安全为目标的湖泊流域治理模式的条件和特征

一、新模式的概念和发展路线

以生态安全为目标的湖泊流域治理模式作为未来的发展趋势，并非对现有治理模式的完全抛弃，而是在继承现有模式的基础上，提出新的规制目标，其不仅关注流域生态系统的转变，更要从流域社会生态系统的整体性视角，调整环境规制体制。事实上，以污染治理为目标的治理模式，明确了地方政府应当承担的环境责任，以威权方式督促地方政府履行职能。在我国环境危机不断爆发的特殊阶段，这一模式是非常有效的，能快速遏制水质下滑趋势，但长远来看，虽然地方政府付出巨大努力，社会也承担了巨大的发展机会成

[1] 参见王洛忠、刘金发：《从“运动型”治理到“可持续型”治理——中国公共治理模式嬗变的逻辑与路径》，载《未来与发展》2007 年第 5 期。

本，但未来要实现水质的持续升级，必须实现生态系统健康发展。现在不断增长的流域社会发展规模，对生态系统形成巨大的压力和威胁，水资源不足、污染不断增量、治理成本日益高企等风险，已经实际威胁到整个流域生态安全。如果继续延续水质目标模式，不仅地方政府存在难以完成目标的政治风险，而且单方面采取严格管控的行政成本高昂，另外，长期以来形成的传统生计和社会秩序也会受到严重伤害。因此，必须寻找一条协调社会系统和生态系统可持续发展的规制道路。

我国正在从工业文明向生态文明转型，随着中央政府对地方政府考核内容的升级，在基本稳定水质后，地方政府的流域环境治理重点应当从水质达标转向流域社会生态系统的可持续发展。从以洱海流域为代表的环境规制的长远规划来看，决策者计划在2035年后将把生态系统改善作为规制目标，但脱离对社会系统的观照，这样的规划实现起来，难度是非常大的。基于之前的分析和判断，本文提出以生态安全为目标的湖泊流域治理模式，强调湖泊流域是社会生态系统相互交织影响的复杂系统，应当以实现湖泊流域社会生态系统安全（流域社会生态系统可持续发展）为长远目标。本文针对湖泊流域环境规制的发展路径及对发展阶段进行模式划分的构想（见图3－6）。

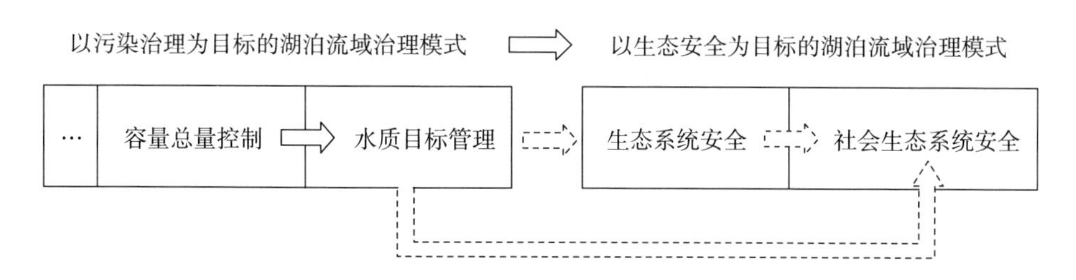

图3－6　以生态安全为目标的湖泊流域治理模式的发展路线

从以污染治理为目标的流域治理模式下的水质目标管理的环境规制阶段，直接走向以流域社会生态系统安全为目标的生态安全规制模式，是可能的，逻辑上也是可行的，而非必然地要经历过水生态安全、生态系统安全的“生态系统安全”的环境规制阶段，才能向更高层次的环境规制阶段迈进。提出这样的设想，正是在考察当地政府环境规制治理中存在的“只要水质，忽略民生”等异化现象后提出的。在未来的治理中，随着考核的升级，如果继续原本的治理思路，将给地方生计和财政压力带来更大的风险。因此应当在当前阶段，就提出流域社会生态系统协调发展的理念，确立以生态安全为目标的湖泊流域环境规制的发展思路。在我国行政规制作为主导的环境规制体制下，行政规制措施和规制机制将对整个社会系统乃至生态系统起到举足轻重的作用。从调整环境规制目标开始，调整相应的规制机制和制度是非常必要的。

二、新模式的成立条件

以生态安全为目标的湖泊流域治理模式，是指以实现流域社会生态系统安全为目标，采取污染控制和风险预防相结合策略，以法治为根本逻辑，以行政规制为主导，在合作规制和自我规制相结合下，在生态红线确定的生态承载力内实现流域生态经济和社会的持续发展。

与现有的模式相比，新模式提出了更综合和全面的治理目标，能在继续加强依法管控的同时，兼顾地区传统生计，充分发挥公众协同治理机制，因地制宜地通过“一湖一策”实现流域社会生态系统安全。

具体来看，以生态安全为目标湖泊流域治理模式应当具备以下主要条件。

（一）以污染控制和风险预防为策略

在水质为目标的治理模式下，行政规制的重点是对可能导致水质下降的污染源尽可能地进行控制和削减，以预防可能的水质下降危险。与我国“十一五”时期以前一直采取的污染浓度控制方法相比，[1] 对污染源采取达标排放管理，已经是很大的进步，这一做法也被称为环境治理中“预防原则”的实现。但也有学者指出“危险预防”与“风险预防”是有所不同的，我国目前的环境保护还只是对危险进行预防，还未实现风险预防。[2] 德国学者对危

[1] 参见张晓玲等：《流域水质目标管理的风险识别与对策研究》，载《环境科学学报》2014年第10期。

[2] 参见李永林：《环境风险的合作规制——行政法视角的分析》，中国政法大学出版社2014年版，第72~75页。

险、风险、剩余风险进行了区分，三者分别代表了与可能发生的损害事件相关的三种不确定性状态。相比较而言，危险是相对确定的损害，而风险发生的可能性可能延伸到很长的时间，其发生的概率无法凭借经验予以判定，其产生的根源由于技术等因素也难以认定。剩余风险与风险的把控不同，剩余风险表明未来发生损害的可能性较低，是由于规制资源有限，不再提供规制保护。[1] 从风险社会理论提出后，公共管理和行政法领域的学者从不同的角度对风险规制展开研究。从环境规制来看，因为风险来自技术应用和规制决策，风险具有不确定性和难以控制等特点，因此应当将科技应用、决策中的不确定性纳入规制范畴，通过“风险预防”予以规制。这意味着必须有一套科学的风险规制体系。一般来说，风险规制应当包括风险评估、风险管理和风险沟通。[2] 由于风险的发生与技术相关，对风险的评估也需要借助专家体系提供帮助，因此风险评估是一个科学的过程，但风险会受到人们的文化、价值的影响，风险具有主观建构性，所以风险评估应该听取社会的意见，加强风险沟通，风险文化理论对此有深刻的分析。

另外，风险具有难以控制的特点，意味着不可能对所有的风险予以防范。还有的风险从成本—收益角度来看，规制成本远远高于规制收益，而人们选择接受风险带来实际的环境损害。这时只能尽可能采取事后措施降低因此带来的危害。例如，农业面源污染、雨水冲刷路面导致农药化肥污染物流入湖泊等，要绝对消除此类污染物带来的水质风险是非常困难的，因此事后的污染控制和治理措施也是必不可少的。

综上，要实现流域生态安全不能仅仅对发生概率高的水质危险进行规制，而是应当建立一套有效的规制体系，把包括水质在内的其他环境风险也纳入评估、管理之中。近年来，我国更加重视各类环境风险预先评估，2020 年 3 月国家生态环境部发布了《生态环境健康风险评估技术指南 总纲》（标准号：

---

〔1〕［德］乌尔里希·K. 普罗伊斯：《风险预防作为国家责任——安全的认知前提》，载刘刚编译：《风险规制：德国的理论与实践》，法律出版社 2012 年版，第 142～143 页。

〔2〕参见黄新华：《风险规制研究：构建社会风险治理的知识体系》，载《行政论坛》2016 年第 2 期。

HJ 1111－2020)，标志着我国已逐步建立环境风险评估体系。

(二) 依法治理是实现流域生态安全的基本保障

流域生态安全就是要实现流域内公共利益的最大化，保障流域内群体的基本权利和利益，依法治理是实现这一目标的必由之路。党的十八届四中全会作出要全面依法治国的决定。法治化是实现国家治理现代化的保障。法治意味着制定良好的法律并得到社会普遍的服从，[1] 良法是法治的前提。首先，法治意味着体现国家意志的法律要代表人民意志、体现人民利益，通过民主程序制定。其次，法律的生命在于实施。良善的法律应得到政府、社会的执行和服从。依法治理是在全社会树立法律权威的关键，尤其是代表国家意志实施法律的行政、司法部门，应通过依法治国、依法行政、公正司法来维护社会的良好秩序，保障公众的合法权益、维护民生。

随着现代化建设中环境风险发生概率的加大，以及上级考核问责压力的不断升级，地方政府为了避免被问责，加大了行政规制强度，行政规制权力扩张迅速，相应地，公众的权利空间受到很大挤压。因此行政规制边界、程序正义等议题尤其引起关注。依法治理强调行政权力的行使应当在宪法和法律的框架内，不能以保障公共利益之名损害公民基本权利，程序正义与实体正义是同等重要的。依法治理要求政府在提供公共服务的过程中做到程序合法、政务公开。然而，很长一段时间以来，法律程序不被重视，个别政府部门在流域治理中决策和执行走过场，形式主义严重，重大建设项目“先上马后环评”，重大行政决策不进行事前公开，与环境有关的重大信息不主动公开信息等，未依法保障公众的知情权和参与权，事后可能导致严重的环境群体性事件。程序合法才能避免权力滥用，实现科学民主决策，保障公众的合法权益。

依法治理应保障区际公平、群体间公平。公平是善治的内在要素，由于环境具有正外部性和负外部性，因保护环境而丧失发展机会的地区和群体，

---

[1] 参见［古希腊］亚里士多德：《政治学》，吴寿彭译，商务印书馆1996年版，第35~45页。

保护所产生的正外部效益惠及周边所有人，因此搭便车的行为不能完全避免。从权利义务对等的角度来看，享受了生态服务的地区和群体应该给付相应的对价作为对提供服务地区的生态补偿。因此，需要公共服务部门通过环境政策合理地配置资源，通过适当的方式实现财政转移支付，[1] 以实现权利义务的均衡，应保障流域内不同群体之间公平发展的机会，让他们有权利公平地获得流域资源、利用资源、分享流域公共福祉。流域内的原住民因历史上长期的耕种和居住所获得的自然权利，在习惯法上得到保障，但由于与国家现代法律存在冲突，在国家统一的流域治理行动中往往成为被“取缔”的对象，由此可能造成群体发展机会不公平、中断民族文化的传承。因此在制定和完善地方流域法规政策时，应当因地制宜、吸收和接纳习惯法中有利于不同群体公平发展、保存生态文化的合理元素，保障少数人的民生和发展权益。[2]

（三）环境规制决策应立足于整个流域范围

鉴于生态安全的目标已经超越了简单的水质改善要求，政府作出规制决策不能仅着眼于污染源控制，应当将水质、水量、水生态保障，产业规划，生计保障等纳入规制对象，这也意味着必须以流域总体规划为依据，全盘考虑流域内的开发利用规划对生态安全的影响。这对规制决策主体提出了更高的要求，以当前的按照部门职能分头管理的格局，没有任何一个部门能够承担这一总体规划、全面协调、总体负责的职责。洱海流域“八大攻坚战”指挥部也仅仅是作为特定时期保障水质这一特定任务的临时决策、协调主体，而流域生态安全这一全局和长远的任务，需要有专门的机构予以负责。目前国内外可资参考的流域管理模式有阳宗海管理模式和美国田纳西河流域管理模式（TVA）。

云南九大湖泊之一的阳宗海，其管理机构阳宗海管委会具有承担全面保护责任与开发职能。2009 年经云南省政府批准同意，昆明市政府通过行政托

---

〔1〕 参见葛颜祥等：《流域生态补偿：政府补偿与市场补偿比较与选择》，载《山东农业大学学报（社会科学版）》2007 年第 4 期。

〔2〕 参见张晓辉、姚艳：《论民族民间传统文化的法律保护》，载《思想战线》2007 年第 3 期。

管方式将阳宗海流域行政管理权整建制委托给阳宗海管委会，由其对整个流域进行“统一规划、统一保护、统一开发、统一管理”。从法律地位来看，阳宗海管委会是由云南省政府批准成立的、受昆明市政府领导的一级地方政府，其地位相当于县级政府，享有阳宗海流域内的绝大部分行政管理权。这一模式与TVA有一定的相似性，TVA既享有行政权力，又同时可以采取私营企业独立运营的形式，政府任命的董事会与地区资源管理理事会共同负责流域事务，董事会是最高决策权力机构，理事会是专业咨询机构，二者各司其职。[1] 虽然阳宗海管委会与TVA都作为专门的流域管理机构，但二者在本质上依然有较大区别。由于与现有的行政区划之间仍存在不可分割的联系，阳宗海管委会审批与土地、林地、房产等与属地有关事项，无法突破国家法律硬性规定，不可避免地要与现有行政属地管理部门进行协调，而且限于行政级别，甚至要通过昆明市政府与玉溪市政府进行协调。[2] 相比较之下，在美国联邦体制下，TVA得到美国国会的直接授权，其与田纳西河流域内的七个州之间是独立关系，可以与七个州政府直接进行沟通协调。此外，阳宗海管委会的身份是政府部门，并不能直接从事流域资源的经营。虽然阳宗海管委会在实际运行中存在着管理权限与行政区划体制之间的矛盾，但其享有独立流域总体规划和执行机制，我们可以对此进行改造运用于新的治理模式。

（四）有效的风险沟通机制和多种规制机制

风险社会中，对风险的评估一方面依赖于专业人士的判断，另一方面公众对风险的确认同样重要。根据风险文化理论，风险既是客观的，也是建构的，这意味着究竟哪些构成风险、是否需要政府规制，不仅是科学认定问题，同时也受到人们的文化、信仰、价值观所左右。[3] 正如洱海的水质拯救行动

---

[1] 参见谈国良、万军：《美国田纳西河的流域管理》，载《中国水利》2002年第1期。

[2] 参见木永跃：《当前我国地方政府行政托管问题研究——以云南阳宗海为例》，载《云南行政学院学报》2013年第5期。

[3] 参见斯科特·拉什、王武龙：《风险社会与风险文化》，载《马克思主义与现实》2002年第4期。

中，洱海上游核心区种植大蒜被专家认定为是造成水质下降的主要污染源，因此政府做出了禁止种植大蒜的规制命令；但作为当地的农户对此却有不同的看法，当地种植大蒜已经有二十多年的历史，政府的风险评估和决策过程中并未公开专家论证或听证会，命令一经发布马上执行，农户因此遭受了较大经济损失。[1] 与此类似的问题，在洱海治理行动中曾多次出现，洱海客栈餐饮经营者和当地农户对环境规制命令存在较大抵触情绪，根本原因是在规制过程中政府缺乏有效的风险沟通机制，没有获得利益相关者对于风险的理解与支持。

专家对风险的评价虽然是一个客观的过程，但也有可能受制于专家的专业知识水平，同时专家的独立性也可能会受到利益、权力的影响，因此，当专家对风险的评价与公众认知存在差异，规制措施将对利益相关方造成较大影响时，政府应当谨慎考虑、遵循法律程序进行意见收集和信息公开，这一过程就是风险沟通。[2] 通过风险沟通的信息交流机制，帮助政府调整“可接受”的风险水平并做出科学的决策，风险最终是要社会来共同承担的，所以风险沟通也有助于社会确认风险、共担风险。[3]

环境规制机制以命令控制为主，但不能仅依靠政府的强制力推行，尤其是在风险频发的现代社会，一旦政府的环境风险识别系统失灵或规制应对迟缓，就会导致整个社会的规制系统失灵。因此，在风险社会下培育多种规制机制是非常有必要的。正如前文所论述的，云南省湖泊流域规制实践中已经有公私合作规制的成功案例，历史上也有云南的民族地区运用村规民约、民族信仰的方式进行自我规制的传统[4]，这样的规制机制有利于弱化行政规制强制性、对抗性的属性，通过引导、教育、自律实现规制目标，降低规制的

---

[1] 参见《污染洱海，这“蒜”怎么回事》，载新华网，http：//www.xinhuanet.com/energy/2018－10/10/c_1123537345.htm。

[2] 参见黄杰、朱正威、赵巍：《风险感知、应对策略与冲突升级——一个群体性事件发生机理的解释框架及运用》，载《复旦学报（社会科学版）》2015年第1期。

[3] 参见龚文娟：《环境风险沟通中的公众参与和系统信任》，载《社会学研究》2016年第3期。

[4] 参见王启梁：《法治的社会基础——兼对“本土资源论”的新阐释》，载《学术月刊》2019年第10期。

行政成本和社会成本。虽然已有成功的案例，但仅仅是作为个案存在，需要建立完善的制度予以保障，未形成普遍的做法，因此，要实现流域社会与生态的和谐发展，有必要通过制度建设、鼓励、引导、培育多种机制发挥作用。

三、新模式的框架模型和特征描述

（一）新模式的模型框架图

为参照并对比之前总结的、以污染治理为目标的湖泊流域治理模式的框架形式，在此构建以生态安全为目标的湖泊流域治理模型框架。

按照前述对湖泊流域治理在未来将走向流域生态安全的分析与预期，在此把湖泊流域治理的目标设定为流域生态安全。根据本文采用的广义生态安全的定义，湖泊流域治理的目的是保障湖泊流域的生态安全、经济生态安全和社会生态安全，维护湖泊流域的生态完整性、生态服务功能，以及整个流域生态系统、社会系统和经济运行的可持续性。

评价指标体系，鉴于其服务于以生态安全为目标的湖泊流域治理，是针对流域社会生态系统而言的，要描述系统的状态和演化，需要采用标识系统结构和状态演化的指标体系，以便做治理绩效考核。对于复杂变动的、多层次的流域社会生态系统的状态做标识和考核，设定基准面是必需的，因此通过定期地做流域生态安全评估来设定基准面就很有必要了。由于考核需要建立在被考核对象可进化或可优化的假设前提下，因此不具有变动性的流域生态服务功能就不能作为考核要素，只能选择那些能够标识流域的生态系统和社会系统的可进化、可优化、可持续发展的指标体系。选择什么样的指标体系以及如何选择指标体系下的各种指标，取决于湖泊流域社会生态系统的可持续发展的阶段性需要及考核操作便利性等综合因素。

治理对象上，在企业、公众、社会组织上的分类没有变化。在洱海流域，大流量的游客资源或城镇流动人口，可归入公众范畴。与水质目标管理的治理模式下的情况相比，治理对象不同类对标识指标体系的影响和作用的关联，可能会有较大的差异。

在治理机制上，市场引导式、命令控制式、公众参与式的规制机制依然存在。在未来，面对许多非线性的、复杂的系统性问题，命令控制式环境规制机制相对可能有所弱化，而市场引导式、公众参与式这两种环境规制机制相对可能会更强化，它们能够更灵活地调动资源，有助于提高流域社会生态系统总体效率效益，更有深挖潜力。

在具体的治理措施方面，一方面会延续原有的污染源严格管控措施，另一方面会通过合作规制和自我规制等方式，形成新的污染治理的地方知识，当环境保护与当地的经济民生形成紧密联系时，原有的被动的要求会内化为当地的文化习俗，因而会减少对行政执法资源的依赖。因此，治理措施会在流域内建立生态系统与社会系统相互依存、彼此促进的有机联系，各种治理措施可通过改善或优化指标体系所标识的流域社会生态系统的总体或局部状态，实现整个流域的系统协调和可持续发展。

行政管理机关的流域治理方式，会更加开放与灵活，与社会各界、公众的联系也会更加紧密。治理会更注重激发和加强规制对象的内在自我规制动力，传统生产生活方式将转变为循环经济类型、环境友好类型，会发生较大变化。

当前我国大力推行以水污染控制为核心的湖泊流域治理模式，实行水质目标管理，具有标准化的操作范式和考核标准。在以生态安全保障为核心的湖泊流域治理模式下（见图3－7），湖泊流域的个性化特点会更为凸显，即湖泊流域治理会因地制宜，考核也会基于本流域的基准面做出，既看重流域治理的短期效果、局部效果，也关注流域治理的长期效果、全局效果。在这种情况下，地方党政领导也必然能从上级部门获得对湖泊流域治理的更大自主权。

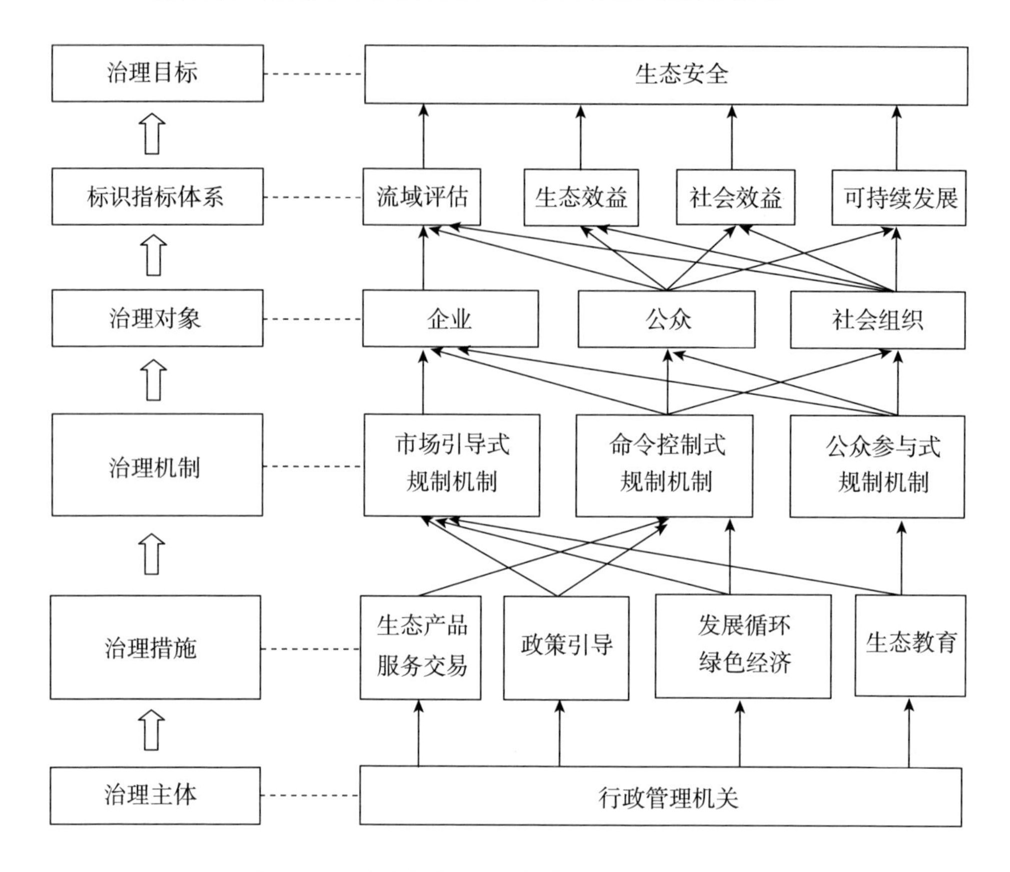

图3－7 以生态安全为目标的湖泊流域治理模型

（二）新模式的特征描述

未来的生态安全治理模式，无现成范例可循，因此精确描述该模式及其特征很困难，只能根据湖泊流域治理发展的逻辑，合理地推断生态安全治理模式所应具备的一些特征：

第一，环境治理的目标，是保障和改善流域生态安全；

第二，标识采用能够描述流域社会生态系统状态的指标体系；

第三，有专门的机构负责全流域保护与开发相关的重大事项的决策与执行；

第四，有一套成熟完善的流域风险识别、决策、沟通机制；

第五，吸纳社会各界多方参与的共治模式较为普遍；

第六，建立了保障流域生态安全的长效治理机制；

第七，生态系统、管理系统有较高弹性，生物多样性水平高；

第八，流域社会生态系统发展均衡，抗风险能力强。

第一条特征是生态安全治理模式的主要特征。第二条特征强调了对流域各系统进行标识的指标体系的可能性。第三条特征延续了环境治理中行政部门的主体地位，并对其提出了更高的要求，指出其行政职能在感知和处置流域变化上须具备足够的应变力，这意味着可能需要设立一个流域总体决策和协调的机构，在流域社会生态系统的数据信息知识层面，要有足够全面和深厚的积累。第四条特征提出了环境治理应有一套完整的应对风险的规制体系；第五、六条特征说明实行流域生态安全具有强大产业及群众基础的重要性，广泛的社会参与可以降低环境治理的成本和风险，减少污染源。第七、八条特征概括了实施生态安全治理模式带来的流域较为理想的状态。

2020 年是“十三五”规划的收官之年，洱海流域全面实行水质目标管理的治理模式，遏制了水质恶化趋势，为开展“十四五”规划奠定了基础。如何从现有治理模式，逐步发展到更能全面治理的生态安全的治理模式，这是一个很大的挑战。尽管存在诸多的困难，但应看到洱海当前已作为“新三湖”站在了我国生态文明的风口浪尖上，在洱海实现流域生态安全的研究和实践，是关乎我国能否通过规制治理实现流域的生态文明建设，具有全国示范的战略意义。还应看到，洱海具有独特的生态价值和民族文化旅游等多重价值，有着得天独厚的发展优势，在中央和地方多方支持下，洱海应该站在更高的起点上，探索一条流域生态保护与地区经济转型的成功道路。

本章小结

基于洱海流域在开展围绕水质的流域治理中存在的社会系统与生态系统矛盾加深等问题，随着我国生态文明建设对地方政府提出更高的环境治理要求，洱海流域治理需要不断变革，在现有成功经验上发展更完善的流域治理模式。本文提出以生态安全为目标的治理模式的发展方向，生态安全目标的提出立足于湖泊流域作为社会生态系统高度融合的复杂系统属性，流域治理不仅要关注水质提升或水生态系统的改善，还要在生态承载力的范围内，实现流域社会生态系统的可持续发展。流域生态安全目标也是实现我国国家安全和区域安全的重要基础。

流域社会系统与生态系统是非线性的、多时空嵌套的耦合关系。本文基于奥斯特罗姆“社会生态系统可持续发展动态分析”的逻辑框图，结合洱海流域环境规制特点，适应性地构建了管理系统与资源系统的动态图及洱海流域社会生态系统可持续发展动态总体分析框架，来分析洱海流域以行政管理系统为主的社会系统如何与生态系统互动。本章提出了未来实现新治理模式所需具备的条件，概括了未来新模式的基本特征。

第四章　实现以生态安全为目标的洱海流域治理模式的路径

在上一章中，建构了着眼于未来的、以生态安全为目标的湖泊流域治理模式，为现有的、以污染治理为目标的湖泊流域治理模式，提出了未来治理变革的方向。然而，我国提出的生态文明下的生态安全建设还处于探索阶段，建立以生态安全为目标的湖泊流域治理模式在国内外无先例可循。对此，本文认为实现以生态安全为目标的湖泊流域治理模式的首要前提是实现湖泊流域的整体性治理，也就是湖泊流域治理的多元协同，使湖泊流域治理在整体上体现出与流域环境问题相对应的特性。根据彼得·赫斯特洛姆（Hedstrom. P.）在《解析社会》一书中提出的DBO理论（期望desire，信念belief，机会opportunity），他认为个体行为是受到内在的期望和信息、外在的机会综合影响的结果。而针对少量多组态案例，研究多重因素如何影响最终结果的QCA，[1] 既有深厚的数理基础支持，也在众多领域研究实践中被证明是行之有效的方法和工具。尤其是fsQCA，其在多组态案例中针对多重因素的模糊打分，能反映出专家头脑中的隐性知识，更贴近现实场景的复杂状态。而且，山少男等人在研究复杂性视角下公共危机多元主体协同治理行为时，[2] 曾基于DBO理论把影响因素分为内部因素和外部因素两大类，内部因素包括感知性因素、关系性因素、互动性因素和效能性因素，外部因素包括社会性

[1] 参见［比］伯努瓦·里豪克斯、［美］查尔斯C. 拉金编著：《QCA设计原理与应用：超越定性与定量研究的新方法》，杜运周等译，机械工业出版社2017年版。

[2] 参见山少男、段霞：《复杂性视角下公共危机多元主体协同治理行为的影响因素与行动路径——基于元分析与模糊集QCA的双重分析》，载《公共管理与政策评论》2022年第1期。

因素、复杂性因素和技术性因素，结合应用场景与文献来源对各个影响因素做了度量和定义，对本文梳理整体性治理视角下的湖泊流域治理，提供了基于多元协同的良好借鉴作用。为此，本文选取国内具有代表性的27个湖泊案例，结合上述研究对重要影响因素所做的划分，采用fsQCA方法，解析整体性治理视角下多湖泊流域治理的发展路径类型。在此基础上，针对洱海所归属的湖泊流域治理类型的共有特性，系统规划以生态安全为目标的洱海流域治理模式的实现路径。

第一节　整体性治理视角下湖泊流域治理的发展路径类型

一、构建湖泊流域治理的影响因素并选取典型案例

（一）构建湖泊流域治理的影响因素

彼得·赫斯特洛姆的DBO理论，让我们了解到个体行为受其内在的期望、信念和外在的机会的共同影响。湖泊流域治理主体同样面临着期望、信念和机会下的多样性抉择，以及在其划分出来的多因素影响下发展出了不同的路径类型。本文借鉴DBO理论以及在其基础上划分的7种主要因素综合影响结果的工具方法，结合湖泊流域治理场景，对这些影响因素赋予相应的定义和度量。（见表4－1）

表4－1　湖泊流域治理的7种影响因素的定义和度量

变量类型	变量名称	变量的定义	赋值
结果变量	湖泊流域治理的多元协同MCECLW	多元主体持续地参与流域治理，参与程度高，治理成效好	1
		多元主体能够积极参与流域治理，但有时限性，治理成效较好	0.8
		多元主体参与流域治理，但不积极，治理成效一般	0.6
		已启动多元主体参与流域治理，治理成效较小	0.4
		单一主体做流域治理，治理成效变化不明显	0

续表

变量类型	变量名称	变量的定义	赋值
条件变量	复杂性因素 CLF	湖泊流域具有丰富的资源形态和生物多样性，流域治理具有高度的变动性与不确定性，治理主体决策过程复杂且结果不确定	1
		湖泊流域资源形态和生物多样性较多，流域治理具有较多的变动性与不确定性，治理主体决策过程相对复杂且结果不确定	0.8
		湖泊流域具有一定的资源形态和生物种类，流域治理有变动性与不确定性，治理主体决策过程有难度且结果不确定	0.6
		湖泊流域的资源形态和生物种类较为稳定，流域治理变动性与不确定性不大，治理主体按流程决策且结果鲜有不确定	0.4
		湖泊流域的资源形态和生物种类稳定，流域治理较为确定，治理主体决策简单，治理结果可控	0
	感知性因素 PTF	主体能够迅速提前感知湖泊流域的变化，并准确地预见其影响及后果，具备高效的分享沟通机制	1
		主体能够及时提前感知湖泊流域的变化，并大致预见其影响及后果，具备分享沟通机制	0.8
		主体能够提前感知湖泊流域变化并及时分享沟通	0.6
		主体能够感知湖泊流域重大变化并有分享沟通	0.4
		主体根据湖泊流域变化做出反应，但分享沟通不充分	0
	社会性因素 SF	流域治理制度齐备，有明确的目标与责任划分，参与协同的主体数目和活动范围非常广泛	1
		流域治理过程有广泛的团队协作，有机制能够激励治理主体间形成合作	0.8
		参与协同治理的主体相对广泛	0.6
		参与协同治理的主体数量正由少转多	0.4
		参与治理的主体独立行动	0

续表

变量类型	变量名称	变量的定义	赋值
条件变量	关系性因素RF	流域治理有一个很高的权威，使政府部门、专家或其他参与主体，有强烈意愿共享资源或强化自身行为来完善合作	1
		流域治理有一个较高的权威，使政府部门、专家或其他参与主体，愿意提供一定的资源来合作	0.8
		流域治理的权威一般，使政府部门、专家或其他参与主体，能够以较松散的方式来合作	0.6
		流域治理的权威较弱，主体有试图胜过或压倒其他主体的心理需要和行动，以竞争性心态进行合作	0.4
		流域治理无权威，主体间缺乏信任感，不愿意共享资源、强化自身合作行为	0
	互动性因素TIF	主体之间有共享与交流的机制，能够进行有效的动态反馈与及时对话，并且能够获取全部信息	1
		主体之间能进行动态反馈与对话并获取相关信息	0.8
		主体之间能够进行有限的对话，获取部分必要信息但不全面	0.6
		主体之间很少对话，信息沟通不频繁	0.4
		主体表述自己的观点受到约束，且彼此信息保密	0
	技术性因素TNF	治理主体拥有高效的信息系统与工程技术措施，能够实时监测流域风险信息、快速处理流域事件并有最大限度保证流域均衡发展与生态安全的能力	1
		治理主体拥有有效的信息系统与工程技术措施，能够监测流域风险信息、处理流域事件并开展活动，来促进流域发展与生态安全	0.8
		治理主体的信息系统与工程技术措施实施中，能够及时处理流域事件并开展活动，来促进流域经济社会的发展	0.6
		治理主体拥有部分信息系统或工程技术措施，能够在流域事件发生后完成处置工作	0.4
		治理主体没有信息系统或工程技术措施，但能够在流域事件发生后完成处置工作	0.2
		针对流域事件发生，治理主体不具备保证流域发展与生态安全的能力	0

续表

变量类型	变量名称	变量的定义	赋值
条件变量	效能性因素EF	主体积极参与流域治理行动并尽全力完成任务，有流域治理预算，治理成效非常好	1
		主体参与部分流域治理行动并能完成任务，各方自愿出资做流域治理，治理成效较好	0.8
		主体有参与流域治理行动的意愿，有机制激励各方合作做流域治理，治理成效稍好	0.6
		主体有努力改变治理现状的行动，协同效能一般	0.4
		主体不愿意参与流域治理行动，协同效能差	0

注：在上表赋值中，模糊集按0、0.2、0.4、0.6、0.8、1取值；其中，1表示最强烈度的条件发生，0表示最弱烈度的条件发生，其他取值含义介乎两者之间，不完全涵盖这6种取值。

（二）选取典型案例

本文所选取的湖泊流域案例为国内各地的27个湖泊：洱海、阳宗海、邛湖、太湖、巢湖、东湖、星云湖、磁湖、程海、沙湖、大九湖、洞庭湖、抚仙湖、西湖、升钟湖、博斯腾湖、鄱阳湖、泸沽湖、洪泽湖、兴凯湖、呼伦湖、大冶湖、南漪湖、红碱淖、滇池、杞麓湖、异龙湖。这些湖泊案例不仅代表了地域上的多样性，也兼具了湖泊规模、流域治理成败等方面的多样性与代表性，能以相对较少的湖泊数量表现较广泛的湖泊类型。同时，本文也考虑到了湖泊流域案例在背景上的相似性，如滇池、星云湖都是云南省的高原湖泊，又如鄱阳湖、泸沽湖等又都是具有深度复杂性而且现阶段治理成效不甚明显的一类湖泊。因此，可以对湖泊案例的样本进行相似案例分组分析，以及在有较大差异的案例间可做扩展分析。

为尽可能地增大模糊集变量赋值的客观性，本文采用德尔菲专家打分法，邀请了湖泊流域治理领域的三名专家，分别匿名对表4-1“湖泊流域治理的7种影响因素的定义和度量”中的各变量模糊赋值情况进行打分，经过若干次对赋值打分情况的整理、统计与反馈，最终获得一份稳定的变量赋值表。

二、对湖泊流域案例做模糊集定性比较分析的过程与结果

我们使用 fsQCA3.0 软件，计算得到变量的一致性（见表 4－2）。结果表明：单个条件必要性的一致性都比较低（<0.85），由此可见，整体性治理视角下的湖泊流域治理的多元协同不是某一个变量决定的，而是多个变量共同作用的结果。这正是符合 QCA 方法处理小批量数据所代表的案例由多种影响因素共同作用同一结果的多样化组态的局面。

表 4－2　湖泊流域治理的多元协同影响因素的单变量必要性检验

结果变量	湖泊流域治理的多元协同 MCECLW
变量名称	一致性（consistency）
CLF ~ CLF	0.688312 ~ 0.532467
PTF ~ PTF	0.766234 ~ 0.467532
SF ~ SF	0.74026 ~ 0.480519
RF ~ RF	0.727273 ~ 0.532467
TIF ~ TIF	0.727273 ~ 0.532467
TNF ~ TNF	0.701299 ~ 0.571428
EF ~ EF	0.766234 ~ 0.480519

根据 fsQCA 方法的原理可知，由模糊集构建的多维向量空间有 2^k 个角，恰如清晰真值表有 2^k 个行（k 为条件个数），因此，前因组合、真值表行和向量空间角之间，存在一对一的关系。在调用 fsQCA3.0 软件的“真值表算法”后，可计算得到模糊集对应的清晰真值表，在设定了案例个数阈值（≥1）、原始一致性水平阈值（≥0.8）之后，可对模糊结果变量的取值进行 0—1 编码转换。之后根据质蕴含算法缩小真值表至不能再小的时候，选择逻辑相关的质蕴含，再选择“标准分析”按钮就可生成对应的复杂解、简约解和中间解。采用 fsQCA3.0 软件的计算过程，详见附录 C“采用 fsQCA 的计算过程与结果”。

考虑到包含逻辑余项的中间解和简约解，把所有出现在简约解中的条件

定义为核心条件，将出现在中间解里面但被简约解排除在外的所有条件定义为次要条件。[1] 用拉金提出的逻辑路径表，[2] 得出整体性治理视角下的湖泊流域治理的多元协同有四条发展路径（见表4－3）。

表4－3　整体性治理视角下湖泊流域治理的多元协同的多元发展路径

条件	MCECLW			
	路径一	路径二	路径三	路径四
复杂性因素 CLF	●	－－	⊗	●
感知性因素 PTF	⊗	⊗	⊗	⊗
社会性因素 SF	●	⊗	●	⊗
关系性因素 RF	⊗	⊗	⊗	●
互动性因素 TIF	⊗	●	●	⊗
技术性因素 TNF	●	●	－－	⊗
效能性因素 EF	●	⊗	●	⊗
一致性	0. 948718	0. 92	0. 957447	0. 978261
原始覆盖度	0. 480519	0. 597403	0. 584416	0. 584416
唯一覆盖度	0. 012987	0. 077922	0. 064935	0. 012987
总体一致性	0. 895522			
总体覆盖度	0. 779221			

资料来源：fsQCA3. 0 软件处理结果及案例分析结果，2022. 11。

注：●表示核心条件存在，●表示边缘条件存在，⊗表示边缘条件缺失，－－表示没有影响条件。

（一）路径一：社会性、复杂性、技术性与效能性多重约束下的复合驱动型

该发展路径代表的逻辑计算式是“湖泊流域治理的多元协同＝复杂性因素×社会性因素×技术性因素×效能性因素”，它表示即使面临复杂的流域场

---

〔1〕 See FISS PC, *Buildin better Causal Theories*: *A Fuzzy Set Approach to Typologies in Organization Research*, The Academy of Management Journal, Vol. 54: 2, p. 393－420 (2011).

〔2〕 参见杜运周、贾良定：《组态视角与定性比较分析（QCA）：管理学研究的一条新道路》，载《管理世界》2017 年第 6 期。

景，拥有高效的信息系统与工程技术措施，在完善的治理制度与资金支持、各方主体积极参与治理的条件下，仍然可以实现湖泊流域治理多元协同的良好效果。根据简约解可知，社会性因素是该类型湖泊流域治理多元协同的核心条件，而复杂性因素、技术性因素和效能性因素是次要条件，其他的感知性因素、关系性因素、互动性因素，在不同的湖泊流域案例中都有重要的影响表现，但不是共同一致的影响因素，之所以出现这样的情况，是因为各湖泊流域通常都有其独特的个性特点，需要予以区别对待，这也是云南省高原湖泊管理局实施“一湖一策”的政策由来。处于该发展路径的典型案例都是近年来备受党中央与国务院各部委重视关注的流域治理样板，包括洱海、阳宗海、邛湖、太湖、巢湖、东湖、星云湖、磁湖。这一类湖泊流域治理，难度大，决策过程复杂且结果很不确定，只有通过建立严明的流域治理制度、资金落实到位，实施工程技术设施及全流域总动员，才能最终使流域治理成效有优良的表现。本文前面章节里已对洱海流域治理过程有详细阐述。

（二）路径二：互动性与技术性双重约束下的技术驱动型

该发展路径代表的逻辑计算式是“湖泊流域治理的多元协同＝互动性因素×技术性因素”，它表示在各方主体之间形成畅通协同治理的情况下，凭借有效的信息系统与工程技术措施，可以实现湖泊流域治理多元协同的良好效果。根据简约解可知，互动性因素是该类型湖泊流域治理多元协同的核心条件，技术性因素是次要条件，其他的感知性因素、社会性因素、关系性因素、效能性因素，在不同的湖泊流域案例中都有重要的影响表现，但不是共同一致的影响因素。处于该发展路径的典型案例是一类流域的资源形态和生物种类较为稳定，治理复杂性不高的湖泊流域，包括程海、沙湖、大九湖。这些湖泊流域地理范围不大，治理难度相对较小，比如程海做环湖截污处理就解决了绝大部分的问题；沙湖污染积重难返，做环湖截污处理稍费时日，用水体置换很快得到了解决；大九湖采取生态搬迁，环湖生态迅速得到了恢复。

（三）路径三：社会性、互动性与效能性多重约束下的协同驱动型

该发展路径代表的逻辑计算式是“湖泊流域治理的多元协同＝社会性因

素 × 互动性因素 × 效能性因素”，它表示在湖泊流域治理不复杂，无须投巨资建信息系统与工程技术设施的条件下，凭借社会性因素、互动性因素和效能性因素的联合作用，也可实现湖泊流域治理多元协同的好效果。根据简约解可知，社会性因素和互动性因素是该类型湖泊流域治理多元协同的核心条件，而效能性因素是次要条件，其他的复杂性因素、感知性因素、关系性因素，在本类型不同湖泊流域案例中都有重要的影响表现，但不是共同一致的影响因素。处于该发展路径的典型案例有洞庭湖、抚仙湖、西湖、升钟湖、博斯腾湖。这一类湖泊的流域治理，由于水质优良、流域基础设施成熟等原因，无须投资建设庞大的工程技术设施和复杂的信息系统，通过建立严明的流域治理制度、资金落实到位，各主体之间充分沟通协调，就能应对流域治理的变化，因此在流域治理成效上也能有良好的表现。

（四）路径四：关系性与复杂性双重约束下的关系驱动型

该发展路径代表的逻辑计算式是“湖泊流域治理的多元协同 = 关系性因素 × 复杂性因素”，它表示在流域治理中通过塑造权威部门，强化各主体之间的合作，来应对流域治理的复杂性，也可以取得湖泊流域治理多元协同的一定效果。根据简约解可知，关系性因素是该类型湖泊流域治理多元协同的核心条件，而复杂性因素是次要条件，其他的如感知性因素、社会性因素、互动性因素、技术性因素和效能性因素，在不同的湖泊流域案例中有重要的影响表现，但不是共同一致的影响因素。由于该类型流域治理的多元协同没有投入资金进行工程技术类设施建设，也缺乏西湖流域拥有的成熟基础设施和厚重文化底蕴，因此在流域治理成效上往往乏善可陈。处于该发展路径的典型案例有鄱阳湖、泸沽湖、洪泽湖、兴凯湖、呼伦湖、大冶湖、南漪湖、红碱淖、滇池、杞麓湖、异龙湖。这一类湖泊流域治理，有一定治理难度，或投入不足，或投入产出比不高，流域治理长期成效不明显。尤其是杞麓湖的治理，由于责任人以弄虚作假的方式，一方面扩大农业生产，另一方面却建防网工程虚报水质数据，相关责任人已被查处通报，成为近年来生态建设长足发展潮流中的一个反例。

根据基于湖泊案例抽样的 fsQCA 可知，当前国内湖泊流域治理在从以污染治理为目标的湖泊流域治理模式，向以生态安全为目标的湖泊流域治理模式发展的过程中，有四条发展路径类型可资借鉴。每条发展路径类型都有湖泊流域相应的资源禀赋和治理能力等与之相匹配，各条发展路径的核心条件和次要条件及取得的治理成效也各不相同。尤为突出的是，洱海流域历经多年“抢救式”的治理，已经发展成为湖泊流域治理第一梯队的代表。那么，在此基础上，该怎样实现更高质量的湖泊流域治理，政府部门该怎样建立更高效顺畅的治理体制，与参与治理的各主体之间该怎样做治理协同，这些亟待回答的现实问题，喻示着我们有必要对洱海流域实现以生态安全为目标的湖泊流域治理模式的路径予以系统规划。

任何发展模式都有其长短，而短处背后是可进一步提升的空间。在洱海流域所归属的发展路径一中，我们注意到，由于这一类湖泊流域具有社会性、复杂性、技术性与效能性的多重约束，治理难度大，需要建立严明的流域治理制度，实施工程技术设施及全流域总动员，因此流域治理资金投入量是极大的。这些投入在兼顾湖泊流域承载力的情况下，其环境资源的投入在短期内难以产生显著回报，而流域治理行政主体需要不断加大投入，因此该流域治理的发展路径是高成本的，需要多元主体积极参与、创新多元化发展模式来群策群力集中进行破解。

除此之外，为防止巨额投入的产出比低，杜绝行政主体滥用职权，所有流域治理决策和行动需要在逐步完善的法律政策框架内执行，这就对制订包括生态安全红线法律政策的连续性和合理性提出了更高的要求，需要重塑行政权力与专家体系的关系。

从行政治理主体适应流域社会生态系统复杂化、实时化的过程中，可以看到，现有的行政主体的组织结构和组织体制，需要做出较大调整以适应流域社会生态系统的动态变化。

流域治理的法律政策的变化与落实，以及不同的工程技术设施建设方案，往往会使不同利益相关方受益不均衡，例如水资源调配通过管阀系统从富水区向缺水区流动，受益方通常不会为额外增加的利益进行偿付。而在远离湖泊流域的区域建立新城，新增社会人口对水资源的需求，也应计算到湖泊流域的承载力计算范围内。

综上所述，在包括洱海在内的湖泊流域，要实现以生态安全为目标的湖泊流域治理模式的路径，需要逐步逐层面地做系统规划。

第二节　系统规划以生态安全为目标的湖泊流域治理模式的实现路径

在上一节里，本文采用 fsQCA，基于国内湖泊流域治理案例采样，定量比较分析了湖泊流域从以污染治理为目标的湖泊流域治理模式，向以生态安全为目标的湖泊流域治理模式的四条发展路径类型，并解析了每条路径的核心条件、次要条件及其取得成效的成败经验，这对于理解和勾勒洱海流域治理未来的发展方向，是至关重要的，这也是构建弹性化政府、系统规划实现以社会生态系统可持续发展为目标的洱海流域治理模式路径的必要前提条件。在前面的章节里，已提及湖泊流域治理的目标是建立以生态安全为目标的湖泊流域治理模式，流域生态安全与流域社会生态系统可持续发展，具有相同的内涵和外延，是相同概念，也就是说，湖泊流域治理的发展目标，就是建立起一套维护和保障湖泊流域社会生态系统可持续发展的模式。换言之，洱海流域只有建起了围绕流域生态安全的湖泊流域治理模式，才能真正地被纳入社会生态系统可持续发展的健康轨道。建立并发展以生态安全为目标的湖泊流域治理模式，不是在某个时刻达到了某种程度的流域生态安全就成功到达了终点，而是要建立起维护和保障湖泊流域的生态系统、经济系统和社会系统都能获得可持续发展的治理状态，在该模式下，社会系统、经济系统的可持续发展，与生态系统的存续，是相辅相成、并行不悖的。湖泊流域社会生态系统的每一个重要变动或异常，都会被提前预测、实时识别、模拟研讨、科学决策并及时妥善地处理。在现实中，不能指望和等待复杂多变的流域社会生态系统，在更大的地球生态系统、国家政治、经济社会范围的变动影响的背景下，会在未来的某一刹那，如我们所期盼的那样发生。因此，现在所做的一切，是奠定未来理想场景的基础；只有贴近现实的每一个具体决策、措施或行动，才能连续地勾勒出要达到的状态。

流域生态安全是流域的生态系统安全、流域经济系统安全和流域社会系统安全的统称，洱海流域目前处于初步建立了水质目标管理的治理模式并正在向水生态安全、生态系统安全发展的规划中，距离生态安全治理模式还有很多的工作要做。虽然国内外其他湖泊系流域处于以水质为中心的治理阶段或更高层次的水生态安全的治理模式的阶段，但不意味着所有的湖泊流域都要按部就班地一步一个阶段地发展，在必要的时段，跨越式发展不仅是可行的，而且也是一个明智的选择。洱海流域作为我国在湖泊流域治理领域实践生态文明理念的“新三湖”代表，事实上已站到了时代前沿，肩负时代发展的使命和历史责任，从现实的角度来看，洱海流域已大刀阔斧地开始了规模宏大的洱海保护治理、生态搬迁与产业转移升级等实践，只有充分地利用时代赋予的发展机遇，化被动为主动，化危机为动力，才能走出一条符合湖泊流域社会生态系统可持续发展规律的成功之路。

这就需要大理州在洱海流域现有行政体制和基础上，改变思维，调整思路，把关注焦点从水质目标管理的湖泊流域治理模式转向更大范围的洱海流域的社会生态系统，把静态的、线性的规划执行方式转变为动态的、实时监测并及时调整反应的系统掌控方式，把私下的、含糊的、可能会有利益纠葛的权力—专家团队合作模式，转化成公开透明的、条理清晰的、利益划分泾渭分明的行政权力—专家体系合作模式。所有矛盾与需求都指向了，在洱海流域建立起弹性化政府并实施相关配套政策与措施的迫切需要。下面，笔者将围绕着在洱海流域实现以生态安全为目标的湖泊流域治理模式的目标，分别从政策法律、组织保障、管理原则、多元协作四个方面予以系统规划。

一、完善生态安全红线法律政策提供制度保障

（一）加强我国的生态红线规范的法律属性，制定水资源管理制度的综合性法规，理顺水资源管理体制

目前我国水资源综合性法律是2016年修正的《水法》，该法确立了水资

源开发、利用、保护、节约的基本制度。《黄河水量调度条例》《中华人民共和国水文条例》《取水许可和水资源费征收管理条例》《中华人民共和国抗旱条例》等行政法规规定了水资源的取水规定。从总体上看，目前的水资源立法和最严格水资源管理制度的需要相比还存在诸多不足，尤其是水资源统筹管理制度不健全，地下水未纳入统一管理，没有高标准的水生态补偿，以及在水资源管理责任与考核等领域没有立法规定；《水法》中规定的水权管理、非传统水资源开发利用等只有原则性规定，没有具体专门的配套立法；虽然有《水功能区监督管理办法》，但其法律效力层级较低，适用范围有限、执行力受限，有必要将其上升为行政法规，赋予更高的法律效力。另外，还应该制定更多与《水法》配套的相关规定作为执行“最严格水资源管理制度”的具体法律制度，应明确规定“三条红线”及用水总量控制、用水效率控制、水功能区限制纳污、水资源管理责任“四项制度”,〔1〕统筹我国的水资源红线制度和具体规定。

通过立法明确流域保护规划的编制、审查和审批流程，加强公众参与和司法监督。面对规划不统一、彼此冲突的问题，2018 年以来我国启动了规划体制改革，梳理各类规划之间的关系，构建以发展规划为总遵循、以空间规划为基础、以区域规划和专项规划为支撑的规划体系,〔2〕尤其是中共中央、国务院《关于统一规划体系更好发挥国家发展规划战略导向作用的意见》《关于建立国土空间规划体系并监督实施的若干意见》的出台，使我国通过顶层制度设计来推进“多规合一”。

虽然《规划环境影响评价条例》并未将保护类规划纳入环境影响评价的对象，但保护类规划往往要与发展类规划、上位规划相协调，流域保护类规划对污染源、风险源的识别，最终将作为政府采取行政规制措施的决策依据。因此这类规划会间接地对不特定的公众利益产生影响，为了避免规划编制单

〔1〕参见陈海嵩:《“生态红线”的规范效力与法治化路径——解释论与立法论的双重展开》，载《现代法学》2014 年第 4 期。

〔2〕参见王珏、包存宽:《面向规划体制改革的规划环评升级》，载《环境保护》2019 年第 22 期。

位和审批单位不恰当地扩大行政裁量权，导致规制权力扩张过度损害社会公共利益和合法的私权利；或为争取部门利益擅自增加治理投入预算，陷入“工程治理项目竞赛”的无序竞争，最后导致保护规划失灵，应当通过立法加强对保护类规划制定程序的监管。

第一，将保护类规划纳入《规划环境影响评价条例》的调整范围，扩大规划环评的适用范围，建立独立的规划环评审查制度。确立生态环境部门在独立审查制度的主体地位，避免编制单位身兼二职导致其独立性缺失。

第二，参照“环境影响评价制度”，加强公众在保护类规划环评中的参与作用，确立公众在编制前、编制过程中和编制完成审查过程中都能参与其中。[1]

第三，加强保护类规划的政府信息公开制度。为保障规划对于环境风险识别的科学性和可靠性，应该完善规划的政府公开制度，及时有效地向社会公开内容。

第四，强化对保护类规划的司法监督和人大监督。目前国家的环保督察是行政监督的有效手段，但在司法监督方面还欠缺有效机制。可以由检察院发挥作用，对规划的执行单位发司法建议函或提起行政公益诉讼督促规划的执行和追责。

（二）制定我国的湖泊流域水质量红线标准体系

水环境质量标准（以下简称水质标准）是以水质基准为依据，并充分考虑自然条件、技术条件和经济状况综合分析后而制定的，其在环境管理、污染治理、监管保护工作中具有极其重要的作用。[2] 我国水质量红线就是以水环境质量基准来制定的，主要以水体的化学指标为评价标准，但湖泊由于其作为生态系统的特殊性，仅仅根据水体的化学指标来衡量其环境状况过于单

---

〔1〕 参见卫乐乐：《环境治理中引入风险沟通的理论准备》，载《常州大学学报（社会科学版）》2019 年第 3 期。

〔2〕 参见李贵宝、王圣瑞：《我国湖泊水环境标准体系建设及其发展建议》，载《环境保护》2014 年第 13 期。

一武断，也不科学，也因此导致了湖泊流域管理部门采取严格的管控措施也不能完全实现湖泊流域水质的达标。这与单一的评价标准有很大关系。事实上《欧盟水框架指令》《德国水平衡管理法》区分了“水质、水身特征”和“水体特征”，并不仅仅采取水质指标衡量湖泊等水体的整体状况。[1] 我国湖泊治理起步较晚，但2008年以来开展了湖泊水环境基准和富营养化控制标准的研究，取得了积极进展。[2] 下一步亟须建立适合我国区域特点和发展规律的、以保护水生态系统和人体健康为目标的湖泊水环境基准，符合云南省的“一湖一策”的科学治湖理念。

二、以弹性化政府形式为流域生态安全治理模式提供组织保障

（一）建立横向和纵向一体化的组织体制

现代化的快速发展使得社会职能日趋分化，带来了专业化细分，专业化能够提升效率，现代政府在管理经济社会的过程中，适应性地发展了以部门职能与责任为基础的层级体系，各个行政部门有着清楚界定的权责领域。这种条块分割的组织体制在面对跨部门和跨行政区划甚至是跨流域的环境问题、生态系统问题乃至流域社会经济生态系统问题时，常常显得力不从心。生态环境部门为环保所做的努力，有时会不知不觉地被其他部门发展经济的冲动所掩盖，为了协调各部门的目标、利益博弈和考核指标，针对环境问题（如水环境污染）实施统一指挥、统一规划、统一管理的必要性已引起了广泛关注，[3] 现今与河（湖）长相关的政策制度也已落实到部门和人，上级部门的督察问责力度之大前所未有，但是为何很多流域社会生态系统的焦点问题尤其是跨部门、跨界等问题仍迟迟得不到解决，究其原因，有历史积淀的原因，有考核指标局限性的原因，不一而足，然而，一个从没引人注意但至关重要的原因是组织体制问题，即缺乏横向和纵向一体化的组织体制设计。很多地

---

〔1〕 参见沈百鑫：《德国湖泊治理的经验与启示》（上），载《水利发展研究》2014年第5期。
〔2〕 参见吴丰昌等：《中国湖泊水环境基准的研究进展》，载《环境科学学报》2008年第12期。
〔3〕 参见李松梧：《由“梁子湖的困惑”引发的思考》，载《中国水利报》2013年11月7日，第6版。

方，已按文件把湖泊按网格划分、河流按河段划分好，明确责任到个人，相关河（湖）长责任人和社会公众也都清楚，正常的履职也在进行，如贝克在风险社会理论中所强调的，“问题的中心越来越被对一般公众来说通常不可见和不具体的威胁所占据，……在一些带有局限性的例子中，威胁甚至没有任何被感知的可能性，只能通过科学来传达，而在严格的意义上是被科学建构的。……对威胁的诊断和与其成因的斗争，通常只有依靠科学测量、实验和验证工具的帮助才是可能的。它要求相当专业的知识，具有非常规分析的准备和能力，以及一般来说相当昂贵的技术设备和测量工具”[1]。换言之，环境问题往往是不可见的，是需要科学系统支持的，这也说明了环境问题的复杂性。

2015年4月《水十条》等我国史上最严环保法规政策的实施，把环境保护部门推到了“风口浪尖”，环保部门在面对污染问题时遭受了社会公众铺天盖地的诘问和指责，然而，把焦点从关注环境问题本身转向关注导致它们的原因，从政府的“末端治理”部门转向“驱动力量”部门，[2] 才是使环境问题真正开始得到关注并去解决的第一步。

由此，基于卢曼的风险系统理论中的“自我指涉系统”原理以及根据奥斯特罗姆的社会生态系统可持续发展动态分析的逻辑框图（见图3－2）构造的洱海流域社会生态系统可持续发展的动态总体分析框架（见图3－5），笔者提出了一种全新的组织结构——在流域实施战略管理的组织设计，作为解决洱海流域社会生态系统可持续发展（流域生态安全）问题的弹性化政府形式的组织基础（见图4－1）。

---

[1] [德] 乌尔里希·贝克：《风险社会：新的现代性之路》，张文杰、何博闻译，译林人民出版社2004年版，第7页。

[2] See Andrew Jordan & Andrea Lenschow, *“Greening” the European Union: What Can be Learned from the “Leaders” of EU Environmental Policy?* European Environment, Vol.10: 3, p.111 (2000).

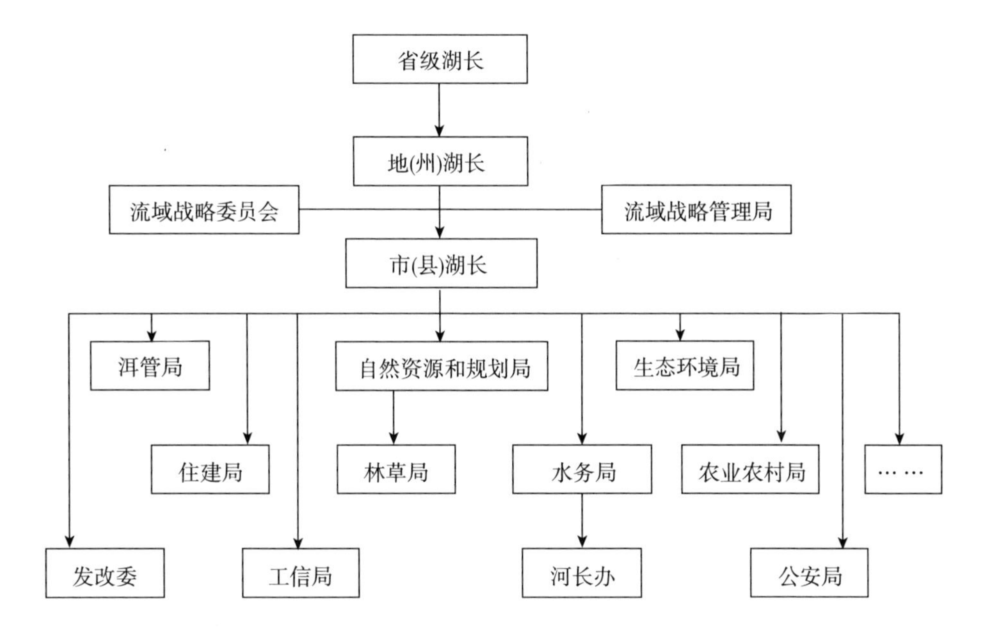

图4-1　洱海流域弹性化政府形式的组织结构

图4-1的组织结构与图2-1的洱海流域治理常规型组织结构的不同之处在于，在地（州）湖长之下、市（县）湖长之上，设置了流域战略管理局，以及与之相配套的流域战略委员会。之所以这样规划设计，是因为洱海流域横跨了大理市、洱源县两个行政区域，并在水资源调配上跨越到了宾川县、巍山县两个行政区域，只有州级湖长，才能超越市（县）级行政区域限制，在州级层面调动相关部门，协调各方面资源。流域战略管理局与流域战略委员会的作用，是联合在一起给地（州）湖长充当流域战略的“参谋部”，让地（州）湖长的权力在湖泊流域的全局层面得以延伸。由于维护湖泊流域生态安全是一项长期任务，流域战略管理局作为一级常设机构，是州政府的派出机构，其职能类似于大理州洱海保护治理及流域转型发展指挥部，其组织形式保持一定灵活性，以任务为导向从州市各职能部门抽调精干力量组建团队，把流域任务转换成项目形式，实现流域战略管理的日常工作，从而作为常设机构存在。流域战略委员会作为流域的重大战略决策机构，负责流域重大事务的评估与决策，委员会由地（州）湖长组成，下一级成员由地（州）负责流域管理的党政领导组成。此外，作为提供决策意见的权威专家或

资深研究学者等人员，可以通过年聘顾问等方式作为政府顾问身份参与决策讨论。

本书提出的基于弹性化政府形式的组织结构设计，能够有效地解决当前湖长制在决策能力方面的短板，湖长作为流域治理的责任主体，因缺乏对流域的全面了解难以作出科学决策。通过该组织设计，解决环境问题所需要的基础数据、信息，以及评估、判断等的能力，可由流域战略管理局在流域战略委员会的支持配合下提供。该组织结构设计也能够有效地解决条块分割、"九龙治水"的顽疾，流域管理局作为总执行机构可以确保制定统一的流域决策并统一贯彻执行。

流域战略管理局，可以从洱海流域现有的"大理州洱海保护治理及流域转型发展指挥部"发展而来，也可以从其他职能部门（如大理州洱管局）扩展职权而来。流域战略管理局的职能，与现有大理州洱海保护治理及流域转型发展指挥部作为一个项目管理的临时机构、只关注水质治理保护不同，它致力于洱海全流域的生态安全，包括洱海流域生态系统、社会系统、经济系统的生态安全，即洱海流域社会生态系统的可持续发展。因此，在图 4 – 2 中，流域战略管理局既在横向上与各职能部门在生态管理、经济、社会发展之间进行协调统筹，又在纵向上把州级湖长在湖泊流域层面上的战略目标和决策，按照表 2 – 13"洱海流域'八大攻坚战'的任务—部门职能配置表"的形式分解任务，传达指派给各职能部门，在完成执行考核后，对决策和施行效果进行评估，识别系统偏差，对全流域范围的系统变化作出及时反应。另外，针对行政职能部门不能响应或不能有效响应的，来自社会、市场、公众的需求等，也能够通过市场化机制等方式，运用社会或公众力量，予以灵活处置或解决。

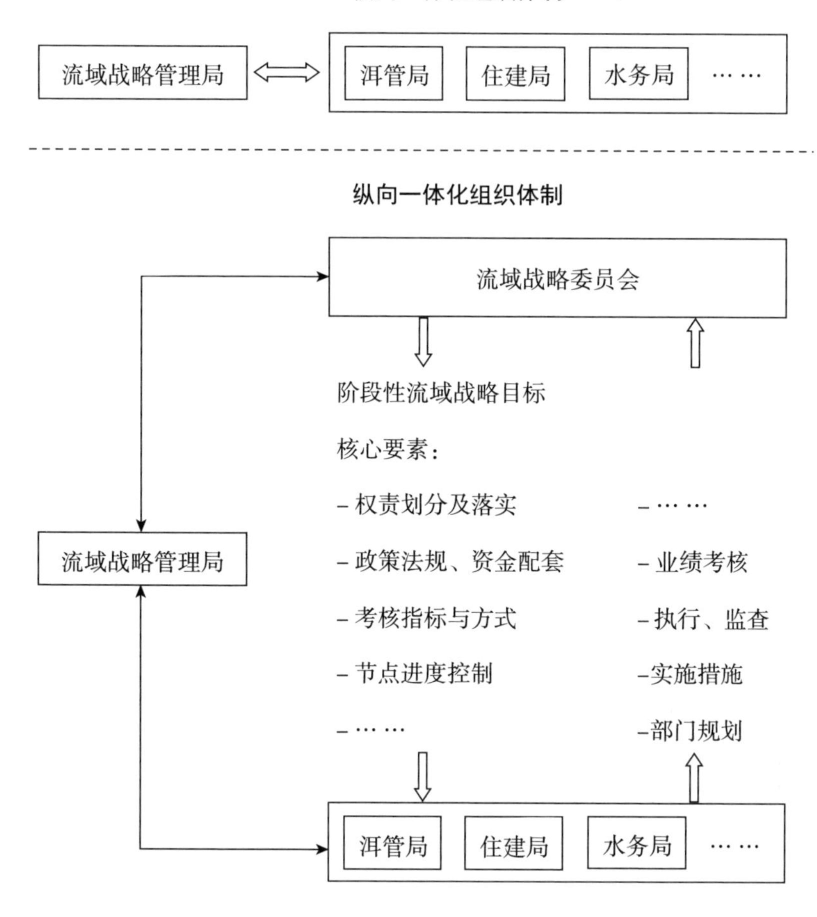

图 4 – 2　洱海流域弹性化政府形式的横向纵向一体化组织体制

洱海流域构建弹性化政府形式的横向、纵向一体化组织体制（见图 4 – 2），可以在流域经济系统、社会系统上，实现卢曼的风险系统中所提的“自我指涉系统”功能。洱海周边在资源环境承载力上存在极限，限制了大理市经济社会系统在洱海周边特定区域的发展规模，大理市要维持经济社会的可持续发展，现规划向东往宾川县、向南往巍山县方向扩展，洱海流域在与外界交融的过程中，边界趋于模糊，这种模糊化可能因市政管网一体化等原因而扩大洱海流域边界，使资源环境承载力和经济社会系统的发展失衡失调，从而损害流域生态安全。横向纵向一体化组织体制能够通过识别边界、维护流域经济社会系统的再生产持续不断地进行，这对于保障洱海流域生态安全是非常重要的。

洱海流域构建弹性化政府形式的横向纵向一体化组织体制，也可以在流域社会生态系统上，如图3－5洱海流域社会生态系统可持续发展的动态总体分析框架所示，反映出行政管理部门在全流域生态安全事务上的决策、执行、反馈三大机制上，从而可以在不断积累数据和信息的基础上形成知识，实现全流域生态安全管理功能的系统闭环控制和循环学习进化，使流域环境规制可以应对变化、核查效果、纠正偏差，并不断提高流域掌控水平。

（二）重塑行政权力与专家体系的关系

作为风险社会理论的启蒙者，贝克很早就认识到了为争夺权力和资源而排他的“科学家群体”圈子的存在，他精辟地指出，“在进步中，科学丧失了真理——就像一个上学的孩子丢了他买牛奶的钱。在过去的30年里，科学已经从服务于真理的活动转变成没有真理的活动，但它要尽力利用它能社会性地获得的真理的好处。科学实践干脆跟随着科学理论成为猜测、自我矛盾和惯例。在内部，科学退化为决策。在外部，风险在扩散”[1]“科学，包括自然科学，变成了资金丰厚且需求论证的消费者的自助商店。个别科学发现的超复杂性给予了消费者在专家群体内和之间对专家进行挑选的机会”[2]。福柯的风险治理理论，更是对现代风险背后的权力与知识共谋现象进行了深入剖析，他直截了当地点明现代风险建构在阶层差别上，是各种权力游戏的结果。权力享有者与专家系统的利益交换，把控着风险的界定、分配与处置。由于“所有与科学有关的东西都被看作可变化的，除了科学理性自身”[3]，洱海流域要真正地实现以生态安全保障为核心的湖泊流域环境规制，能够客

---

[1]［德］乌尔里希·贝克：《风险社会：新的现代性之路》，何博闻译，译林人民出版社2004年版，第7页。

[2]［德］乌尔里希·贝克：《风险社会：新的现代性之路》，何博闻译，译林人民出版社2004年版，第214页。

[3]［德］乌尔里希·贝克：《风险社会：新的现代性之路》，何博闻译，译林人民出版社2004年版，第202页。

观地认识风险无疑是个非常重要的先决条件，而要做到客观地认识风险，遵循科学理性而不囿于“小圈子”利益，既是秉承反思性科学化的核心思想，符合我国廉政建设要求，也是树立政府公信力用来动员社会资源的根本。

在论述图3－5洱海流域社会生态系统可持续发展的动态总体分析框架中的影响方向时，笔者曾提到“专家团队对行动情境的结果有影响，而行动的结果对专家团队没有影响”，即在流域环境规制中，广泛存在着一种普遍现象：行政主体在很多评估、规划或决策的环节，往往都咨询了专家并听取了专家意见，或者是不同专家团队的意见，专家的意见或建议经专家评审最终汇集成方案或措施，但由于缺乏全流域范围内的系统基准线及根据反馈予以核查验证的能力，或是缺乏掌握贯穿不同学科的专业知识背景等原因，行政主体对于不同领域的专家意见或建议，很难判定真伪或效果；技术文件或规划中，不同专家团队的方案或建议策略的隐含前提或风险，往往没有得到统一或认识。出于维护自身利益的考虑，部分专家团队有较强的动机，把尊重行政主体的感觉或意见放在首位，而对自己或同行的问题少谈或避而不谈，其技术方案、措施或文件格式常常限定在各种技术标准的范围内，专家团队对行动情境的形成起到了关键作用，却对行动后果带来的风险不承担责任。流域内那些正在变化着的新式风险，尤其是那些跨部门的、跨界的、跨流域的风险，反而没受到关注。

因此，需要重新塑造行政权力与专家体系之间的关系。首先，笔者注意到了在湖北省政协针对梁子湖治理提出的“五个示范”之一，是“在省级层面推动鄂州市与武汉大学共同设立多学科、多专业的梁子湖生态研究院”[1]，虽然之后，看到的是“华中农业大学如春生态研究院鄂州科研基地”的成立，[2] 但针对湖泊流域治理需要培育科技力量、培养懂技术的复合人才，是实践流域生态安全治理模式的一个重要前提。湖北省政协所提议的“梁子湖

〔1〕胡运星：《在环梁子湖区域建立湖泊治理国家示范区应做好“五个示范”》，载《湖北政协》2017年第8期。

〔2〕参见《我校如春生态研究院鄂州科研基地揭牌》，载华中农业大学南湖新闻网，http：//news. hzau. edu. cn/2017/0707/49663. shtml。

生态研究院”，很有战略眼光，它和之后实际产生的“科研基地”不可同日而言，它着眼于省级层面、顶尖高校、多学科、多专业的科技力量，必定是能够在湖泊流域范围内统筹把控社会、经济、生态系统协调可持续发展的复合型技术力量，有了这样顶尖级别的科技管理复合型团队，才能在流域全局上给省级或地（州）级湖长当参谋，才能不受各学科、各领域的行政部门或专家团队的局限或限制，才有可能把各种不同的规划和布局协调统一起来，才有可能把跨部门、跨界、跨流域的流域战略管理真正地落实到地，在与流域风险互动的过程中不断提高管控能力和水平。其次，行政主体需要在技术规划、方案与执行效果间建立关联，明确专家团队的责权利，避免规划、方案在最终执行完成后，无人能够承担结果或责任的局面。这样就把专家团队的技术服务从单纯的设计、规划或咨询，变成从始至终都要负责到底的“一揽子”动态服务过程。这样就把个性化的设计行动，通过规范标准化流程，变成拥有优胜劣汰机制的系统集成过程，行政主体中的流域战略管理部门，只需在掌握数据和信息的平台基础上，把控住需求和结果的全局和关键环节就可以了。再次，行政主体在与专家体系合作的关系上，不能在规划、方案等方面只关注特定领域技术问题（如水质问题），而不关注风险分配是否适当及是否给流域经济、社会造成冲击或损害的问题的影响，而要站在全流域社会生态系统可持续发展的高度上，在充分理解技术的基础上，定方向、提问题，引导专家体系在解决实际复合型问题的过程中，得到技术提升和扩展。最后，需厘清流域战略管理局、流域战略委员会各自的职责作用及相互关系。洱海流域现有大理州指挥部的人员，采取从各职能部门中抽调、在工作中培养并根据业绩提拔的方式，工作人员基本都是公务员。流域战略管理局的人员构成，可借鉴这种安排，也可根据部门职责职能补充招收有经验的科技管理复合型的人才。流域战略委员会起到关键的决策参谋的作用，其中的权威专家或资深研究学者的专业背景很重要，而且其可投入的精力时间、基于数据和信息作出评判和预测的能力，也要有考量的标准。

（三）构建弹性化政府形式

美国政治学家、行政学家B. 盖伊·彼得斯（B. Guy Peters）在对传统治理和全球行政改革多年研究基础上，提出了旨在改善当代政府治理的四种模式（见表4－4）。

表4－4　四个政府治理模式的主要特征

特征	治理模式			
	市场式政府	参与式政府	弹性化政府	解制式政府
主要的诊断	垄断	层级节制	永久性	内部管制
结构	分权	扁平组织	虚拟组织	没有特别的建议
管理	按劳取酬；运用其他私人部门的管理技术	全面质量管理；团队	管理临时雇员	更多的管理自由
决策	内部市场；市场刺激	协商；谈判	试验	企业型政府
公共利益	低成本	参与；协商	低成本；协调	创造力；能动性

资料来源：［美］B. 盖伊·彼得斯：《政府未来的治理模式》，吴爱明、夏宏图译，中国人民大学出版社2013年版，第16页。

这四种政府治理模式各有千秋，适用于不同的场景特点。市场式政府模式强调市场化管理，参与式政府模式主张更多参与，弹性化政府形式关注灵活性，解制式政府模式力求精简内部规则。这四种模式可单独采用，也可结合进行，它们对传统行政模式并不是完全否定的。

在区分这四种模式的特征上，主要的诊断是指该模式所要解决的问题的根源，结构指如何组织政府部门的方式，管理是指应该怎样聘用、激励和管理政府部门的工作人员，决策是指政府工作人员作出决策的动力来源，公共利益是指该模式的举措给公众带来的利益和结果。

在当代政府治理改革中，弹性化政府形式最引人注意，也最难以表述。弹性化是指政府及其机构有能力根据环境的变化制定相应的政策，而不是用固定方式回应新的挑战。因此，弹性化政府是指政府有应变能力，能够有效回应新的挑战。[1] 流域环境问题的复杂多样性，决定了政府治理没有固定的标准或统一的范式可资借鉴，而选择弹性化治理，是在保持政府传

〔1〕参见［美］B. 盖伊·彼得斯：《政府未来的治理模式》，吴爱明、夏宏图译，中国人民大学出版社2013年版，第61页。

统层级制不变的情况下，以灵活有效的方式适应并应对流域社会生态系统的变化。

传统观念认为，组织永久性是维持成员忠诚度和团队稳定性的保障，但组织永久性的消极面也已众所周知。像洱海流域那样，受流域环境问题所迫，发展出能综合发挥各行政职能部门合力的指挥部项目管理制的工作方式，在融合组织固定化职能和项目多样化工作方面，确实大力推进了洱海流域的保护治理，在形成弹性化政府工作方式上，已经取得了很大的进步，但这还是不够的。

在传统行政治理模式的体系下，新设立的统筹协调部门虽然一开始富有新意，但受职能部门层级权力的羁绊和影响，可能会很快像其他部门那样成为永久性组织，也需要某种形式的协调。政府权力和部门间的协调通常并非看上去的那样简单明了，种种政治、权力、经济、利益、考核等因素的涉入，可能使协调的问题变得极其复杂与困难，最终以妥协的方式取得某种程度的协调，或者不了了之。

目前大理州洱海保护治理及流域转型发展指挥部的职责，主要还停留在水污染控制为主的阶段，协调工作还只限于在水务局、农村农业局等主要部门之间、在水污染控制相关职能工作上的衔接和协调，这距离达到维护流域生态安全的状态还有不短的距离。在现有的行政层次体制下，虽然拥有上述指挥部这样的组织基础，但要长期地、可持续地实现对洱海流域社会生态系统的可持续发展与协调，还是非常困难的。这就向大理州发展适应洱海流域生态安全需要的弹性化政府治理模式，提出了挑战。

洱海流域施行水质目标管理的治理模式，与当前国家大力加强水质改善的时代要求相适应，在国家和地方政府还都没有针对更高水平的流域治理模式提出考核要求的情况下，针对湖泊施行流域生态安全治理模式的发展趋势和必要性，是笔者基于我国生态文明建设下的流域生态安全的发展需求，结合国内外发展流域保护治理的时代方向，提炼总结出来的一种理想的流域社会生态系统可持续发展的状态。鉴于流域社会生态系统的复杂多变性，弹性化政府治理模式，能够适应环境的变化，因而最有可能是与未来的流域生态安全治理模式相适应的一种政府治理模式。[1] 至于是洱海还是其他湖泊，选择这种着眼于未来的治理模式，要基于现实的考量。从洱海被看作“新三湖”所面临的社会生态系统发展困境及实施生态安全治理模式所拥有的现实基础和时代机遇而言，在洱海流域建构弹性化政府治理模式，理应是个当仁不让的选择。

构建弹性化政府治理模式，首要服务于流域生态安全的目标。在这种流域治理的高级阶段，国家针对大多数污染湖泊实行的水质考核，对于流域行政主体而言，既不能成为一种约束，完成起来也不是负担，因而，在适应流域个性化发展的过程中，弹性化政府及其治理必然也是极具地方特色的，[2] 针对其的国家考核要具有普遍性和公平性，就只有在流域社会生态系统的优化提高上做文章，这意味着实行生态安全治理模式的弹性化政府，拥有更大的流域治理的自主权，也更多地具有服务型政府的性质。

弹性化政府面对流域目标，需要协调、调动很多资源，这使构建统一的理念、规则和标准成为必然选择，数据、信息和文件等传输和存储的格式也要统一，以保障跨部门、跨界等合作能够顺畅进行。在实施流域战略管理方面，流域是超越了部门、行政区域界线的全局概念，战略的本质是创造适应性，弹性化政府在社会生态系统内部要做好重要接口界面的管理，以把控系统整体平稳运行；对外部风险较大的领域，要以渐进的政策措施实施实验性的行动以消除不确定性。

在降低弹性化政府运行成本、提高效率上，弹性化政府可以在规划全局、掌握要点的原则下，在非核心的、服务流域的职能工作上，既可把相关工作标准化后阶段性地分配给可替代的职能部门进行管理，也可以通过搭建的虚拟化组织或平台，把公众和企业、社会企业、社会团体、公益组织、公益基金会等社会资源纳入为公共资源服务或维护的行列中来，充分地利用社会灵

[1] 参见王宝成、陈华：《弹性化政府治理：政府改革的崭新视角》，载《科教导刊（中旬刊）》2011 年第 4 期。

[2] 参见张清：《浅析新公共管理视阈下我国政府的改革路径》，载《辽宁行政学院学报》2012 年第 6 期。

活高效的自组织能力。

三、采用权变管理提高生态安全治理模式的适应性

1970年，美国管理学家弗里蒙特·E. 卡斯特（Fremont Ellswort Kast）与詹姆斯·E. 罗森茨韦克（James E. Rosenzweig）合著出版了《组织与管理：系统方法与权变方法》一书，提出了管理的“权变理论”，由此开创了系统管理学派。该理论把企业或组织看作动态开放系统，主张根据内外环境条件，选择最适宜于具体情况的组织设计和管理行动。之后时逢石油危机给美国等西方国家经济社会带来了动荡，科学管理、行为科学等理论，侧重于研究组织内部管理原则与模式，无法应对多变的外部环境，因此权变理论的思想被广泛用于实践。经弗雷德·卢桑斯（Fred Luthans）等多位专家学者的深入研究，权变理论得到了很大的发展。

权变思想是基于组织系统具有的开放性和整体性展开的。卡斯特指出，开放系统在其本身与广泛的环境超系统之间的界限是可渗透的。这种可渗透性是指组织与外部环境时时进行着能量、材料与信息的交换，它的投入与产出是开放的。为此，他强调了组织系统的整体性及社会系统的同等结果的特征。[1] 也就是说，组织是组成部分的整体，整体的观点是以系统方法为基础的。在社会系统里，可以用不同的投入和内部活动达到同样的组织目标。

卡斯特把组织整体系统划分为环境超系统以及目标与价值、技术、结构、社会心理和管理等五个分系统。环境超系统即图3-2中的“社会、经济和政治背景”，目标与价值分系统是组织所要达到的目标及相应的价值观念，技术分系统是组织开展工作所需的知识、设施、技能等，结构分系统是一个组织内各组成部分及其关系的形式，社会心理分系统是组织中人与人、人与群体之间的相互关系的总和，管理分系统协调各分系统活动并使之与环境相适应。他指出，组织需要稳定性和连续性，以完成基本任务；也需要适应性与创新

---

〔1〕 参见唐兴霖编著：《公共行政学：历史与思想》，中山大学出版社2000年版，第416~418页。

性，以在变化的环境中发展。要提高适应性，首先要感知问题和识别问题，其次是分析问题和解决问题，最后是反省跟进。实施有计划的变革需要具有明确的克服阻止变革的阻力的步骤。针对更大范围的社会生态系统要面临的问题，他主张在整体系统的基础上来解决，并由社会的私有部分给予合作。[1]

权变管理的思想和理念，在生态安全治理模式的诸多过程和环节，有着广泛的适用场景。[2] 社会生态系统构成复杂、变迁迅速，流域环境规制相较于其他的行政管制领域，行政管控范围更广、专业性更强，且牵涉的利益冲突、科技关联及隔代平衡更多，复杂情境对于行政裁量权的适用与实施形成了巨大的挑战，有序模式下的因果论、简化论、可预见性和决定性的法则，被复杂模式下的不确定性、突变性、非线性的融合生命和意识系统的法则所取代。就流域规划而言，由于牵涉复杂多样的利益冲突，如果流域规划裁量权仅在行政主体内部受到制约而不能受到立法约束和司法控制，则无法确保裁量权不被滥用或不合理使用。[3]

对流域生态安全进行环境规制的过程，是对流域社会生态系统可持续发展的风险规制过程，实质上也是规制行政主体界定环境利益的过程。利益界定通常会遇到事实不清楚、无法律法规条文可参照的情形，这时环境规制就需要综合考虑社会生态系统的风险动态把控和分配来界定利益。不同层面上的环境行政裁量权对于风险和利益的界定，除了法律法规规定的场景，治理主体也需要给出适用于环境自主裁量权的清晰授权与权变原则，在实施环境治理裁量理性上，流域战略管理的专家团队和信息化平台等的系统架构设计，以及弹性化政府的横向纵向一体化的组织体制，可使政府决策的裁量理性和信息支持得到最大限度的保障。

独立性是规制机构的重要特征，也是规制机构能否扮演好公共利益维护

---

〔1〕 参见唐兴霖编著：《公共行政学：历史与思想》，中山大学出版社2000年版，第432～433页。

〔2〕 参见郑斯齐：《公共事业管理模式权变分析》，载《人力资源管理》2018年第8期。

〔3〕 参见周卫：《环境规制与裁量理性》，厦门大学出版社2015年版，第46页。

者角色的关键因素。[1] 环境规制的客观与准确，决定了弹性化政府及流域战略管理的有效性和公信力，因此应有对规制者进行权力约束与制衡的机制。否则，环境规制无论从一开始的立法到之后的实施，都易受到利益集团的影响和笼络，从而影响社会公共利益的实现。

当前我国很多的湖泊流域环境规制主体在督察督导的压力下，普遍出现过只追求水质改善而不计高涨的执法成本和社会成本的现象，对此，西方发达国家为提高政府规制质量和效率、降低规制成本有许多成功做法，比如规制影响分析（Regulatory Impact Analysis，RIA）、增加规制透明度等，值得我们借鉴。

RIA 又称成本—收益分析，是指对现在的或拟颁布的规章已经产生和可能产生的积极影响及消极影响进行系统分析和评估的程序。[2] 它是一种提高规制质量的决策程序，也是一种规制绩效的评估工具。RIA 要求规制机构在颁布新的规章之前，必须对规制的必要性，规制可能产生的成本、收益和各种替代性方案等问题进行分析、评估、比较后决定是否规制以及如何规制。这样使成本最小化或收益最大化成为规制机构制定规制政策的约束条件，从而使政府规制建立在科学的量化基础上。事后的 RIA 可以考察规制机构是否达到了规制的预期目标及存在哪些问题，并依此提出相应的改革建议。RIA 制度的实践最早可追溯到美国 1969 年制定的《国家环境政策法》，该法案规定，凡是联邦政府的立法建议或其他对人类环境有重大影响的联邦行动，都必须进行环境影响评价。经过 30 多年的实践，RIA 制度在美国、英国、日本等发达国家已经得到了广泛应用并取得了良好效果，韩国、墨西哥、菲律宾等部分发展中国家也不同程度地进行了 RIA 的尝试。RIA 制度需要数据和信息的支持，对专业性要求高，而且一种系统化制度要结合国家政治、经济和社会的特点来设计。我国在 2004 年 3 月颁布的《全面推进依法行政实施纲

---

[1] 参见苏晓红：《我国政府规制体系改革问题研究》，中国社会科学出版社 2017 年版，第 186 页。

[2] 参见苏晓红：《我国政府规制体系改革问题研究》，中国社会科学出版社 2017 年版，第 213 页。

要》提出，要积极探索对政府立法项目尤其是经济立法项目的成本效益分析制度。随后，国务院一些部委和部分地方政府做过一些尝试，但由于我国在技术、资源、法律法规、观念等方面存在一些障碍，目前我国仅在环境规制领域初步推行了 RIA 制度。[1] 尽管如此，RIA 在成本—收益分析的科学理念及丰富实践，可以作为流域治理权变管理中可资借鉴的工具。

四、以协同治理实现生态安全治理模式的多元协作

洱海流域现有的治理格局，是当地政府通过发布行政命令的方式，在短时间内迅速改变现状，以实现外科手术刀式的“抢救洱海”行动。在这一过程中，沟通、协调的环节被极大地省略，公众的权益只能通过事后的申诉、检举、诉讼等方式获得救济，这也引发了社会各界的担忧。因此，协同治理洱海流域的需求，不是来自环境规制主体，而是基于调研洱海流域的社会现状和生态安全治理模式规划建设的一种合乎逻辑的推理。

贝克的风险社会理论提示，自然完全被人化并被纳入工业化进程之中，环境已变成了人类系统固有的、社会的、政治的、经济的和文化的矛盾。道格拉斯的风险文化理论提出，风险是一种文化现象，不同群体对风险的认知是不同的，公众热点值得关注；奥斯特罗姆在设计社会生态系统可持续发展的分析框架时，出发点是识别与寻找相关系统特征，以期构建流域自主治理模式。国内相关环境规制研究也表明，在制度选择和决策过程中不可避免地将面临广泛而复杂的利益冲突，公众参与是应对这种复杂性不可或缺的机制。[2] 国内外如此众多的研究，都围绕社会与公众展开，是因为社会及公众的生产、生活、活动是环境污染产生的主要原因，也是社会生态系统保持可持续发展的基础，既是需要被变革的对象，也是需要被服务的对象。

洱海流域社会生态系统中，社会系统这种特殊的地位和作用，决定了它需要被高度地重视和慎重地对待。这不仅在于流域生态安全环境规制的很多

---

〔1〕 参见梅黎明等：《中国规制政策的影响评价制度研究》，中国发展出版社 2014 年版，第 473～474 页。

〔2〕 参见周卫：《环境规制与裁量理性》，厦门大学出版社 2015 年版，第 40 页。

措施，离不开社会与公众的配合和支持，比如洱海的“四退三还”、生态搬迁、三线划定、禁种禁养禁渔等措施的顺利实施；也在于苍山洱海是国家级自然保护区和风景名胜区，其独特的地方文化、民族、信仰、审美等特点让其持续成为全国旅游热点地区之一；还在于洱海流域的产业转型升级，关系到流域90余万人的生计生活，实现这场变革也离不开洱海人的勤劳与智慧；更在于洱海流域环境规制所需人财物等长期持续地巨大投入，归根结底还需要流域社会系统和经济系统的有效运行予以支撑和维护，环境规制和环保工程维护的高成本需要社会系统予以分担。

洱海流域发展生态安全治理模式，是一个长期过程。在这个过程中，洱海流域可以获得各方的支持，但流域社会生态系统的复杂性、多变性和长期性，决定了洱海流域的可持续发展，最终还需要内部通过协同治理方式完成。

（一）洱海流域的协同治理

协同治理是指公共政策决策、管理的过程和结构，它能够使人们建设性地跨越公共机构、政府等级，以及公共、私人与市政领域的边界，以实现其他方式无法达到的公共目标。[1] 协同治理的综合分析框架（见图4－3），可以通过三个嵌套的框架表达，包括系统情境、协同治理制度、协作动态和行动。

最外层的方框表示的“系统情境”，指的是相关社会、经济、政治等背景，系统情境产生压力和约束，通过制度影响协作动态，产生驱动力从而推动行动。

---

〔1〕 参见王浦劬、臧雷振编译：《治理理论与实践：经典议题研究新解》，中央编译出版社2017年版，第304页。

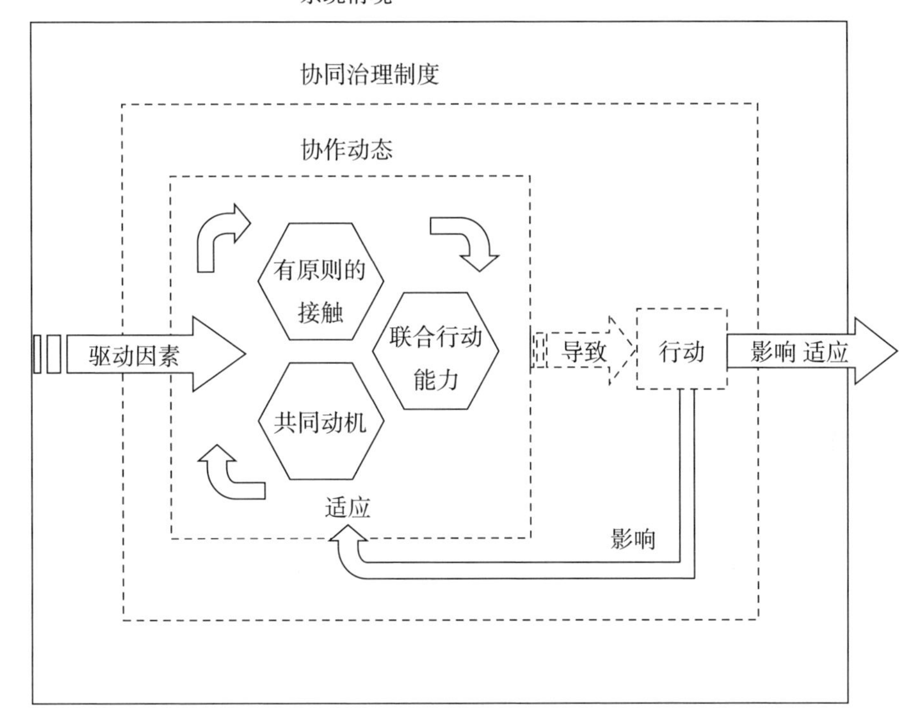

图 4－3　协同治理的综合分析框架

资料来源：王浦劬、臧雷振编译：《治理理论与实践：经典议题研究新解》，中央编译出版社 2017 年版，第 304 页。

在图 4－3 中，协同治理制度指的是一种跨边界协作机制，协作动态是循环往复的，包括三个联动部分：有原则的接触、共同动机和联合行动能力。有原则的接触是通过建立不同目标、身份的组织或个人间的有效连接来跨部门、跨界协商解决问题；信任和相互理解是形成共同动机的必要条件；联合行动能力是一起实现单方面不能达到的目标。适应的可能性存在于系统情境和协同治理制度中，当协同治理制度适应联合行动的影响和水平时，它就会更具可持续性。[1]

---

〔1〕 参见王浦劬、臧雷振编译：《治理理论与实践：经典议题研究新解》，中央编译出版社 2017 年版，第 323 页。

从上述分析可知，培育与维护行政权力与专家系统的公信力，构建各方相互尊重、彼此信任的话语体系，对于动员社会各界资源、开启联合行动是至关重要的。[1] 然而，能否在洱海流域构建起协同治理制度并有效运行，还得具备一些前提条件。

（二）构建洱海流域协同治理制度并有效运行的前提条件

"取信于民"是古今中外社会实施重大变革的不二法则，这不仅指的是规划和措施须符合社会公众的文化意识和民族心态，更重要的是提出合理的利益结构和具有搭建在公平正义基础上的社会秩序、市场经济次序的预期。当下，洱海流域正在推行的水质环境规制向水生态安全、生态系统安全的转变，力图发展的生态旅游和生态农业的绿色经济的生产生活方式，以及在未来可能发展的流域生态安全的治理模式，无论是对于流域经济系统、社会系统，还是生态系统任一方面，都不啻一场生产方式和生活方式的革命，在这过程中摸索出来的经验教训和成功模式，对于当地生产关系乃至地方经济发展、社会文明进步所产生的影响，都是非常深远的。

目前，我国在政府规制政策、社会性规制方式等方面还存在很多问题，比如市场准入规制过于严格、价格形成机制不合理，以命令控制型社会性规制为主，强制性、禁止性规制方式多，激励性规制方式运用少，信息规制不力等，[2] 洱海流域也不例外。4 年来，洱海流域取得的水质成效和面貌有目共睹，但洱海流域在水质环境规制的过程中，绝大多数情形下只关注水污染控制，对环境规制导致的区域环境整改、禁种禁养禁渔后的替代产业扶持、失业及生态搬迁户的生态补偿落实与安置等问题及其次生风险的累积，还不够重视，效率效益仍有待提高，缺乏环境规制的监管和反馈等，这些与流域产业转型发展、构建洱海流域协同治理制度等密切相关的前提条件，需要得

---

[1] 参见司林波、聂晓云、孟卫东：《跨域生态环境协同治理困境成因及路径选择》，载《生态经济》2018 年第 1 期。

[2] 参见苏晓红：《我国政府规制体系改革问题研究》，中国社会科学出版社 2017 年版，第 192 ~ 199 页。

到前瞻规划和妥善安排。

“环湖造城”“环湖布局”，是目前中国湖泊流域水质环境规制下的一个常见的伴生现象，围绕着环湖土地升值，形成大力开发房地产的局面。据报载，大理州力求突破这种局面，坚持以洱海保护治理为统领，谋划全州发展新格局，统筹洱海流域生活、生产、生态空间，有序推动洱海流域工业、旅游业、农业、畜牧业等产业向流域外转移，大力发展高效节水农业、生态循环农业，努力把流域建设成为国家级农业可持续发展试验示范区暨农业绿色发展试点先行区，打造世界一流“绿色食品牌”先行示范区。[1] 这篇报道同时发布了大理古城、巍山古镇、喜洲古镇、沙溪古镇已入选云南省 15 个优秀特色小镇并获 6 亿元奖补，北京汇源、广东奥园、四川其亚等一批重大招商项目落地开工，引进省外实际到位资金 596.8 亿元，增长 30.5%。大理古城、喜洲古镇在洱海西侧，巍山古镇在洱海南侧约 50 公里处，沙溪古镇在洱源县、洱海北侧约 80 公里处，从实质上讲，洱海流域仍未脱离开发风景名胜区房地产的发展格局。如何在现有的流域经济、社会基础上，循序渐进地发展起来与流域生态系统相适应的流域经济社会系统，并保持流域社会生态系统的可持续发展和均衡协调，这是本文研究的重点，相关内容不再赘述。围绕着流域土地流转、风险转移及分配带来的生态补偿机制的公平性、合理性、有序性及规范性问题，以及流域现有人口和产业的搬迁重置、产业转型升级及就业扶持等问题，都是一些值得深入研究和探讨的课题，也是构建洱海流域协同治理制度并有效运行的前提条件。

（三）洱海流域实施协同治理的预期改变

在假定洱海流域实施协同治理的情况下，洱海流域在水污染控制、产业转型升级、社会生态系统可持续发展等方面，预期会有以下几种变化。

---

〔1〕 参见《2019 大理将成什么样？“环湖造城”思路打好“绿色”牌》，载搜狐焦点网 2019 年 2 月 27 日，https://dali.focus.cn/zixun/eca83d32f7c20dff.html。

1. 实现自我规制、合作规制

自我规制，也称自愿方式，是一种规制替代措施，包括自愿性倡议、自愿性规范、自愿性协议和自我监管等，既可以被企业采取，也可以被社会组织或公众采取。与传统的命令控制型规制相比，自愿方式会强化遵守的激励，降低规制的成本。

合作规制是指规制的职能由政府和企业共担。合作规制主要通过批准操作规范的方式进行。操作规范是强制性的，由行业或行业的大部分参与者制定，并咨询政府的意见。合作规制给行业及利益相关者提供了一个参与规制决策和执行的过程，既有利于提高企业遵守规则的程度，又能减少政府的管理费用。[1]

在洱海流域实施水污染控制的环境规制时，实施协同治理，可有效地调动社会、企业、公众的环保主动性，有利于绿色生产生活方式的倡导和实现，降低政府环境规制的人财物投入，提高环境规制的效率效果。

2. 开展产业转型升级的联合行动

在流域现有的社会生态系统基础上，想要发展高端产业、走出地方特色和流域个性化发展的这样极具地区特点的流域目标，单纯依靠行政层次化体系来推进是较为困难的，也不易把握该过程中的公平公正等原则。产业转型升级不仅涉及建成前期的成功打造，也牵涉市场需求的变化、市场竞争机制的优胜劣汰，以及后期的技术改造升级、产业配套潜力发挥、人才培养等系统配套支持，这样的大规模经济社会活动，没有流域现有经济系统、社会系统的参与和配合，简直是不可想象的，与其说是大干快上，毋宁说是极具风险的冒险。

因此，开展产业转型升级的联合行动，不仅是必要之举，也是需要埋头苦干、深耕易耨之举。流域生态安全，即流域社会生态系统的可持续发展，追求的绝不是一蹴而就和昙花一现，而是流域社会的长治久安、经济的循环

---

〔1〕参见苏晓红：《我国政府规制体系改革问题研究》，中国社会科学出版社2017年版，第234～236页。

进化、生态的健康亲民。在产业转型升级联合行动中，利益格局的均衡发展可有效地把流域社会公众的利益与流域生态安全的目标绑定在一起，从而极大地激发起流域经济社会系统的能动性和创造力，在他们熟悉的文化、生产、生活等领域标新立异、推陈出新，切实地落实并推动绿色生产生活方式在洱海流域的扎根生长。

3. 实现社会生态系统可持续发展

实现社会生态系统可持续发展，既是一个目标，又不是一个目标。前者是针对洱海流域不应满足于当前水质目标管理的治理模式的现状，而要向生态安全治理模式发展迈进而说的；后者是强调实现社会生态系统可持续发展并非指到达未来某个时点即到达目标终点，而是指一种社会生态系统的可持续发展的状态。当洱海流域采取切实措施、努力降低流域社会生态系统的风险，力争实现流域生态安全，就是已经踏上流域社会生态系统可持续发展的征程了。

在实现社会生态系统可持续发展的过程中，湖泊流域行政主体要警惕，勿落入流域现代化的“陷阱”——不断追求“进步”的观念，可能在潜移默化中，让为实现社会生态系统可持续发展的诸多努力付诸东流，以致流域社会生态系统偏离正常的轨道，甚至面临崩溃。正如贝克在《风险社会》中一再强调的，“‘进步’可以被理解为未经民主政治合法化的合法社会变迁。对进步的信念代替了投票。进而，那是一种对问题的替代，一种预先对未知和未提及的目标和后果的赞同”“社会变迁只以被替代的形式发生。进步作为‘理性化进程’，是理性行动的颠倒。它是社会朝向未知领域的不断变化，没有程序也无须表决。我们假定一切都会好起来，最后，所有我们带给自己的东西都能归之于进步性”“进步信仰中的反现代性变得明显了。它是一种现代性的世俗宗教……对进步的信仰，是现代性对其变得具有创造性的技术的自信”“‘进步’是被制度化到一个无责任位置的社会变迁”[1]。

流域社会生态系统的可持续发展，不意味着对于“进步”的无限追求，

---

〔1〕［德］乌尔里希·贝克：《风险社会》，何博闻译，译林出版社2004年版，第264～265页。

也不意味着流域经济系统、社会系统指标的一味上升，相反，它意味着在流域生态系统有限承载力的制约下，流域经济社会系统存在某个发展峰值或瓶颈，这也提示了，社会系统的可持续发展，最终会回归到人与自然和谐健康共处的状态中来。而多年来，国内外无数游客来苍山洱海所寻找的、享受的，正是大理“慢生活”所蕴含的这种社会生态系统可持续发展的价值。

本章小结

对国内 27 个湖泊治理案例取样，运用 fsQCA 分析工具，总结从以污染治理为目标的流域治理模式迈向以生态安全为目标的流域治理模式的四条发展路径中，洱海流域是其中路径一的代表类型。骄人成绩背后也隐藏着可以提升的巨大空间。本章论述了洱海进一步发展的治理难题，分别从四个方面系统规划了实现保障洱海流域生态安全的治理路径：完善流域生态红线法律法规体系，建立弹性化的流域治理组织形式，引入权变管理加强治理体制机制的适应性，加强多元主体的协同治理以增加风险治理能力。

结论与展望

（一）结论

湖泊流域是人类赖以生存的重要资源之一，人类社会的扩大及其现代化进程普遍给湖泊流域带来了承载压力和环境问题。为探索湖泊流域治理的未来发展方向，笔者选择流域治理和整体性治理等理论以及生态安全理念作为指导理论，梳理了云南省高原湖泊流域治理的历史变迁，以洱海流域环境治理实践为重点对象，将洱海流域现有的治理模式归纳为以污染治理为目标的湖泊流域治理模式，并总结该治理模式的经验与存在的困境，从“央地关系”视角提出了变革现有模式的动力因素，结合洱海流域治理需要提出了应构建以流域生态安全为目标的洱海流域治理模式。运用奥斯特罗姆的“社会生态系统可持续发展分析框架”在洱海流域治理上进行应用创新及分析，提出新模式的特征和成立条件。以国内 27 个湖泊流域治理为对象，从整体性治理视角出发，运用 fsQCA 分析工具分析了影响湖泊治理的 7 大因素并将其归纳为 4 种发展路径类型，洱海流域治理是其中的一种类型。基于此分析勾画了未来以生态安全为目标的洱海流域治理模式的具体实现路径。

本研究基于行政管理专业领域，综合了法学、环境科学、制度经济学、社会学等多个学科领域相关的知识和研究成果，通过文献分析、实地调研、深度访谈、德尔菲专家打分法、fsQCA 等方法，面向云南省在高原湖泊流域的环境治理实践，尤其是洱海流域，它作为我国“新三湖”样板之一，是我国湖泊流域治理研究的前沿，湖泊治理最新理念、策略及前沿技术在此都有所呈现，在探索面向未来的湖泊流域环境治理发展方向的研究上，主要有以下几点研究结论：

第一，建立以生态安全为目标的湖泊流域环境治理模式是流域社会生态系统可持续发展的内在要求。

当下以水质为中心的流域治理，考核目标单一且未能综合考虑流域的社会生态系统特点，其应急式的污染治理措施反而造成了新的民生风险，未能从根本上遏制流域生态风险，高昂的管控成本促使当地政府必须全面考虑调整流域治理目标和治理机制。本文对流域生态安全的概念进行重新诠释，将其定义为流域自然、经济、社会三者安全的有机统一。基于此提出应构建以流域生态安全为目标的流域治理模式，它的实现需要对现有以水质目标的环境规制体制和规制制度进行调整和改革。

第二，现有湖泊流域治理组织设计与现实不配套，难以有效发挥作用。本文从理论分析中发现该问题，提出改革流域治理决策组织结构的建议。

当前我国在湖泊流域治理的组织设计中，由流域所在地的行政一把手担任湖长是非常重要的制度安排，这符合湖泊治理涉及面广、调控复杂的管理需要，但在实践中却很难操作。一方面，省级或州级湖长制提升了湖泊治理的重要地位，湖长能高位调动相关部门资源共同采取集体行动；另一方面，湖长责任制对湖长处理多学科且错综变化的环境问题的分析和决策能力提出了更高要求，这事实上加大了决策风险。本文在第四章构建弹性化政府一节中，基于理论和框架分析，给出了横向和纵向一体化的组织体制设计予以破局，指出在目前条块分割的组织体制下，可针对流域治理增设流域战略管理局及与之配套的流域战略委员会，给湖长当好“参谋”并监督执行监测效果，以横向和纵向一体化的组织管理方式推动流域治理。同时，针对当前流域治理的咨询专家团队隶属不同群体、规划自主裁量缺乏规范依据、缺乏面向全流域的贯穿不同学科知识的实证能力等短板，给出了诸如培育面向全流域的复合型人才、明确专家责权利并建立优胜劣汰机制、做标准化规范建设、建立流域社会生态系统反馈机制等构建弹性化政府的原则性建议。

第三，以生态安全为目标的湖泊流域环境治理，需要提高组织决策的灵活性，加强协同治理，实现适时感知和响应的动态治理。

由本文第三章第三节对“以生态安全为目标的湖泊流域环境治理模式”的定义可知，未来的流域治理以实现流域社会生态系统可持续发展为目标。由于流域的社会生态系统通常是开放的动态系统，受气候、经济等内外变化的影响，系统内相关要素及其关系始终都在变化中，因此，流域治理是一个动态治理过程，其组织决策和治理措施必须保持灵活性以适应这一特征。治理手段要根据变化在紧急措施和常规化的湖泊治理之间进行调整，为避免规制不当导致的治理成本高企，提高流域环境治理的投入产出比，可以在重大行动前做RIA，或增加规制透明度以形成社会公众的监督反馈，或引入协同治理来切实推进流域内产业的升级，使得流域治理中的成功做法能够长期存续，并能在更多湖泊流域环境规制中全面普及。

第四，现有的问责式流域治理，其一个或多个指标考核的方式较为简单，需要逐步建立与湖泊流域独特性相适应的合理指标体系。

“十三五”规划以来，我国实现责任政府的重要举措——行政问责制度，在生态环境领域的应用最为突出，在很大程度上扭转了当地政府长期以来以经济换生态的观念和做法。然而，施行环境威权导致了一些地方走向另外一个极端，有个别官员在趋利避害的避责逻辑下违法治理、不计成本、忽视民生，甚至以“环保锦标赛”的方式争取晋升资本。行政问责制度是提高国家和地方政府治理能力的重要举措，要让问责式流域治理始终运行在理性、民主、法治的轨道上，需要培育成熟的问责文化，不断完善问责法律程序，在公开透明的社会监督下不断推进。由于不同地域的湖泊流域各具特点，其社会生态系统的相关要素随时在发生变化，一个或多个指标难以全面地反映和切实地保障湖泊流域社会生态系统的可持续发展，因此，流域治理应结合流域生态安全的目标，考虑湖泊流域社会生态系统的特点，在维系行政问责制度连续性的前提下，逐步建立与湖泊流域独特性相适应的合理指标体系。

（二）展望

第一，本文构建了洱海流域社会生态系统可持续发展的动态总体分析框架，下一步可结合洱海流域的特征，设置其核心子系统的一级、二级变量，在收集到相关数据与信息资料的基础上，对洱海流域社会生态系统可持续发展的动态变化进行模拟和预测，从而评估特定行政决策或规制行动的影响或后果。

第二，针对湖泊流域在制订与审查保护类规划的程序中，缺乏对专家的独立监督机制及公众参与监督的机制，在法律制度上缺乏相应的约束，以及现有的国家红线制度在实操中缺乏法律属性、新模式下的流域治理决策、流域治理体制等问题，有必要做进一步的研究，提出更具操作性的公共管理法规及措施。

第三，围绕流域土地流转，风险转移及分配带来的生态补偿机制的公平性、合理性、有序性及规范性，以及流域现有人口和产业的搬迁重置、产业转型升级及就业扶持等问题，都是一些值得深入研究和探讨的议题，也是构建洱海流域协同治理制度并使之有效运行的前提条件。

附　　件

A. 调研问卷

调研时间：________年____月____日　　　问卷编号：E ____

尊敬的领导：

您好！

我们是西南林业大学“高原湖泊流域环境规制研究”课题组，正在对洱海流域环境规制相关方面的工作做调研，希望能得到您的宝贵意见。本问卷为匿名，仅用于学术研究，我们承诺不会透露您的个人信息。问卷填写需要5—10分钟时间。感谢您的支持！

1. 在洱海流域当前面临的环境问题中，您认为本地政府最为重视的环境问题是哪些？（请依据重要性从高到低进行排序）：①____________、②____________、③____________、④____________、⑤____________、⑥____________。

可供参考的环境问题：A. 蓝藻暴发　B. 流域水资源短缺　C. 本地物种濒危或灭绝　D. 生活垃圾污染　E. 水质下降　F. 渔业资源减少　G. 外来物种入侵　H. 上游污染转移　I. 拆迁补偿　J. 底泥内源污染　K. 水资源使用/分布不平衡

2. 您认为洱海当前的水质状况，受以下哪些因素影响最大？（请依据影响度从大到小进行排序）：①____________、②____________、③____________、④____________、⑤____________、⑥____________。

可供参考的因素：A. 农业面源污染　B. 工业污染　C. 畜牧业污染　D. 生活垃圾　E. 生活污水　F. 耐污染植物增多　G. 外来物种入侵　H. 蓝藻暴发　I. 上游污染转移　J. 湖泊流域净化功能丧失或减弱　K. 雨水把污染物带入　L. 气候改变　M. 底泥内源污染　N. 之前没有建立完善截污治污工程

3. 在洱海流域中长期面临的环境风险中，您认为最重要的环境风险可能有哪些？（请依据重要性从高到低进行排序）：①____________、②____________、③____________、④____________、⑤____________、⑥____________。

可供参考的环境风险：A. 生态恶化　B. 城市发展超出洱海承载力　C. 水质下降　D. 流域水资源短缺　E. 微塑料污染　F. 生活垃圾污染　G. 渔业资源减少　H. 外来物种入侵　I. 上游污染转移　J. 本地物种濒危或灭绝　K. 蓝藻暴发　L. 气候改变　M. 底泥内源污染　N. 用地占用湖滨带

4. 您认为哪些是影响当前洱海流域环境风险规制决策的因素？（请依据影响度从大到小进行排序）：①____________、②____________、③____________、④____________、⑤____________、⑥____________。

可供参考的因素：A. 行政成本　B. 社会稳定　C. 技术操作的可行性　D. 上级考核　E. 行政责任　F. 政策法律支持　G. 规制引发的次生风险　H. 组织管理的可行性　I. 对经济发展的影响　J. 其他。

5. 您认为通过“七大行动”“八大攻坚战”等洱海流域专项治理，要实现的流域治理目标是哪些？（请依据重要性从高到低进行排序）：①____________、②____________、③____________、④____________、⑤____________、⑥____________。

可供参考的目标：A. 流域生态系统健康　B. 水质常年保持Ⅱ类及以上

C. 保障流域生态服务功能　D. 实现流域内经济、社会可持续发展　E. 完成上级考核指标/任务　F. 截污治污　G. 流域产业升级　H. 其他。

6. 您认为当前本地政府在洱海治理中最大的难题是什么？（请依据重要性从高到低进行排序）：①＿＿＿＿＿＿、②＿＿＿＿＿＿、③＿＿＿＿＿＿、④＿＿＿＿＿＿、⑤＿＿＿＿＿＿、⑥＿＿＿＿＿＿。

可供参考的问题：A. 资金问题　B. 人手不足　C. 部门协调不够　D. 群众不理解/不支持　E. 治理技术不成熟　F. 流域治理信息不全面/反馈不及时　G. 水质考核方式不科学　H. 其他。

您平时较多关注洱海的：A. 新闻报道　B. 同行言论　C. 理论分析　D. 实践经验；

您从事与洱海环境治理相关的＿＿＿＿＿＿＿＿＿＿工作，有＿＿年；

您认为洱海的独特性在于：＿＿＿＿＿＿＿＿＿＿＿＿＿＿＿＿＿＿＿＿。

B. 访谈提纲

访谈对象：大理州洱海流域环境规制的政策法律制定、执行、研究等职能部门

一、风险识别与风险决策：对于洱海流域治理，是如何识别环境问题的？是否对于社会生态系统有所认识？

1. 通常通过哪些渠道帮助政府找到问题作出决策？

A. 听取专家意见　B. 根据有关部门的反馈　C. 听取基层政府的意见　D. 通过媒体了解　E. 听取当地人的想法　F. 治理公司的意见

2. 如果这些渠道的意见和观点不统一，导致决策有不同的方案，决策人如何选择？进行权重打分。

A. 以专家意见为准　B. 以政府部门意见为准　C. 以治理公司的意见为准　D. 其他

3. 改善水质，是不是可以通过控制污染源，就可以实现，二者是否对应关系？

A. 是　　B. 不是

4. 如果二者不是对应关系，还有哪些因素影响水质改善？

请列举：

5. 要改善水质，政府做的工作，除了“七大行动”“八大攻坚战”，还有哪些可以做？请列举：

6. 您认为，洱海水质改善了，是不是洱海治理就成功了？

A. 是，为什么？

B. 不是，为什么？

7. 洱海的功能区是Ⅱ类水，现在是Ⅲ类水，您认为未来5—10年能否实现洱海全年Ⅱ类水？还需要哪些条件？

A. 很难，为什么？

B. 有可能，但还需要一些条件，例如：________________。

C. 应该可以，前提是保持现在的治理措施和发展方式。

D. 肯定可以。

8. 人口发展过快对于洱海水质保护是否有影响？大理州是如何考虑这个问题的，是否有相应的措施？

9. 现在大理的流域发展转型是怎么转型？这样的发展方式如何解决转型

后的旅游业与洱海用水需求的矛盾？对原来从事农业生产人员的转型安置有没有什么困难？如何解决？

10. 当前洱海治理有哪些规划，规划之间存在冲突应如何解决？

二、风险规制执行机制

1. 您认为，洱海治理资金的困难应如何解决？

A. 争取国家和省级专项拨款 B. 依靠地方政府贷款 C. 向当地居民、游客收取 D. 向企业筹措资金 E. 发展当地产业，增加地方财政收入

2. 您认为，政府是否应当承担全部的洱海治理的风险和责任？

A. 应该，为什么？

B. 不应该，为什么？

3. 有人提出，社会应该共同分担流域治理责任，您认为是否正确？

A. 是

B. 不是

如果您认为是，那么如何让社会共同承担责任？

4. 根据督察意见，截至2018年10月洱海流域“十三五”规划项目的完工率仅达到20%。问题出在哪里？有什么困难？现在的完工率达到多少？是如何解决问题的？

5. 当前“八大攻坚指挥部”的工作机制是什么样的？它的运行是否有效？有哪些成功的地方？

6. 你认为，“八大攻坚指挥部”的工作机制能否成为未来的工作长效机制？如果是，能否举例说明？

7. 您认为，如果没有政府动员、PPP 项目、其他资金支持，企业、当地居民、环保机构是否愿意主动参与到洱海的保护和治理中？如果是，是什么促使他们愿意主动参与？

8. 当前的“八大攻坚指挥部”与之前的“七大行动指挥部”在职能、工作机制上有什么不同？

9. “八大攻坚战指挥部”的工作机制：

（1）常务会议机制：由谁召集，谁参与？

（2）决策机制：重大事项由谁决策？投票还是领导决策？

（3）协调机制：由谁作为协调部门？享有哪些权力？

（4）执行机制：由谁执行，如何执行？

10. 有没有环境风险规制的决策流程？（法律、行政程序）

11. 立法体系、组织架构、考核指标体系；内部报告（规划、执行、总结、数据等）；对应于洱海环境规制的政府主要职能。

12. 指挥部的规制对象，是否只是限于与水质考核有关的流域污染控制和治理？

对于开发、发展相关的事项，流域重大规划（如关于城市发展规模、旅游发展规划、基础设施建设），指挥部是否决策和分析？是否有流域发展的环境承载力规划，并将该规划的有关指标下发到各部门？

13. 流域发展转型，当前转型的重点是否是农业？如何考虑转型后涉及的转型后人员就业安置、土地安置、生态补偿成本、生计替代等问题？

三、规制反馈机制（沟通、评价考核、问责）

1. 您认为，当前通过考核水质的状况，是否就能反映洱海治理的状况？

是

不是，为什么？你认为还有哪些可以反映洱海治理状况、没有在当前的考核体系中表现出来的？

2. 当前的水质考核，是哪一种考核方式（　　）。

A. 在湖体内表层任何地方任何时段水质浓度均满足Ⅱ类标准

B. 要求表层湖体30天内移动平均浓度满足Ⅱ类标准

C. 要求表层湖体水质浓度的年平均值满足Ⅱ类标准

D. 以上都不是

3. 当前对洱海流域的考核方式主要是什么？

A. 上级政府考核

B. 同级政府考核

C. 部门自己考核

D. 群众打分

4. 您认为，当前的考核机制是否合理？

A. 合理，为什么？

B. 不合理，为什么？

5. 您认为，如何考核最为客观、公正、合理？

请列举：

6. 如果治理措施效果不佳或者措施，通常有哪些纠错方法？

7. 对流域水质风险的判断，除了听取专家意见之外，是否会征求社会意见？

8. 采取流域治理措施，如要求当地经营者安装污水处理设施、要求当地居民搬迁、禁止种植大蒜，是否召开听证会等，听取公众意见？对于公众提出不同意见的，如何处理？

四、规制以外的问题

1. 是否有规制以外的治理措施？
2. 洱海风险规制的决策流程是怎样的？
3. 对于生态安全风险预防型规制的看法，包括未来可能的主要考核指标；
4. 有哪些课题研究方向？谁发包？研究成果在哪？

五、所需资料

1. 围绕洱海治理的政策、法律、法规的清单；
2. 围绕洱海治理，各单位的职能、组织架构、考核指标体系；
3. 圈内的行业杂志、权威信息平台（如官网、公众号、App、微博等）；
4. 是否有洱海治理报告，如规划类报告、执行类报告、各个治理阶段总结报告；
5. 是否可提供治理过程、治理效果的可公开的统计数据。

C. 采用 fsQCA 的计算过程与结果

案例采用 fsQCA 的计算过程

根据多次循环打分，获得专家们对于 27 个抽样湖泊在 7 个影响因素及 1 个结果指标上的打分，如表 C－1 所示。

表 C－1　27 个湖泊在湖泊流域治理多元协同结果及影响因素上的模糊分值

No.	MCECLW	CLF	PTF	SF	RF	TIF	TNF	EF
1	0. 4	0. 8	0. 4	0	0	0	0. 4	0
2	1	0. 8	1	0. 8	0. 8	0. 8	0. 8	1
3	0. 8	0. 4	0. 6	0. 8	0. 8	0. 6	0. 4	0. 6
4	0. 6	0. 4	0. 6	0. 6	0. 6	0. 6	0. 6	0. 4
5	0. 4	0. 6	0. 4	0. 4	0. 4	0. 4	0. 2	0. 4
6	0	0. 4	0	0	0	0. 4	0	0
7	0. 4	0. 4	0. 4	0. 6	0. 6	0. 6	0. 6	0. 4
8	0. 8	0. 8	0. 4	0. 6	0. 4	0	0. 6	0. 6
9	0. 8	0. 6	0. 8	0. 8	0. 8	0. 8	0. 4	0. 8
10	0. 8	0. 6	0. 6	1	0. 6	0. 6	0. 6	0. 8
11	1	0. 8	1	0. 8	0. 8	0. 6	0. 8	0. 8
12	0. 8	0. 6	1	1	1	0. 8	1	0. 8
13	0. 8	1	1	0. 6	0. 4	0. 6	0. 4	0. 6
14	0. 4	1	0. 4	0. 4	0. 6	0. 4	0. 4	0. 4
15	0	0. 8	0. 4	0	0	0. 4	0. 2	0. 4
16	0	0. 8	0. 4	0	0	0. 4	0. 2	0
17	0. 8	0. 6	0. 6	0. 8	0. 8	0. 6	0. 2	0. 6
18	0	0. 8	0. 4	0. 4	0	0. 4	0. 2	0. 4
19	0	0. 8	0. 4	0. 4	0	0	0. 2	0. 4
20	0. 8	0	0. 4	0. 8	0. 4	0. 6	0. 4	0. 6
21	0. 4	0. 6	0	0. 4	0. 4	0. 4	0. 4	0
22	1	0. 8	1	1	1	0. 8	0. 8	1
23	1	0. 4	0. 4	0	0	0. 4	0. 6	0. 6
24	0. 8	0. 4	0. 8	0. 6	0. 4	0. 8	0. 4	0. 6
25	0	0. 8	0. 4	0	0	0	0	0. 4
26	0. 8	0. 6	0. 4	0	0. 6	0. 4	0. 6	0. 4
27	0. 8	0	0	0	0. 4	0. 6	0. 6	0. 4

模糊集构建的多维向量空间有 2^k 个角，恰如清晰真值表有 2^k 个行（k 为条件个数），因此，前因组合、真值表行和向量空间角之间，存在一对一的关系，可把模糊数据集转换成清晰真值表。在调用了 fsQCA3.0 软件的“真值表算法”后，计算得到模糊集对应的清晰真值表，如表 C－2 所示。由于影响因素有 7 个，向量空间角有 128 个，对应清晰真值表 128 行，表 C－2 中只显示了有至少一个案例支持的 15 行数据。

表 C－2　影响因素及结果转换后的清晰真值

CLF	PTF	SF	RF	TIF	TNF	EF	Cases	MCECLW	Raw consist.	PRI consist.	SYM consist.
1	0	0	0	0	0	0	8		0.524	0.167	0.167
1	1	1	1	1	1	1	5		1	1	1
1	1	1	1	1	0	1	2		1	1	1
0	0	0	0	0	0	0	1		0.724	0.333	0.333
1	0	0	1	0	0	0	1		0.947	0.666	0.667
1	0	0	1	0	1	0	1		1	1	1
0	0	0	0	1	1	0	1		0.864	0.625	0.625
0	0	1	1	1	1	0	1		0.938	0.667	0.667
0	1	1	1	1	1	0	1		1	1	1
0	0	1	0	1	0	1	1		0.938	0.75	0.75
0	1	1	0	1	0	1	1		0.947	0.857	0.857
1	1	1	0	1	0	1	1		0.909	0.75	0.75
0	1	1	1	1	0	1	1		1	1	1
0	0	0	0	0	1	1	1		0.857	0.625	0.625
1	0	1	0	0	1	1	1		0.889	0.6	0.6

在设定了案例个数阈值（≥1）、原始一致性水平阈值（≥0.8）之后，对模糊结果变量的取值进行 0 = <1 编码转换，并按湖泊流域治理多元协同进行排序，得到表 C－3。

表 C－3　对模糊结果变量 MCECLW 进行编码转换后的排序

CLF	PTF	SF	RF	TIF	TNF	EF	Cases	MCECLW	Raw consist.	PRI consist.	SYM consist.
1	1	1	1	1	1	1	5	1	1	1	1
1	1	1	1	1	0	1	2	1	1	1	1
1	0	0	1	0	1	0	1	1	1	1	1
0	1	1	1	1	1	0	1	1	1	1	1
0	1	1	1	1	0	1	1	1	1	1	1
1	0	0	1	0	0	0	1	1	0. 947369	0. 666667	0. 666667
0	1	1	0	1	0	1	1	1	0. 947368	0. 857143	0. 857143
0	0	1	1	1	1	0	1	1	0. 9375	0. 666667	0. 666667
0	0	1	0	1	0	1	1	1	0. 9375	0. 75	0. 75
1	1	1	0	1	0	1	1	1	0. 909091	0. 75	0. 75
1	0	1	0	0	1	1	1	1	0. 888889	0. 6	0. 6
0	0	0	0	1	1	0	1	1	0. 863636	0. 625	0. 625
0	0	0	0	0	1	1	1	1	0. 857143	0. 625	0. 625
0	0	0	0	0	0	0	1	0	0. 724138	0. 333333	0. 333333
1	0	0	0	0	0	0	8	0	0. 52381	0. 166667	0. 166667

资料来源：采用 fsQCA3. 0 软件制作，2022. 11。

根据质蕴含算法缩小真值表至不能再小的时候，选择逻辑相关的质蕴含，得到与上述结果变量编码表相对应的质蕴含图（见图 C－1）。

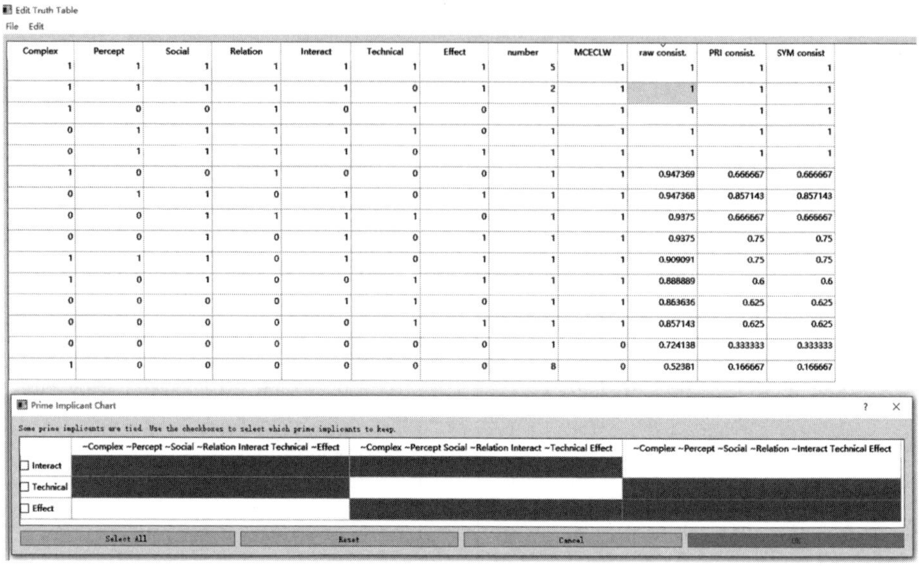

Edit Truth Table

File　Edit

Complex	Percept	Social	Relation	Interact	Technical	Effect	number	MCECLW	raw consist.	PRI consist.	SYM consist
1	1	1	1	1	1	1	5	1	1	1	1
1	1	1	1	1	0	1	2	1	1	1	1
1	0	0	1	0	1	0	1	1	1	1	1
0	1	1	1	1	1	0	1	1	1	1	1
0	1	1	1	1	0	1	1	1	1	1	1
1	0	0	1	0	0	0	1	1	0.947369	0.666667	0.666667
0	1	1	0	1	0	1	1	1	0.947368	0.857143	0.857143
0	0	1	1	1	1	0	1	1	0.9375	0.666667	0.666667
0	0	1	0	1	0	1	1	1	0.9375	0.75	0.75
1	1	1	0	1	0	1	1	1	0.909091	0.75	0.75
1	0	1	0	0	1	1	1	1	0.888889	0.6	0.6
0	0	0	0	1	1	0	1	1	0.863636	0.625	0.625
0	0	0	0	0	1	1	1	1	0.857143	0.625	0.625
0	0	0	0	0	0	0	1	0	0.724138	0.333333	0.333333
1	0	0	0	0	0	0	8	0	0.52381	0.166667	0.166667

Prime Implicant Chart

Some prime implicants are tied. Use the checkboxes to select which prime implicants to keep.

	~Complex ~Percept ~Social ~Relation Interact Technical ~Effect	~Complex ~Percept Social ~Relation Interact ~Technical Effect	~Complex ~Percept ~Social ~Relation ~Interact Technical Effect
☐ Interact			
☐ Technical			
☐ Effect			

Select All　Reset　Cancel　OK

图 C－1　结果变量编码表及其质蕴含

最后，勾选质蕴含图左侧的 3 个影响变量，在弹出的窗口里选择“标准分析”按钮，就可生成对应的复杂解、简约解和中间解，计算结果如下：

```
**********************
* TRUTH TABLE ANALYSIS *
**********************

File: L: /论文材料/scores_ for_ lakes. csv
Model: MCECLW = f (CLF, PTF, SF, RF, TIF, TNF, EF)
Algorithm: Quine - McCluskey

- - - CLF SOLUTION - - -
frequency cutoff: 1
consistency cutoff: 0. 863636
raw unique
```

coverage coverage consistency

\- -

PTF * SF * TIF * ~TNF * EF 0. 38961 0. 025974 0. 9375

CLF * ~PTF * ~SF * RF * ~TIF * ~EF 0. 246753 0. 0129871 0. 95

~CLF * SF * ~RF * TIF * ~TNF * EF 0. 246753 0. 012987 0. 95

~CLF * SF * RF * TIF * TNF * ~EF 0. 246753 0. 012987 0. 95

CLF * PTF * SF * RF * TIF * EF 0. 480519 0. 142857 1

~CLF * ~PTF * ~SF * ~RF * TIF * TNF * ~EF 0. 246753 0. 0649351 0. 863636

CLF * ~PTF * SF * ~RF * ~TIF * TNF * EF 0. 207792 0. 012987 0. 888889

solution coverage: 0. 74026

solution consistency: 0. 890625

****

* TRUTH TABLE ANALYSIS *

****

File: L: /论文材料/scores_ for_ lakes. csv

Model: MCECLW = f (CLF, PTF, SF, RF, TIF, TNF, EF)

Algorithm: Quine - McCluskey

\- - - PARSIMONIOUS SOLUTION - - -

frequency cutoff: 1

consistency cutoff: 0. 863636

raw unique

coverage coverage consistency

\- -

SF 0. 74026 0. 0389611 0. 890625

RF 0. 727273 0. 012987 0. 949153

TIF 0. 727273 0. 0519481 0. 861538

solution coverage：0. 857143

solution consistency：0. 825

****

* TRUTH TABLE ANALYSIS *

****

File：L：/论文材料/scores_ for_ lakes. csv

Model：MCECLW = f (CLF, PTF, SF, RF, TIF, TNF, EF)

Algorithm：Quine – McCluskey

– – – INTERMEDIATE SOLUTION – – –

frequency cutoff：1

consistency cutoff：0. 863636

Assumptions：

CLF (present)

PTF (present)

SF (present)

RF (present)

TIF (present)

TNF (present)

EF (present)

raw unique

coverage coverage consistency

– –

CLF * RF 0. 584416 0. 0129871 0. 978261

TIF * TNF 0. 597403 0. 0779221 0. 92

SF * TIF * EF 0. 584416 0. 0649351 0. 957447

CLF * SF * TNF * EF 0. 480519 0. 0129871 0. 948718

solution coverage：0. 779221

solution consistency：0. 895522

本文考虑包含逻辑余项的中间解和简约解，把所有出现在简约解中的条件定义为核心条件，将出现在中间解里面但被简约解排除在外的所有条件定义为次要条件。[1] 用拉金提出的逻辑路径表，[2] 得出结果如表 C－3 所示，整体性治理视角下湖泊流域治理多元协同有四条发展路径。

---

〔1〕 See FISS PC, *Building better Causal Theories*: *A Fuzzy Set Approach to Typologies in Organization Research*, The Academy of Management Journal, Vol. 54: 2, p. 393－420 (2011).

〔2〕 参见杜运周、贾良定:《组态视角与定性比较分析（QCA）：管理学研究的一条新道路》，载《管理世界》2017 年第 6 期。

参考文献

一、中文文献

（一）中文专著

［1］杨临宏：《行政法：原理与制度》，云南大学出版社 2010 年版。

［2］高宣扬：《鲁曼社会系统理论与现代性》，中国人民大学出版社 2005 年版。

［3］赵鹏：《风险社会的行政法回应》，中国政法大学出版社 2018 年版。

［4］崔运武主编：《公共事业管理概论》（第 3 版），高等教育出版社 2015 年版。

［5］王建等：《中国政府规制理论与政策》，经济科学出版社 2008 年版。

［6］齐晔等：《中国环境监管体制研究》，上海三联书店 2008 年版。

［7］张红凤等：《环境规制理论研究》，北京大学出版社 2012 年版。

［8］周平主编：《中国边疆政治学》，中央编译出版社 2015 年版。

［9］方盛举：《中国省级政府公共治理效能评估的理论与实践——对四个省级政府的考察》，云南大学出版社 2010 年版。

［10］考察课题组：《滇池地区生态环境与经济综合考察报告》，云南科技出版社 2002 年版。

［11］昆明市地方志编纂委员会编：《昆明市志》（第 2 分册），人民出版社 2002 年版。

［12］唐啸：《正式与非正式激励：中国环境政策执行机制研究》，中国社会科学出版社 2016 年版。

［13］周卫：《环境规制与裁量理性》，厦门大学出版社 2015 年版。

[14] 李永林：《环境风险的合作规制——行政法视角的分析》，中国政法大学出版社 2014 年版。

[15] 张宝：《环境规制的法律构造》，北京大学出版社 2018 年版。

[16] 张广利等：《当代西方风险社会理论研究》，华东理工大学出版社 2019 年版。

[17] 刘刚编译：《风险规制：德国的理论与实践》，法律出版社 2012 年版。

[18] 杨岚、李恒主编：《云南湿地》，中国林业出版社 2010 年版。

[19] 赵光洲等：《滇池流域可持续发展条件与治理对策》，科学出版社 2013 年版。

[20] 赵光洲等：《云南高原湖泊流域可持续发展条件与对策研究》，科学出版社 2011 年版。

[21] 赵绘宇：《生态系统管理法律研究》，上海交通大学出版社 2006 年版。

[22] 任敏：《流域公共治理的政府间协调研究》，社会科学文献出版社 2017 年版。

[23] 董利民等：《洱海全流域水资源环境调查与社会经济发展友好模式研究》，科学出版社 2015 年版。

[24] 董利民等：《洱海流域水环境承载力计算与社会经济结构优化布局研究》，科学出版社 2015 年版。

[25] 董利民等：《洱海流域产业结构调整控污减排规划与综合保障体系建设研究》，科学出版社 2015 年版。

[26] 柯高峰：《美丽水乡——洱海治理政策分析：多重约束下的绩效与变迁》，中国社会科学出版社 2014 年版。

[27] 曲格平：《我们需要一场变革》，吉林人民出版社 1997 年版。

[28] 苏晓红：《我国政府规制体系改革问题研究》，中国社会科学出版社 2017 年版。

[29] 欧阳志云、郑华：《生态安全战略》，学习出版社、海南出版社

2014 年版。

［30］杨洪刚：《我国地方政府环境治理的政策工具研究》，上海社会科学院出版社 2016 年版。

［31］梅黎明等：《中国规制政策的影响评价制度研究》，中国发展出版社 2014 年版。

［32］［英］庇古：《福利经济学》，金镝译，华夏出版社 2007 年版。

［33］［美］埃莉诺·奥斯特罗姆：《公共事物的治理之道：集体行动制度的演进》，余逊达、陈旭东译，上海三联书店 2000 年版。

［34］［英］伊丽莎白·费雪：《风险规制与行政宪政主义》，沈岿译，法律出版社 2012 年版。

［35］［美］詹姆斯·M. 布坎南、戈登·塔洛克：《同意的计算——立宪民主的逻辑基础》，陈光金译，中国社会科学出版社 2000 年版。

［36］［美］丹尼尔·F. 史普博：《管制与市场》，余晖等译，格致出版社 2017 年版。

［37］［美］凯斯·R. 桑斯坦：《权力革命之后：重塑规制国》，钟瑞华译，中国人民大学出版社 2008 年版。

［38］［美］丹尼斯·C. 缪勒：《公共选择理论》，杨春学等译，中国社会科学出版社 1999 年版。

［39］［美］卡斯·桑斯坦：《简化：政府的未来》，陈丽芳译，中信出版社 2015 年版。

［40］［德］乌尔里希·贝克、约翰纳斯·威尔姆斯：《自由与资本主义——与著名社会学家乌尔里希·贝克对话》，路国林译，浙江人民出版社 2001 年版。

［41］［英］安东尼·吉登斯：《失控的世界》，周红云译，江西人民出版社 2001 年版。

［42］［德］乌尔里希·贝克：《风险社会：新的现代性之路》，张文杰、何博闻译，译林出版社 2018 年版。

［43］［英］费尔曼、米德、威廉姆斯主编：《环境风险评价：方法、经

验和信息来源》，寇文、赵文喜译，中国环境科学出版社 2011 年版。

［44］［比］伯努瓦·里豪克斯、［美］查尔斯 C. 拉金：《QCA 设计原理与应用：超越定性与定量研究的新方法》，杜运周等译，机械工业出版社 2017 年版。

［45］［德］乌尔里希·贝克：《风险社会》，何博闻译，译林出版社 2004 年版。

［46］［美］B. 盖伊·彼得斯：《政府未来的治理模式》，吴爱明、夏宏图译，中国人民大学出版社 2013 年版。

［47］［日］植草益：《微观经济学》，朱绍文等译，中国发展出版社 2012 年版。

［48］［美］理查德·B. 斯图尔特：《美国行政法的重构》，沈岿译，商务印书馆 2002 年版。

［49］［德］哈贝马斯：《在事实与规范之间：关于法律和民主法治国的商谈理论》，童世骏译，生活·读书·新知三联书店 2003 年版。

［50］［美］约翰·法比安·维特：《事故共和国：残疾的工人、贫穷的寡妇与美国法的重构》，田雷译，上海三联书店 2008 年版。

［51］王浦劬、臧雷振编译：《治理理论与实践：经典议题研究新解》，中央编译出版社 2017 年版。

［52］［日］原田尚彦：《环境法》，于敏译，法律出版社 1999 年版。

［53］［德］汉斯·J. 沃尔夫、奥托·巴霍夫、罗尔夫、施托贝尔：《行政法》（第 3 卷），高家伟译，商务印书馆 2007 年版。

［54］［美］史蒂芬·布雷耶：《规制及其改革》，李洪雷等译，北京大学出版社 2008 年版。

［55］［英］马丁·格里菲斯编著：《欧盟水框架指令手册》，水利部国际经济技术合作交流中心编译，中国水利水电出版社 2008 年版。

［56］［美］奥尔多·利奥波德：《沙乡年鉴》，侯文蕙译，吉林人民出版社 1997 年版。

［57］美国医学研究所、美国不确定性决策委员会、美国人口健康与公共

卫生实践委员会：《环境风险——面向不确定性的环境决策》，许振成等译，中国工信出版集团、电子工业出版社 2018 年版。

［58］［美］詹姆斯·萨尔兹曼、巴顿·汤普森：《美国环境法》（第 4 版），徐卓然、胡慕云译，北京大学出版社 2016 年版。

［59］［美］凯斯·R. 孙斯坦：《风险与理性——安全、法律及环境》，师帅译，中国政法大学出版社 2005 年版。

［60］［英］安东尼·吉登斯、克里斯多弗·皮尔森：《现代性——吉登斯访谈录》，尹宏毅译，新华出版社 2000 年版。

（二）学术论文

［1］周庆、郭宏龙、田为刚：《抚仙湖流域旅游开发生态风险分析及管理对策》，载《环境科学导刊》2016 年 S1 期。

［2］张晓玲等：《流域水质目标管理的风险识别与对策研究》，载《环境科学学报》2014 年第 10 期。

［3］唐钧：《论政府风险管理——基于国内外政府风险管理实践的评述》，载《中国行政管理》2015 年第 4 期。

［4］杨临宏、顾德志：《公共治理中的软法》，载《思想战线》2012 年第 1 期。

［5］杨临宏、谭飞：《优化法治环境，促进地方政府间竞争有序化》，载《云南社会科学》2013 年第 5 期。

［6］黄新华、陈宝玲：《政府规制的技术嵌入：载体、优势与风险》，载《探索》2019 年第 6 期。

［7］高秦伟：《论政府规制中的第三方审核》，载《法商研究》2016 年第 6 期。

［8］罗小芳、卢现祥：《环境治理中的三大制度经济学学派：理论与实践》，载《国外社会科学》2011 年第 6 期。

［9］张成福、陈占锋、谢一帆：《风险社会与风险治理》，载《教学与研究》2009 年第 5 期。

［10］郑莉：《风险社会与 SARS》，载《学习与探索》2004 年第 1 期。

［11］薛婕、罗宏：《流域环境风险管理探讨》，载《环境科技》2009 年 S2 期。

［12］陈亮、孙永生：《大型活动公共安全风险防治策略研究——基于密集人群管理视角》，载《中国行政管理》2015 年第 4 期。

［13］杨兴坤、廖嵘、熊炎：《虚拟社会的舆情风险防治》，载《中国行政管理》2015 年第 4 期。

［14］郭骅、苏新宁：《面向风险社会的应急管理决策支持体系研究》，载《南京社会科学》2017 年第 7 期。

［15］黄新华：《风险规制研究：构建社会风险治理的知识体系》，载《行政论坛》2016 年第 2 期。

［16］黄新华：《政府规制研究：从经济学到政治学和法学》，载《福建行政学院学报》2013 年第 5 期。

［17］李郁芳、李项峰：《地方政府环境规制的外部性分析——基于公共选择视角》，载《财贸经济》2007 年第 3 期。

［18］沈百鑫：《法治国家和风险社会理念下的环境治理机制》，载《中国环境管理》2016 年第 2 期。

［19］赵延东：《风险社会与风险治理》，载《中国科技论坛》2004 年第 4 期。

［20］钟开斌：《风险管理：从被动反应到主动保障》，载《中国行政管理》2007 年第 11 期。

［21］张国玉：《风险类别、责任分配与治理机制》，载《石河子大学学报（哲学社会科学版）》2010 年第 6 期。

［22］张海波：《风险社会视野中的公共管理变革》，载《南京大学学报（哲学·人文科学·社会科学）》2017 年第 4 期。

［23］刘婧：《风险社会中政府管理的转型》，载《新视野》2004 年第 3 期。

［24］黄新华：《政府规制研究：从经济学到政治学和法学》，载《福建行政学院学报》2013 年第 5 期。

[25] 郑石明、吴桃龙：《中国环境风险治理转型：动力机制与推进策略》，载《中国地质大学学报（社会科学版）》2019 年第 1 期。

[26] 罗小芳、卢现祥：《环境治理中的三大制度经济学学派：理论与实践》，载《国外社会科学》2011 年第 6 期。

[27] 金自宁：《现代法律如何应对生态风险？——进入卢曼的生态沟通理论》，载《法律方法与法律思维》，2012 年第 00 期。

[28] 张红凤：《规制经济学的变迁》，载《经济学动态》2005 年第 8 期。

[29] 程启智：《政府社会性管制理论的比较研究》，载《中南财经政法大学学报》2004 年第 5 期。

[30] 沈明洁、崔之久、易朝路：《洱海环境演变与大理城市发展的关系研究》，载《云南地理环境研究》2005 年第 6 期。

[31] 王玉庆：《中国环境保护政策的历史变迁—— 4 月 27 日在生态环境部环境与经济政策研究中心第五期“中国环境战略与政策大讲堂”上的演讲》，载《环境与可持续发展》2018 年第 4 期。

[32] 王金南等：《中国环境保护战略政策 70 年历史变迁与改革方向》，载《环境科学研究》2019 年第 10 期。

[33] 李中杰等：《滇池流域近 20 年社会经济发展对水环境的影响》，载《湖泊科学》2012 年第 6 期。

[34] 刘雪利：《西方学者对中国非政府环保组织研究评述——以〈中国信息〉（1997—2007 年）为基础》，载《改革与开放》2017 年第 19 期。

[35] 练宏：《弱排名激励的社会学分析——以环保部门为例》，载《中国社会科学》2016 年第 1 期。

[36] 李挚萍：《环保司法能动：一种环境保护新的制度资源》，载《环境》2012 年第 8 期。

[37] 葛颜祥等：《流域生态补偿：政府补偿与市场补偿比较与选择》，载《山东农业大学学报（社会科学版）》2007 年第 4 期。

[38] 于安：《优化法治推动 PPP 领域社会投资》，载《紫光阁》2016 年第 8 期。

［39］高秦伟：《社会自我规制与行政法的任务》，载《中国法学》2015年第5期。

［40］钱水苗、巩固：《论环境行政合同》，载《法学评论》2004年第5期。

［41］吕忠梅、刘超：《水污染治理的环境法律观念更新与机制创新——从滇池污染治理个案出发》，载《时代法学》2007年第2期。

［42］吕忠梅、刘超：《论水污染防治立法的思维转换——以〈滇池保护条例〉修订为例》，载《河南师范大学学报（哲学社会科学版）》2007年第2期。

［43］曲格平：《关注生态安全之一：生态环境问题已经成为国家安全的热门话题》，载《环境保护》2002年第5期。

［44］陈星、周成虎：《生态安全：国内外研究综述》，载《地理科学进展》2005年第6期。

［45］方兰、李军：《论我国水生态安全及治理》，载《环境保护》2018年Z1期。

［46］季卫东：《依法风险管理论》，载《山东社会科学》2011年第1期。

［47］杨桂山等：《中国湖泊现状及面临的重大问题与保护策略》，载《湖泊科学》2010年第6期。

［48］李婉琳：《云南水资源开发利用与环境保护》，载《环境与发展》2019年第8期。

［49］木永跃：《当前我国地方政府行政托管问题研究——以云南阳宗海为例》，载《云南行政学院学报》2013年第5期。

［50］许吉：《简论威尔逊的规制政治理论》，载《中国青年政治学院学报》2006年第6期。

［51］孙娟娟：《政府规制的兴起、改革与规制性治理》，载《汕头大学学报（人文社会科学版）》2018年第4期。

［52］张红凤、杨慧：《规制经济学沿革的内在逻辑及发展方向》，载《中国社会科学》2011年第6期。

［53］文亚：《德国公共风险管理的经验与启示》，载《中国行政管理》2015 年第 4 期。

［54］赵鹏：《风险规制：发展语境下的中国式困境及其解决》，载《浙江学刊》2011 年第 3 期。

［55］熊超：《环保垂改对生态环境部门职责履行的变革与挑战》，载《学术论坛》2019 年第 1 期。

［56］田必耀：《新时代人大执法检查重大创新及实施对策研究》，载《人大研究》2019 年第 9 期。

［57］于浩：《执法检查：标注法治中国前行足迹》，载《中国人大》2018 年第 24 期。

［58］赵佳、李希昆、张树兴：《关于对腾冲北海湿地保护的思考》，载《昆明理工大学学报（社会科学版）》2007 年第 1 期。

［59］李军伟：《云南省自然保护区存在的问题及对策建议》，载《云南林业》2015 年第 1 期。

［60］沈立新、梁洛辉：《腾冲北海湿地动植物资源及其环境状况评价》，载《林业资源管理》2005 年第 2 期。

［61］尤明青：《关于协议保护机制的比较法研究》，载《中国地质大学学报（社会科学版）》2009 年第 4 期。

［62］闫颜等：《云南鹤庆草海湿地资源保护与可持续利用对策》，载《林业建设》2014 年第 5 期。

［63］李霞：《论特许经营合同的法律性质——以公私合作为背景》，载《行政法学研究》2015 年第 1 期。

［64］周雪光：《运动型治理机制：中国国家治理的制度逻辑再思考》，载《开放时代》2012 年第 9 期。

［65］冉冉：《环境治理的监督机制：以地方人大和政协为观察视角》，载《新视野》2015 年第 3 期。

［66］刘政文、唐啸：《官员排名赛与环境政策执行——基于环境约束性指标绩效的实证研究》，载《技术经济》2017 年第 8 期。

［67］周雪光：《基层政府间的“共谋现象”——一个政府行为的制度逻辑》，载《社会学研究》2008 年第 6 期。

［68］马庆波、罗云芳：《湖泊保护治理中的绿色金融探索——以云南抚仙湖为例》，《金融经济》2017 年第 22 期。

［69］斯科特·拉什、王武龙：《风险社会与风险文化》，载《马克思主义与现实》2002 年第 4 期。

［70］刘冰熙、王宝顺、薛钢：《我国地方政府环境污染治理效率评价——基于三阶段 Bootstrapped DEA 方法》，载《中南财经政法大学学报》2016 年第 1 期。

［71］樊胜岳、王贺：《以公共价值为基础的水环境治理项目绩效评价——以云南省杞麓湖流域为例》，载《地域研究与开发》2019 年第 4 期。

［72］金相灿、王圣瑞、席海燕：《湖泊生态安全及其评估方法框架》，载《环境科学研究》2012 年第 4 期。

［73］王圣瑞、李贵宝：《国外湖泊水环境保护和治理对我国的启示》，载《环境保护》2017 年第 10 期。

［74］杰弗里·波什特·克拉克、乔纳森 D. 布莱特比尔：《美国合作联邦制下的流域治理机制》，载《中国检察官》2019 年第 15 期。

［75］徐开钦等：《日本湖泊水质富营养化控制措施与政策》，载《中国环境科学》2010 年 S1 期。

［76］贺晓英、贺缠生：《北美五大湖保护管理对鄱阳湖发展之启示》，载《生态学报》2008 年第 12 期。

［77］李小平：《美国湖泊富营养化的研究和治理》，载《自然杂志》2002 年第 2 期。

［78］席北斗等：《美国水质标准体系及其对我国水环境保护的启示》，载《环境科学与技术》2011 年第 5 期。

［79］詹姆斯·R. 梅、王曦、张鹏：《超越以往：环境公民诉讼趋势》，载《中国地质大学学报（社会科学版）》2018 年第 2 期。

［80］谢伟：《美国 TMDL 制度发展及启示》，载《社会科学家》2017 年

第11期。

[81] 李涛、杨喆：《美国流域水环境保护规划制度分析与启示》，载《青海社会科学》2018年第3期。

[82] 沈百鑫：《德国湖泊治理的经验与启示》（上）（下），载《水利发展研究》2014年第5、6期。

[83] 陈静：《日本琵琶湖环境保护与治理经验》，载《环境科学导刊》2008年第1期。

[84] 殷培红、和夏冰、武翡翡：《大生态，大环境，怎么管？——关于生态系统理论的六个问题》，载《环境经济》2015年第15期。

[85] H. B. 麦德森等：《欧盟流域管理规划试点项目》，载《水利水电快报》2012年第1期。

[86] 蔡守秋：《综合生态系统管理法的发展概况》，载《政法论丛》2006年第3期。

[87] 李金龙、胡均民：《西方国家生态环境管理大部制改革及对我国的启示》，载《中国行政管理》2013年第5期。

[88] 任敏：《"河长制"：一个中国政府流域治理跨部门协同的样本研究》，载《北京行政学院学报》2015年第3期。

[89] 戚建刚：《河长制四题——以行政法教义学为视角》，载《中国地质大学学报（社会科学版）》2017年第6期。

[90] 丰云：《从碎片化到整体性：基于整体性治理的湘江流域合作治理研究》，载《行政与法》2015年第8期。

[91] 王勇：《论流域政府间横向协调机制——流域水资源消费负外部性治理的视阈》，载《公共管理学报》2009年第1期。

[92] 胡熠：《我国流域治理中第三部门参与机制创新》，载《福建行政学院学报》2012年第4期。

[93] 朱艳丽：《我国流域立法的困境分析及对策研究》，载《华北水利水电大学学报（自然科学版）》2017年第2期。

[94] 陈真亮、李明华：《论水资源"生态红线"的国家环境义务及制度

因应——以水质目标“反退化”为视角》，载《浙江社会科学》2015 年第 10 期。

［95］程鹏、李叙勇、苏静君：《我国河流水质目标管理技术的关键问题探讨》，载《环境科学与技术》2016 年第 6 期。

［96］郑石明、吴桃龙：《中国环境风险治理转型：动力机制与推进策略》，载《中国地质大学学报（社会科学版）》2019 年第 1 期。

［97］赵玉民、朱方明、贺立龙：《环境规制的界定、分类与演进研究》，载《中国人口·资源与环境》2009 年第 6 期。

［98］谭九生：《从管制走向互动治理：我国生态环境治理模式的反思与重构》，载《湘潭大学学报（哲学社会科学版）》2012 年第 5 期。

［99］熊超：《激励机制在我国环保部门职责履行中的法律适用》，载《政法论坛》2018 年第 4 期。

［100］王华春、平易、崔伟：《地方政府财政环保支出竞争的演化博弈分析》，载《重庆理工大学学报（社会科学）》2020 年第 1 期。

［101］毛小苓、刘阳生：《国内外环境风险评价研究进展》，载《应用基础与工程科学学报》2003 年第 3 期。

［102］王清军：《我国流域生态环境管理体制：变革与发展》，载《华中师范大学学报（人文社会科学版）》2019 年第 6 期。

［103］柯坚、王敏：《论〈长江保护法〉立法目的之创设——以水安全价值为切入点》，载《华中师范大学学报（人文社会科学版）》2019 年第 6 期。

［104］黄木易等：《近 20a 来巢湖流域生态服务价值空间分异机制的地理探测》，载《地理研究》2019 年第 11 期。

［105］金凤君：《黄河流域生态保护与高质量发展的协调推进策略》，载《改革》2019 年第 11 期。

［106］毛文山等：《基于文献计量学的国内水生态环境研究知识图谱构建与应用》，载《水利学报》，载 2019 年第 11 期。

［107］姜长云、盛朝迅、张义博：《黄河流域产业转型升级与绿色发展研

究》，载《学术界》2019 年第 11 期。

[108] 王彬辉：《从碎片化到整体性：长江流域跨界饮用水水源保护的立法建议》，载《南京工业大学学报（社会科学版）》2019 年第 5 期。

[109] 王孟、翟红娟、李斐：《流域综合规划中“三线一单”的制定和应用》，载《人民长江》2019 年第 10 期。

[110] 任保平、张倩：《黄河流域高质量发展的战略设计及其支撑体系构建》，载《改革》2019 年第 10 期。

[111] 王立新等：《水陆统筹的流域综合治理与管控》，载《北方经济》2019 年第 10 期。

[112] 何理等：《关于我国流域横向生态补偿机制的回顾与探索》，载《环境保护》2019 年第 18 期。

[113] 牛远等：《抚仙湖流域山水林田湖草生态保护修复思路与实践》，载《环境工程技术学报》2019 年第 5 期。

[114] 储昭升等：《洱海流域山水林田湖草各要素特征、存在问题及生态保护修复措施》，载《环境工程技术学报》2019 年第 5 期。

[115] 王书航等：《典型农牧交错带山水林田湖草生态保护修复——以内蒙古岱海流域为例》，载《环境工程技术学报》2019 年第 5 期。

[116] 涂敏、易燃：《长江流域生态流量管理实践及建议》，载《中国水利》2019 年第 17 期。

[117] 王鹏：《论统筹规划水资源保护对流域水生态安全的影响》，载《内蒙古水利》2019 年第 8 期。

[118] 洪步庭等：《长江上游生态功能区划研究》，载《生态与农村环境学报》2019 年第 8 期。

[119] 邓铭江：《三层级多目标水循环调控理论与工程技术体系》，载《干旱区地理》2019 年第 5 期。

[120] 徐松鹤、韩传峰：《基于微分博弈的流域生态补偿机制研究》，载《中国管理科学》2019 年第 8 期。

[121] 吴昂、黄锡生：《流域生态环境功能区制度的整合与建构——以

〈长江保护法〉制定为契机》，载《学习与实践》2019 年第 8 期。

［122］李奇宸等：《基于 LUCC 的汤浦水库流域生态价值变化过程研究》，载《水土保持通报》2019 年第 4 期。

［123］穆书芹、赵春蕾：《长江流域生态保护检察公益诉讼实践探析》，载《中国检察官》2019 年第 15 期。

［124］张建伟：《关于中国设立流域保护检察院的基本构想——以司法管辖制度改革为背景》，载《中国检察官》2019 年第 15 期。

［125］包晓斌：《流域生态红线管理制度建设》，载《水利经济》2019 年第 4 期。

［126］卢纯：《“共抓长江大保护”若干重大关键问题的思考》，载《河海大学学报（自然科学版）》2019 年第 4 期。

［127］李华林等：《新疆叶尔羌河流域胡杨林时空格局特征》，载《生态学报》2019 年第 14 期。

［128］岳东霞等：《近 20 年疏勒河流域生态承载力和生态需水研究》，载《生态学报》2019 年第 14 期。

［129］章光新、陈月庆、吴燕锋：《基于生态水文调控的流域综合管理研究综述》，载《地理科学》2019 年第 7 期。

［130］才惠莲：《流域生态修复责任法律思考》，载《中国地质大学学报（社会科学版）》2019 年第 4 期。

［131］冯兆忠、刘硕、李品：《永定河流域生态环境研究进展及修复对策》，载《中国科学院大学学报》2019 年第 4 期。

［132］罗张琴、王雅坤：《鄱阳湖流域水文化建设及传播策略浅析》，载《水利发展研究》2019 年第 7 期。

［133］敦越等：《流域生态系统服务研究进展》，载《生态经济》2019 年第 7 期。

［134］赵晶晶、葛颜祥：《流域生态补偿模式实践、比较与选择》，载《山东农业大学学报（社会科学版）》2019 年第 2 期。

［135］葛茂中、鲁锐、朱全福：《梁子湖 2018 年水质下降原因分析及对

策研究》，载《节能》2019 年第 6 期。

［136］程东亚、李旭东：《西南山地流域林地和草地保护评价研究——以贵州赤水河流域为例》，载《水土保持研究》2019 年第 4 期。

［137］柴涛修：《太湖流域生态补偿的实践及评价》，载《中国集体经济》2019 年第 17 期。

［138］马明真等：《鄱阳湖地区多尺度流域水体重金属输送特征及其污染风险评价》，载《生态学报》2019 年第 17 期。

［139］尹娟：《抚仙湖流域土地生态安全评价与优化》，载《玉溪师范学院学报》2019 年第 3 期。

［140］漫犟斌、陈洁：《关于流域综合治理及管理的思考与探索》，载《中国水运（下半月）》2019 年第 5 期。

［141］李挺宇：《流域上下游生态环境补偿的制度保障与创新》，载《城市学刊》2019 年第 2 期。

［142］奚世军等：《基于景观格局的喀斯特山区流域生态风险评估——以贵州省乌江流域为例》，载《长江流域资源与环境》2019 年第 3 期。

［143］王云、潘竟虎：《基于生态系统服务价值重构的干旱内陆河流域生态安全格局优化——以张掖市甘州区为例》，载《生态学报》2019 年第 10 期。

［144］赵筱青等：《典型高原湖泊流域生态安全格局构建——以杞麓湖流域为例》，载《中国环境科学》2019 年第 2 期。

［145］屈振辉：《河流伦理与流域生态补偿立法》，载《华北水利水电大学学报（社会科学版）》2019 年第 1 期。

［146］张欣、高鑫：《基于博弈论视角的政府间流域生态补偿机制研究》，载《价值工程》2018 年第 36 期。

［147］刘丽娜等：《东北湖区典型流域生态安全评估》，载《环境科学研究》2019 年第 7 期。

［148］孔令桥等：《流域生态空间与生态保护红线规划方法——以长江流域为例》，载《生态学报》2019 年第 3 期。

［149］高利红、李培培：《中国古代流域生态治理法律制度及其现代启示》，载《吉首大学学报（社会科学版）》2018 年第 6 期。

［150］付琳、肖雪、李蓉：《〈长江保护法〉的立法选择及其制度设计》，载《人民长江》2018 年第 18 期。

［151］王红雨、闫广芬：《大学与社会关系新探——以卢曼的社会系统理论为中心》，载《高教探索》2016 年第 5 期。

［152］陈星、周成虎：《生态安全：国内外研究综述》，载《地理科学进展》2005 年第 6 期。

［153］竺乾威：《从新公共管理到整体性治理》，载《中国行政管理》2008 年第 10 期。

［154］韩兆柱、单婷婷：《网络化治理、整体性治理和数字治理理论的比较研究》，载《学习论坛》2015 年第 7 期。

［155］谢微、张锐昕：《整体性治理的理论基础及其实现策略》，载《上海行政学院学报》2017 年第 6 期。

［156］韩兆柱、翟文康：《大数据时代背景下整体性治理理论应用研究》，载《行政论坛》2015 年第 6 期。

［157］孔娜娜：《社区公共服务碎片化的整体性治理》，载《华中师范大学学报（人文社会科学版）》2014 年第 5 期。

［158］何植民、陈齐铭：《精准扶贫的“碎片化”及其整合：整体性治理的视角》，载《中国行政管理》2017 年第 10 期。

［159］刘超：《地方公共危机治理碎片化的整理——“整体性治理”的视角》，载《吉首大学学报（社会科学版）》2009 年第 2 期。

［160］黎元生、胡熠：《流域生态环境整体性治理的路径探析——基于河长制改革的视角》，载《中国特色社会主义研究》2017 年第 4 期。

［161］陈念平：《“治理”的话语转向——一个文献综述》，载《天津行政学院学报》2022 年第 3 期。

［162］申建林、姚晓强：《公共治理的中国适用性及其实践限度》，载《湖北行政学院学报》2016 年第 4 期。

［163］周兴妍：《整体性治理：一种“中国之治”的分析视角》，载《云南行政学院学报》2021 年第 6 期。

［164］肖克、谢琦：《跨部门协同的治理叙事、中国适用性及理论完善》，载《行政论坛》2021 年第 6 期。

［165］马润凡、刘子晨：《黄河流域政府治理面临的主要困境及其破解》，载《中州学刊》2021 年第 8 期。

［166］胡象明、唐波勇：《整体性治理：公共管理的新范式》，载《华中师范大学学报（人文社会科学版）》2010 年第 1 期。

［167］曾凡军、韦彬：《后公共治理理论：作为一种新趋向的整体性治理》，载《天津行政学院学报》2010 年第 2 期。

［168］余俊波、陈雪梅、陈雯雯：《基于区域合作视角下的流域治理生态模型构架及其应用研究》，载《西北农林科技大学学报（社会科学版）》2011 年第 6 期。

［169］丰云：《从碎片化到整体性：基于整体性治理的湘江流域合作治理研究》，载《行政与法》2015 年第 8 期。

［170］杨志云：《流域水环境治理体系整合机制创新及其限度——从“碎片化权威”到“整体性治理”》，载《北京行政学院学报》2022 年第 2 期。

［171］山少男、段霞：《复杂性视角下公共危机多元主体协同治理行为的影响因素与行动路径——基于元分析与模糊集 QCA 的双重分析》，载《公共管理与政策评论》2022 年第 1 期。

［172］朱晶、付爱华：《国内外生态安全综述》，载《经济研究导刊》2015 年第 1 期。

［173］李素清：《基于人类文明进程的流域生态安全管理模式探讨》，中国地理学会、河南省科学技术协会、中国地理学会 2012 年年会论文。

（三）学位论文

［1］杨光明：《高原城市湖区可持续发展能力评价体系及系统仿真研究——以大理州洱海湖区为实证》，昆明理工大学 2015 年博士学位论文。

［2］曹洪华：《生态文明视角下流域生态—经济系统耦合模式研究——以

洱海流域为例》，东北师范大学 2014 年博士学位论文。

[3] 彭波：《我国跨行政区湖泊治理研究》，华中科技大学 2014 年博士学位论文。

[4] 张颖：《中国流域水污染规制研究》，辽宁大学 2013 年博士学位论文。

[5] 李伟：《玉溪市抚仙湖保护开发投资有限公司运作策略研究——基于抚仙湖流域生态安全视角》，云南师范大学 2013 年硕士学位论文。

[6] 黄凡：《基于水环境承载力的洱海流域农业土地利用分区研究》，华中师范大学 2012 年硕士学位论文。

[7] 叶汉雄：《基于跨域治理的梁子湖水污染防治研究》，武汉大学 2011 年博士学位论文。

[8] 陶杰：《滇池流域可持续发展的界定条件及模式研究》，昆明理工大学 2011 年硕士学位论文。

[9] 白龙飞：《当代滇池流域生态环境变迁与昆明城市发展研究（1949—2009）》，云南大学 2012 年博士学位论文。

[10] 陈军：《变化与回应：公私合作的行政法研究》，苏州大学 2010 年博士学位论文。

[11] 李红利：《中国地方政府环境规制的难题及对策机制分析》，华东师范大学 2008 年博士学位论文。

[12] 陈祎琳：《流域跨界协同治理法律机制研究》，上海师范大学 2019 年硕士学位论文。

[13] 王娜娜：《洱海流域农户环保及奶牛集中养殖意愿研究》，中国农业科学院 2016 年硕士学位论文。

[14] 郭红娇：《洱海流域生态文明发展水平评价研究》，华中师范大学 2016 年硕士学位论文。

[15] 吕成：《水污染规制之行政合作研究》，苏州大学 2010 年博士学位论文。

[16] 王怡：《环境规制有关问题研究》，西南财经大学 2008 年博士学位

论文。

［17］仇蕾：《基于免疫机理的流域生态系统健康诊断预警研究》，河海大学 2006 年博士学位论文。

［18］曾文慧：《越界水污染规制——对中国跨行政区流域污染的考察》，复旦大学 2005 年博士学位论文。

［19］李岱青：《洱海流域生态区划研究》，中国环境科学研究院 2000 年硕士学位论文。

［20］刘丽娜：《山口湖流域生态安全评估及营养物基准阈值研究》，东北农业大学 2019 年博士学位论文。

二、英文文献

（一）英文专著

［1］Moss D. A. , *When All Else Falls*：*Government as the Ultimate Risk Manager*, Boston. MA：Harvard University Press, 2002.

［2］E. Ostrom, *Governing the Commons*：*the Evolution of Institutions for Collective Action*, Cambridge University Press, 1990.

［3］Oliver A. Houck, *The Clean Water Act TMDL Program*：*Law*, *Policy and Implement*, Environmental Law Institute, 2002.

［4］Howard Margolis, *Dealing with Risk*, Chicago Univeristy Press, 1997.

［5］C. S. Holling, *The Resilience of Terrestrial Ecosystems*：*Local Surprise and Global Change*, Cambridge University Press, 1986.

［6］C. S. Holling, Lance H. Gunderson & Garry D. Peterson, *Sustainability and Panarchies*, Island Press, 2002.

［7］Perri et al. , *Towards Holistic Goverance*：*The New Reform Agenda*, Palgrave Press, 2002.

［8］Patrick Dunleavy, *Digital Era Governance*：*IT Corporations*, *the State*, *and E－Government.* , Oxford University Press, 2006.

［9］Perri et al. , *Towards Holistic Governance*：*The New Reform Agenda*,

Palgrave, 2002.

（二）英文期刊

[1] Hutter B., Jones M., Clive J., *From Government to Governance: External Influences on Business Risk Management*, Regulation & Governance, Vol. 1: 1 (2007).

[2] Rothstein H., *Risk Management under Wraps: Self – Regulation and the Case of Food Contact Plastics*, Journal of Risk Research, Vol. 6: 1 (2003).

[3] Ali Siddliq Alhakami & Paul Slovic, *A Psychological Study of the Inverse Relationship Between Perceived Risk and Perceived Benefit*, Risk Analysis, Vol. 14: 6 (1994).

[4] Hardin & Garrett, *The Tragedy of the Commons*, Science, Vol. 162: 3859 (1968).

[5] Adrian Leftwich, *Governance, Democracy and Development in the Third World*, Third World Quarterly, Vol. 14: 3 (2007).

[6] Barile S. et al., *Systems, Networks, and Ecosystems in Service Research*, Journal of Service Management, Vol. 27: 4 (2016).

[7] C. S. holling, *Resilience and Stability of Ecological Systems*, Annual Review of Ecology and Systematics, Vol. 4: 1 (1973).

[8] C. S. Holling, *Cross – Scale Morphology, Geometry and Dynamics of Ecosystems*, Ecological Monographs, Vol. 62: 49 (1992).

[9] Elinor Ostrom, *Coping with the Tragedies of the Commons*, Annual Review of Political Science, Vol. 2 (1999) 2.

[10] Elinor Ostrom, *A General Framework for Analyzing Sustainability of Social – Ecological Systems*, Vol. 325: 5939.

[11] Hinkel J. et al., *A Diagnostic Procedure for Applying the Social – Ecological Systems Framework in Diverse Cases*, Ecology and Society, Vol. 20: 1 (2015).

[12] H. Nagendra & E. Ostrom, *Applying the Social – Ecological System*

Framework to the Diagnosis of Urban Lake Commons in Bangalore, India, Ecology and Society, Vol. 19：2 (2014).

[13] Mario Giampietro, *Complexity and Scales：The Challenge for Integrated Assessment*, Integrated Assessment, Vol. 3：2 –3 (2002).

[14] Starr. C. , *Social Benefit Versus Technological Risk*, Science, Vol. 165：3899 (1969).

[15] Vargo S. L. & Lusch R. F. , *Service – Dominant Logic* 2025, International Journal of Research in Marketing, Vol. 34：1 (2017).

[16] James R. May, *Now More Than Ever：Recent Trends in Environmental Citizen Suits*, Environmental Citizen Suits at Thirty Something：Acelebration and Summit (Widener University) (2003) .

[17] Bellamy C. & Raab C. , *Joined – Up Government and Privacy in the United Kingdom：Managing Tensions Between Data Protection and Social Policy. PartII*, Public Administration, Vol. 83：2 (2005).

[18] Perri et al. , *Governing in the Round：Strategies for Holistic Government*, International Public Managementa Journal, Vol. 3：1 (2000) .

[19] Christopher Pollitt, *Joined – up Government：A Survey* , Political Studies Review, Vol. 1：1 (2003).

[20] Fiss P C, *Buildin better Causal Theories：A Fuzzy Set Approach to Typologies in Organization Research*, The Academy of Management Journal, Vol. 54：2 (2011).

致　谢

这篇论文从最开始模糊而感性的想法，到确定选题再到最后定稿，经历了不知多少次的否定之否定，其间有6年的艰苦学习、3年多的实地调研、大量查阅资料，无数个不眠之夜里的大量阅读与论文写作，是一个人默默探索答案，也是徜徉在与无数先哲智者思想对话的过程。回想当年，论文写作的最关键时刻遇到新冠疫情肆虐全球，2020年全国人民都在等待疫情的消退，我也在这段时间内写完了论文。此后两年我持续地修改和完善论文直至定稿。如今新冠疫情造成的恐慌和危害已逐渐被人们所淡忘，人类又一次战胜了病毒，我的研究也完成了阶段成果。

论文写作过程中得到了很多老师、朋友的帮助。首先，特别感谢我的导师杨临宏教授几年来对我的宽容和耐心，从最初的选题到论文写作过程中，导师一直给予我鼓励和引导，循循善诱、深入浅出地阐释高深的理论问题，教导我在研究中一定要立足现实问题。写作中导师给我很多的帮助，帮忙联系了大理州的调研单位，提供机会让我参与地方政府湖泊治理的决策过程，获得第一手宝贵资料，论文初稿完成后多次对论文内容提出宝贵意见，从框架、具体内容、方法到标点符号，事无巨细地给出具体意见，导师治学严谨的态度让我深深受益。

其次，要感谢大理州纪律检查委员会、洱海管理局、生态环境局、农业局、大理州中级人民法院等单位的多位领导和专家提供了大量调研所需的帮助和支持，为我提供了全景式的视角，让我能从更多角度了解洱海治理中存在的深层次问题。感谢云南大学公共管理学院的领导和老师们，让我在浓厚的学习氛围和宽松的人文环境下获得思想的滋养。感谢邓崧教授、马桑教授以及论文正式答辩时的五位教授，从多个方面对论文给出了非常详细的意见和建议，帮助我更深入、全面地认识论文存在的问题。感谢文法学院的领导和同事们，为我分担了许多教学和教务工作，让我在最关键的时刻能安心投入论文写作。

再次，我想把最深沉的感谢献给我的爱人，当我一次次陷入写作困境，想要放弃时，是你用无限的耐心和信任，一直陪伴和鼓励我，才使我最终完成论文、通过答辩，个中的滋味只有你最懂。6 年时光，我的女儿也从懵懂的孩童成长为懂事的小女孩，当妈妈不能多陪伴她时，她也贴心地说，希望妈妈早日毕业。

最后，谨以此书的出版纪念我的父亲，记得论文完稿后，您特意将文稿拿去，一字一句地读了很久。如今您在另外一个世界了，也一定还在为我加油鼓劲吧！您的期许和爱是我今后前进的不竭动力！

对于所有已提到的或未提到的，在本文写作中曾给予我真诚帮助的人们，我永远怀着一份由衷的感激之情。